"十四五"职业教育国家规划教材

"十四五"高等职业教育新形态一体化系列教材

Linux 系统与网络管理

微课版

（第4版）

姜大庆　邓　荣　周　建◎主编

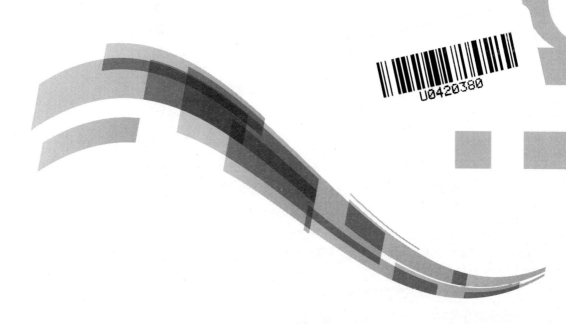

中国铁道出版社有限公司

CHINA RAILWAY PUBLISHING HOUSE CO., LTD.

内 容 简 介

本书以目前广泛应用的 Red Hat Enterprise Linux/CentOS 8 为平台，从实际应用的角度全面介绍了 Linux 的系统管理与网络管理技术。在内容的选取、组织和编排上，强调先进性、技术性和实用性，淡化理论，突出实践，强调应用。全书共 16 章，主要内容包括：Linux 的文件系统管理、用户管理、进程管理、软件包管理及 DNS 服务、DHCP 服务、Samba 服务、NFS 服务、Apache 服务、FTP 服务、电子邮件服务、firewalld 防火墙配置、Squid 代理服务、Webmin 服务、VNC 服务、SSH 服务等网络服务的安装、配置与管理技术。每章附有项目实训，有针对性地安排了上机实训的内容，使本书具有更强的实用性和实效性。每章配有习题，供学生课后复习巩固。

本书由多年从事计算机网络系统管理教学工作、富有实际网络管理经验的多位教师编写而成，语言通俗易懂，内容丰富翔实，且源于作者的实际工程经验，可以帮助读者迅速掌握实际应用中的各种经验和技巧。

本书适合作为高职高专计算机网络及相关专业的教材，也可作为 Linux 应用技术的培训、自学用书，还可供网络组建、管理和维护人员参考。

图书在版编目（CIP）数据

Linux 系统与网络管理 / 姜大庆，邓荣，周建主编 . —4 版 . —北京：中国铁道出版社有限公司，2021.11（2025.1重印）
"十四五"高等职业教育新形态一体化系列教材
ISBN 978-7-113-28606-4

Ⅰ.①L… Ⅱ.①姜… ②邓… ③周… Ⅲ.① Linux 操作系统 - 高等职业教育 - 教材 Ⅳ.① TP316.89

中国版本图书馆 CIP 数据核字（2021）第 247157 号

书　　名	Linux 系统与网络管理
作　　者	姜大庆　邓　荣　周　建

策　　划	王春霞	编辑部电话：(010) 63551006	
责任编辑	王春霞　徐盼欣		
封面设计	尚明龙		
责任校对	孙　玫		
责任印制	赵星辰		

出版发行	中国铁道出版社有限公司（100054，北京市西城区右安门西街 8 号）
网　　址	https://www.tdpress.com/51eds
印　　刷	三河市宏盛印务有限公司
版　　次	2009 年 2 月第 1 版　2021 年 11 月第 4 版　2025 年 1 月第 4 次印刷
开　　本	850 mm×1 168 mm　1/16　印张：19.75　字数：524 千
书　　号	ISBN 978-7-113-28606-4
定　　价	56.00 元

版权所有　侵权必究

凡购买铁道版图书，如有印制质量问题，请与本社教材图书营销部联系调换。电话：(010) 63550836
打击盗版举报电话：(010) 63549861

重印说明

党的二十大报告中强调："育人的根本在于立德"。本次重印，为了更好地落实立德树人根本任务，使教材更具实用性、可读性，做了如下修订：

1. 新增课程思政点。

（1）相关内容融入党的二十大精神。

（2）在每章前和每个项目实训的学习目标中明确指出了学生需要达到的素质目标。

（3）部分章节的学习内容中插入了爱国主义、工匠精神、创新精神、质量意识和安全意识等课程思政元素。

2. 项目实训的设计方面。

对全书每章的"项目实训"部分参照 IT 企业相关岗位的工作流程进行了工作手册式设计。修改后的每个项目实训内容的选择和编排体现工作任务导向。一是明确了每个项目实训需要达到的技能目标和素质目标；二是项目实施部分详细给出操作步骤，让学生在"做中学"，进一步体现了"以学生为本位"的教学理念，符合技术技能人才成长特点和教学规律，使本教材具备企业工作手册和职业院校教学用书的共同特征。

3. 教材内容调整方面。

为适应行业应用的变化趋势，删减目前在网络系统管理员岗位上使用不太广泛的"第 2 章 X Window 图形化界面"和"第 8 章打印机管理"，以及"第 10 章 DNS 服务器配置与管理"中的"区域委派与子域配置"一节内容，使本教材的内容进一步聚焦于网络系统管理员的日常工作岗位内容，也更符合学生的年龄特点和认知规律。

编　者

2023 年 6 月

前　言

"Linux 系统与网络管理"是计算机网络类专业的主干课程，可以帮助学生系统地学习 Linux 的系统管理与网络管理技术。《Linux 系统与网络管理》（第 1 版）自 2009 年出版以来，被很多高校选为教材，受到了广大读者的欢迎，他们提出了不少宝贵的意见和建议，为此我们分别于 2012 年 5 月和 2015 年 6 月完成了第 2 版和第 3 版的出版。为适应 Linux 技术的发展和高职教育课程项目化改革的需要，我们与 Linux 应用相关企业合作，对第 3 版再次进行了修改，将系统平台升级为 RHEL/CentOS 8，删除了第 3 版中部分过时的内容，增加了 NetworkManager、systemd 及 firewalld 等相关内容，同时丰富了教学配套资源。

Linux 由于具有稳定的性能、开放的源代码以及强大的网络功能而被广大用户接受。目前，Linux 已经告别了普及阶段，进入了实质性实用阶段，并涉足金融、电信等关键业务领域，成为网络管理与应用中的一种重要力量，在互联网、企业网、校园网中得到了广泛的应用。作为一名从事网络组建与系统管理的专业技术人员，必须掌握 Linux 的系统与网络管理技能。

本书特色

在指导思想上，以习近平新时代中国特色社会主义思想为指导，贯彻创新、协调、绿色、开放、共享的新发展理念，有机融入法治意识和国家安全教育，弘扬劳动光荣、技能宝贵和精益求精的专业精神和工匠精神，充分吸收国外经典教材及国内优秀教材的优点，努力构建中国特色、融通中外的概念范畴和理论范式，服务学生成长成才和就业创业。

在内容设计上，对照教育部最新颁布的"高等职业学校专业教学标准"，分析职业标准和岗位要求，将"计算机技术与软件专业技术资格（水平）考试信息技术支持工程师"和红帽认证系统工程师（RHCSA、RHCE）的相关职业资格最新认证标准和认证试题融入教材，使教材与职业标准和企业岗位需求对接，充分体现先进性、系统性和实用性。同时依照学生的认知特点，通过引入企业实际实施的项目任务（而不仅仅是功能性的案例），将教材与工程实践对接起来，真正将"产教融合"落到实处。

在结构编排上，全书围绕系统管理和网络管理两大技术体系来构建教材内容。书中每一章都有知识点导读、学习目标、本章小结、项目实训以及习题，其中每个实训任务都配有微课视频，介绍相关任务的操作步骤，实现"教学做一体化"，帮助读者尽快掌握 Linux 系统和网络管理技能。

本书由多年从事 Linux 管理与应用技术教学工作、富有实际网络管理经验的教师编写而成。作者根据多年的教学经验和学生的认知规律精心组织教材内容，做到理论够用、侧重实践、深入浅出、循序渐进。书中的配置与实验均以当前主流的 RHEL/CentOS 8 版为平台，所有示例和实验均在 RHEL/CentOS 8 环境中调试通过。在此需要说明的是，虽然本书以 RHEL/CentOS 8 为主，但是绝大部分内容也适合于 Linux 的其他版本。

主要内容

全书共 16 章，建议教学时数为 80 学时，采用讲练结合的形式讲授，讲、练各 40 学时。

第 1 章介绍 Linux 的发展历史、技术特点、系统组成、启动与登录，以及 Linux 的安装。

第 2 章介绍 Linux 文件系统的类型以及常用的文件系统管理命令。

第 3 章介绍磁盘分区、磁盘阵列、文件系统的挂载和配额管理。

第 4 章介绍如何使用各种命令行程序来管理用户和组账号。

第 5 章介绍 Linux 的运行级别及其控制文件、Linux 的进程管理和任务调度技术。

第 6 章介绍 RPM 软件包、TAR 软件包的管理方法及 YUM 与 DNF 包管理器的使用。

第 7 章介绍 Linux 网络相关的文件及其配置以及 Linux 网络服务的启动与管理。

第 8 章介绍 DNS 服务的基本知识、DNS 服务器的安装、配置及其测试与管理方法。

第 9 章介绍 DHCP 服务的基本工作原理以及 DHCP 服务器的配置方法。

第 10 章介绍 Samba 和 NFS 服务的功能、安装、启动及配置方法。

第 11 章介绍利用 Apache 软件架设 Web 服务器的方法。

第 12 章介绍利用 Vsftpd 服务器软件架设 FTP 服务器的方法。

第 13 章介绍电子邮件服务的基本知识以及 Postfix、Dovecot 服务为中心的电子邮件系统的安装、配置和使用方法。

第 14 章介绍 firewalld 防火墙的配置和应用，以及 SELinux 安全机制实现。

第 15 章介绍 Squid 代理服务器的安装、配置与管理方法。

第 16 章介绍 Linux 平台下应用广泛的 Webmin、VNC 和 SSH 服务的安装、配置和使用方法。

本书适用于具有一定操作系统基础的读者，适合作为高职高专计算机网络及相关专业的教材，也可作为 Linux 应用技术的培训、自学用书，还可供网络组建、管理和维护技术人员参考。

本书由南通科技职业学院的姜大庆、邓荣和江苏工程职业技术学院的周建担任主编，南通科技职业学院的杨冬雪、柳州铁道职业技术学院的冯丽丹等参与编写。其中，第 1、2、8～12 章由姜大庆编写，第 3～5、16 章由邓荣编写，第 13～15 章由周建编写，第 6 章由杨冬雪编写，第 7 章由冯丽丹编写。教材中的微课视频由邓荣和杨冬雪负责录制。全书由姜大庆统稿定稿。南通愚数信息技术有限公司技术总监、高级项目经理李扬审核了全书目录，并对本书的项目实训部分按照 IT 企业相关岗位的工作流程进行了工作手册式设计。在编写过程中，参考了大量的相关资料，在此向其作者表示感谢。江苏华远信息技术有限公司的黄克强总经理、南通市软件园有限公司的沈峰总经理在本书编写过程中自始至终给予关怀与支持，并对本书的编写提出了宝贵意见，在此表示衷心感谢。

由于 Linux 应用技术发展迅速，加之编者水平有限，书中难免存在疏漏和不妥之处，恳请广大读者不吝指正。

编　者

2022 年 12 月

目 录

第1章　Linux基本知识 1

1.1 Linux的发展与应用 1
　1.1.1 Linux的发展史 1
　1.1.2 Linux的应用范围 2
1.2 Linux的主要特点 3
1.3 Linux的版本 5
　1.3.1 Linux的内核版本 5
　1.3.2 Linux的发行版本 6
　1.3.3 Red Hat Linux简介 7
1.4 Linux的系统组成 7
　1.4.1 内核 8
　1.4.2 Shell 8
　1.4.3 应用程序 9
1.5 使用VMware软件安装Linux操作
　　系统 9
　1.5.1 VMware简介 10
　1.5.2 安装前预备知识 11
　1.5.3 使用VMware Workstation安装
　　　　RHEL操作系统 12
1.6 Linux的启动、关机与登录 18
　1.6.1 Linux的启动 18
　1.6.2 系统登录 19
　1.6.3 关机与重启 20
　1.6.4 重置root用户密码 22
本章小结 22

项目实训1　Linux的安装、启动、关机及
　　　　　　登录 23
习题1 25

第2章　Linux文件与目录管理 27

2.1 Linux文件系统类型 27
2.2 Linux的目录和文件 29
　2.2.1 Linux系统的目录结构 29
　2.2.2 文件名 31
　2.2.3 文件路径 31
2.3 文件类型与文件权限 32
　2.3.1 文件类型 32
　2.3.2 文件权限的概念 33
　2.3.3 修改文件或目录的权限 35
　2.3.4 修改文件或目录的拥有者 37
2.4 常用文件和目录操作命令 37
　2.4.1 Linux命令操作基础 38
　2.4.2 常用目录与文件操作命令 40
　2.4.3 与文件系统管理相关的命令 .. 46
2.5 输入/输出重定向及管道 47
　2.5.1 输入/输出重定向 47
　2.5.2 管道 49
2.6 文本编辑器vi 49
　2.6.1 启动vi编辑器 49
　2.6.2 vi的工作模式 50

2.6.3 vi的常用命令 50
本章小结 51
项目实训2　Linux文件系统管理命令及
　　　　　　vi编辑器的应用 52
习题2 55

第3章　磁盘管理 57

3.1 创建文件系统 57
　3.1.1 创建磁盘分区 57
　3.1.2 在分区创建文件系统 59
3.2 虚拟逻辑卷 60
　3.2.1 LVM相关名词和创建步骤 60
　3.2.2 LVM相关命令 60
3.3 磁盘阵列 64
　3.3.1 磁盘阵列基础知识 64
　3.3.2 RHEL软件实现磁盘阵列 65
3.4 挂载和卸载文件系统 68
　3.4.1 挂载文件系统 68
　3.4.2 卸载文件系统 69
　3.4.3 文件系统配置文件/etc/fstab 69
3.5 磁盘配额管理 71
　3.5.1 配额的基本概念 71
　3.5.2 文件系统配额设置 71
本章小结 73
项目实训3　磁盘管理 74
习题3 75

第4章　用户与组账号管理 77

4.1 用户和组 77
　4.1.1 用户的类型 77
　4.1.2 用户的账号文件 78
　4.1.3 用户组 79
　4.1.4 用户组账号文件 80

　4.1.5 与用户和组管理相关的文件和
　　　　目录 80
4.2 用户与组账号管理命令 82
　4.2.1 用户账号管理 82
　4.2.2 组账号管理 85
本章小结 87
项目实训4　用户和组管理 87
习题4 89

第5章　Linux运行级别与进程管理 ... 92

5.1 Linux的启动过程和运行级别 92
　5.1.1 Linux的启动过程 92
　5.1.2 Linux的运行级别 93
5.2 进程和作业 94
　5.2.1 进程 95
　5.2.2 作业 96
　5.2.3 进程的启动 96
5.3 Linux的进程管理 96
5.4 任务调度 101
　5.4.1 at调度和batch调度 102
　5.4.2 cron调度 103
　5.5.1 rsyslogd日志服务 105
　5.5.2 日志分析工具 105
5.5 系统日志管理 105
本章小结 106
项目实训5　Linux进程管理 106
习题5 108

第6章　软件包管理 110

6.1 RPM软件包管理 110
　6.1.1 RPM简介 110
　6.1.2 RPM的使用 111
　6.1.3 RPM图形管理工具 115

6.2 TAR软件包管理 116
6.3 YUM软件包管理 118
 6.3.1 YUM简介 118
 6.3.2 YUM客户端配置文件 119
 6.3.3 yum命令的使用 120
本章小结 121
项目实训6 软件包的管理 122
习题6 123

第7章 Linux网络配置与服务管理 ...125

7.1 Linux网络配置 125
 7.1.1 Linux中的网络配置参数 ...125
 7.1.2 Linux网络的相关配置文件 127
7.2 配置TCP/IP网络 130
 7.2.1 通过NetworkManager命令行方式进行网络配置 130
 7.2.2 文本图形界面下的网络配置 135
 7.2.3 编辑网络接口配置文件进行网络接口参数配置 136
7.3 Linux服务管理 137
 7.3.1 systemd服务 137
 7.3.2 使用systemctl管理系统服务 137
本章小结 141
项目实训7 网络服务的基本配置 141
习题7 143

第8章 DNS服务器配置与管理 145

8.1 DNS服务概述 145
 8.1.1 DNS的功能 145
 8.1.2 DNS的组成 146
 8.1.3 DNS的查询过程 146
 8.1.4 DNS服务器的类型 147
8.2 bind的安装与启动 147

8.2.1 bind的安装 148
8.2.2 DNS的启动、关闭和重启 148
8.3 DNS服务器的配置文件 149
 8.3.1 主配置文件named.conf 149
 8.3.2 区域数据库文件 152
 8.3.3 与域名解析相关的文件 155
8.4 主DNS服务器配置实例 156
8.5 辅助DNS服务器配置 160
 8.5.1 辅助DNS服务器的概念 160
 8.5.2 辅助DNS服务器的配置 161
 8.5.3 辅助DNS服务器的测试 162
本章小结 162
项目实训8 DNS服务器的配置 163
习题8 165

第9章 DHCP服务器配置与管理 ...167

9.1 DHCP概述 167
 9.1.1 DHCP的工作原理 167
 9.1.2 DHCP服务的安装与启动 169
9.2 配置DHCP服务器 169
 9.2.1 DHCP配置文件 169
 9.2.2 配置DHCP服务 171
 9.2.3 租约数据库文件 172
9.3 配置DHCP客户端 172
 9.3.1 配置Windows客户端 172
 9.3.2 配置Linux客户端 173
本章小结 174
项目实训9 DHCP服务器的配置 174
习题9 177

第10章 Samba和NFS服务器的配置与管理 178

10.1 Samba服务器概述 178

10.1.1 Samba概述 178
10.1.2 Samba的安装与启动 179
10.2 Samba的配置文件 179
10.2.1 全局设置部分的配置参数 180
12.2.2 共享定义部分的配置参数 181
10.3 配置Samba服务器 181
10.3.1 配置匿名访问的Samba服务器 181
10.3.2 配置user级Samba服务器 183
10.3.3 访问Samba共享资源 185
10.4 配置SMB打印机 188
10.5 NFS服务概述 189
10.6 NFS服务的安装与启动 190
10.6.1 NFS服务的安装 190
10.6.2 NFS服务的启动与关闭 190
10.7 NFS服务的配置 191
10.7.1 编辑/etc/exports文件 191
10.7.2 使用exportfs命令配置/etc/exports文件 192
10.7.3 测试NFS服务 192
10.8 NFS客户端的设置 193
本章小结 194
项目实训10 Samba和NFS服务器的配置 194
习题10 197

第11章 Apache服务器配置与管理 ... 199

11.1 Apache概述 199
11.2 Apache服务器的安装与启动 200
11.3 Apache配置文件 201
11.3.1 Apache配置文件的结构 202
11.3.2 Apache配置命令 202
11.4 Apache的配置 205

11.4.1 基本的Apache配置 205
11.4.2 配置用户个人Web站点 206
11.4.3 别名和重定向 207
11.4.4 主机访问控制 208
11.5 配置虚拟主机 208
11.5.1 基于IP地址的虚拟主机配置 209
11.5.2 基于名称的虚拟主机配置 211
11.6 配置动态Web站点 212
11.6.1 配置CGI动态网站 213
11.6.2 构建LAMP架构 214
本章小结 215
项目实训11 Apache服务器的配置 216
习题11 219

第12章 FTP服务器配置与管理 221

12.1 FTP概述 221
12.2 Vsftpd的安装与启动 222
12.3 Vsftpd服务器的配置文件 223
12.4 配置FTP服务器 225
12.4.1 配置匿名账号FTP服务器 225
12.4.2 配置本地账号FTP服务器 228
12.4.3 配置虚拟账号FTP服务器 231
本章小结 233
项目实训12 FTP服务器的配置 234
习题12 235

第13章 邮件服务器配置与管理 237

13.1 电子邮件服务概述 237
13.1.1 电子邮件系统 237
13.1.2 电子邮件系统相关协议 238
13.1.3 Postfix的工作方式 239
13.2 E-mail服务器的安装和启动 240
13.2.1 E-mail服务器的安装 240

13.2.2 E-mail服务器的启动 241
13.3 Postfix的配置文件 241
　13.3.1 /etc/postfix/main.cf文件 242
　13.3.2 /etc/postfix/master.cf文件 244
　13.3.3 /etc/postfix/access文件 244
　13.3.4 /etc/aliases文件 245
13.4 配置Dovecot服务器 246
13.5 邮件服务器配置示例 247
本章小结 250
项目实训13 邮件服务器的配置 250
习题13 252

第14章 Linux防火墙与NAT服务配置 254

14.1 Linux防火墙概述 254
　14.1.1 防火墙简介 254
　14.1.2 Linux包过滤防火墙的架构 256
14.2 firewalld防火墙配置工具简介 256
　14.2.1 firewalld的安装、启动与关闭 257
　14.2.2 防火墙区域 258
　14.2.3 防火墙服务 259
14.3 firewalld的使用 259
　14.3.1 firewalld的命令格式 259
　14.3.2 使用firewalld进行防火墙配置 260
14.4 NAT服务 262
　14.4.1 NAT服务概述 262
　14.4.2 使用firewalld实现NAT服务....264
14.5 SELinux安全机制 265
　14.5.1 SELinux概述 266
　14.5.2 SELinux的启用 266
　14.5.3 查看SELinux的状态 266

　14.5.4 查看和修改SELinux对网络服务的设定 267
本章小结 268
项目实训14 Linux防火墙与NAT的配置 268
习题14 270

第15章 Squid代理服务器的配置与管理 272

15.1 代理服务器概述 272
　15.1.1 代理服务器简介 272
　15.1.2 代理服务器的主要作用 273
　15.1.3 代理服务器的工作原理 273
　15.1.4 代理服务器的种类 274
15.2 Squid代理服务器的安装和配置....274
　15.2.1 Squid代理服务器简介 274
　15.2.2 Squid缓存代理服务器的配置与管理 275
　15.2.3 Squid透明代理的实现 277
15.3 Squid代理服务器的访问控制设置 280
15.4 Squid代理服务器日志管理...........282
本章小结 283
项目实训15 Squid代理服务器的配置与管理 284
习题15 285

第16章 远程管理工具 287

16.1 系统配置工具Webmin 287
　16.1.1 Webmin简介 287
　16.1.2 Webmin的安装与配置 288
　16.1.3 Webmin常用功能 291
16.2 远程控制工具VNC 292

16.2.1 VNC简介 292
16.2.2 VNC服务的安装与启动 293
16.3 SSH远程登录管理........................295
16.3.1 SSH服务概述 295
16.3.2 openssh的安装、启动与
关闭 295
16.3.3 SSH服务的配置 296
16.3.4 客户端远程登录Linux
服务器 297
本章小结 300
项目实训16 远程管理工具 300
习题16 302

参考文献 **304**

第 1 章

Linux 基本知识

Linux 是在 20 世纪 90 年代发展起来的与 UNIX 兼容的操作系统，可以免费使用，其源代码还可自由传播，并允许修改、充实和发展。本章介绍 Linux 操作系统的发展及其应用、Linux 的主要特点和版本，描述 Linux 的系统组成，介绍使用 VMware Workstation 软件安装 RHEL 操作系统的方法，以及 Linux 的启动与登录方法。

完成本章学习，将能够：
- 描述 Linux 操作系统的发展历史、应用现状和主要特点。
- 熟悉 Linux 的内核版本和发行版本。
- 描述 Linux 的系统组成。
- 在 VMware Workstation 中安装 RHEL 操作系统。
- 进行 Linux 的启动、关闭与登录。
- 树立知识产权意识，增强爱国情怀、民族自信心和社会责任感。

1.1 Linux 的发展与应用

本节将介绍 Linux 的起源和发展，解释自由软件、GNU 计划和 GPL 协议的概念，描述 Linux 的应用范围。

完成本节学习，将能够：
- 描述 Linux 的产生和发展历程。
- 描述自由软件、GPL 等概念。
- 描述 Linux 的应用范围。

1.1.1 Linux 的发展史

Linux 的历史最早要追溯到 1991 年，它是由芬兰赫尔辛基大学的一名叫 Linus Torvalds 的学生开发的，Linux 是这个操作系统内核的名字。Linus 对 Minix（一种以教学为目的的免费的小型类

UNIX 操作系统）有着浓厚的兴趣，最初他编写了一些基于 Minix 的硬件设备驱动程序和文件系统，之后，他决定抛开 Minix，重新开发一个超过 Minix 的操作系统，该系统基于 Intel X86 的计算机运行，具有 UNIX 操作系统的全部功能。他在 1991 年 10 月 5 日发布了 Linux 0.0.2 版本，并以可爱的企鹅作为其标志，如图 1-1 所示。随后他将其源代码发布在 Usenet 新闻组上，并邀请所有有兴趣的人发表评论或者共同修改代码，于是一大批高水平的程序员通过互联网加入了 Linux 内核的开发工作中，到 1994 年 3 月发布了具有里程碑性质的 1.0 版本。此时的 Linux 已是一个功能完善、稳定可靠的操作系统了。

图 1-1　Linux 的标志

通常，人们总会把 Linux 系统与"自由软件（Free Software）"联系在一起。早在 1984 年，麻省理工学院（MIT）的研究员 Richard Stallman 就提出："计算机产业不应以技术垄断为基础赚取高额利润，而应以服务为中心。在计算机软件源代码开放的基础上，为用户提供综合的服务，与此同时取得相应的报酬。"在此思想基础上他提出了自由软件的概念，并成立自由软件基金会（Free Software Foundation，FSF）实施 GNU 计划。自由软件基金会还提出了通用公共许可证（General Public License，GPL）原则，GPL 允许用户自由下载、分发、修改和再分发源代码公开的自由软件，并可在分发软件的过程中收取适当的成本和服务费用（如网络费用和刻录光盘的费用等），但不允许任何人将该软件据为己有。需要指出的是，这里 Free 的含义并不是"免费"，而是"自由"，即在软件发行时附上源程序代码（开放源代码），并允许用户更改。

Linux 从最初就加入 GNU 计划并遵循 GPL 原则发行，由于不排斥商家对软件作进一步开发，不排斥在 Linux 上开发商业软件，从而使得 Linux 得到了迅猛发展，出现了很多 Linux 的发行版本，如 Red Hat、TurboLinux 等。一些公司也开始在 Linux 上开发商业软件或将其他 UNIX 平台上的软件移植到 Linux 上来。随着 Linux 的应用和发展前景的看好，IT 界众多知名商家，如 IBM、Intel、Oracle、Informix、Novell、HP 等都宣布支持 Linux，并极力开发和推广 Linux 商业服务器和相关软件。众多商家的加盟弥补了纯自由软件的不足和发展障碍，使得 Linux 得以迅速普及并得到前所未有的发展，其功能日趋完善。

1.1.2　Linux 的应用范围

Linux 的应用范围主要包括桌面、工作站、服务器、嵌入式系统、云计算与大数据等方面。

1. 桌面

由于用户界面、应用软件种类等方面的因素，桌面应用曾经是 Linux 的弱项。但是，随着 Linux 技术、特别是 X Window 领域技术的发展，Linux 在界面美观、使用方便、系统安全，特别是应用软件的数量等方面都有了长足的进步，Linux 作为桌面操作系统正处于市场推广时期。根据权威市场调研机构 Netmarketshare 的调查，2020 年 5 月，Linux 桌面应用的市场占有率已达到 3.17%，成为仅次于 Windows、Mac OS 的第三大流行桌面操作系统。

在我国进行的政府采购中，多款国产 Linux 操作系统软件（如麒麟、红旗、统信等）已成为政府机关集中采购的桌面操作系统。2018 年以来，受中美贸易战、"中兴、华为事件"等影响，以及 Windows7 和 CentOS 停止维护等事件驱动，我国核心技术受制于人的现状使我国经济持续高质量发展面临严峻考验，加快建立高性能、全生态、自主可控的计算体系显得尤为重要。对此，我国政府要求加大力度，支持国产操作系统的研发和应用，并以每年 15% 的比例由国产操作系统替换国外操作系统。国内操作系统行业还有很大的提升空间，同时，推出我国自主研发的操作系统具有非常重要的战略意义。在可以预见的未来几年内，政府办公和行业应用以及个人家庭娱乐教育，必然基于 Linux 桌面带来一轮新的革命浪潮。

2．工作站

相比桌面应用而言，Linux 的工作站应用进展要顺利得多。很多行业的公司将其应用于可视化工作站，如医疗系统、扫描设备和成像系统、制造业、工艺处理、CAD/CAM 应用、电力系统和大规模仿真、政府与军队部门、航空航天模拟设施和天气预报等。工作站应用是 Linux 未来发展的方向之一。

3．服务器

Linux 服务器的稳定性、安全性、可靠性如今已得到业界认可。目前，Linux 被广泛应用于 Internet/Intranet。据统计，目前全球有超过 75% 的互联网服务器采用了 Linux 系统。在 Linux 操作系统下运行一些应用程序（如 Bind、Apache、Vsftpd、Sendmail、Iptables、Squid 等）就可以提供 DNS、WWW、FTP、电子邮件、防火墙和代理服务器等服务。Linux 下的 Samba 服务不仅可以轻松地面向用户提供文件及打印共享服务，还可以通过磁盘配额控制用户对磁盘空间的使用。此外，目前各大数据库均已推出基于 Linux 的大型数据库，如 Oracle、Sybase、DB2 等，Linux 凭借其稳定运行的性能，在数据库服务领域大有取代 Windows 之势。

4．嵌入式系统

嵌入式系统（Embedded System）是指带有微处理器的非计算机系统，如 MP3 播放器、工控设备、车载电子设备、手持设备、信息家电等都采用嵌入式系统。嵌入式 Linux 是将 Linux 操作系统进行裁剪修改，使之能在嵌入式计算机系统上运行的一种操作系统。Linux 凭借其内核稳定、可靠性高、实时性好、可裁剪、内核小、支持多种开发语言和开放源代码等优势成为众多嵌入式系统厂商看好的一个方向。据调查，有超过 50% 的嵌入式系统倾向于以 Linux 作为操作系统。目前，Android 已经成为全球最流行的智能手机操作系统，据 2020 年权威部门统计，Android 操作系统的全球市场份额已达 72.2%。此外，思科在网络防火墙和路由器使用了定制的 Linux，阿里云开发了一套基于 Linux 的操作系统 YunOS，可用于智能手机、平板电脑和网络电视；常见的数字视频录像机、舞台灯光控制系统等都在逐渐采用定制版本的 Linux 来实现。嵌入式系统已成为目前最具商业前景的 Linux 应用。

5．云计算与大数据

互联网产业的迅猛发展，促使云计算、大数据产业的形成并快速发展，云计算、大数据作为基于开源软件的平台，Linux 占据了核心优势。据 Linux 基金会的研究，86% 的企业已经使用 Linux 操作系统进行云计算、大数据平台的构建。目前，Linux 已成为主流的云计算、大数据平台操作系统。

1.2 Linux 的主要特点

本节介绍 Linux 的主要特点，包括稳定性、兼容性、可移植性和图形化用户界面等。

完成本节学习，将能够：
- 描述 Linux 系统的主要特点。

Linux之所以能在短短的30年间得到迅猛的发展，除了与它作为自由软件，其源代码公开并可免费获得有关以外，更主要的是由于Linux具有很多良好特性。概括起来，Linux具有以下主要特点：

1. 多用户多任务

Linux支持多个用户从相同或不同的终端同时使用同一台计算机（多用户），而没有商业软件许可证（License）的限制。在同一时间段内，Linux系统能响应多个用户的不同请求，也可以在Linux中同时执行多个程序（多任务）。

2. 高度的稳定性

Linux的内核设计继承了UNIX的优良特性，可以长期高效、稳定地运行。Linux不易受蠕虫攻击，而且到现在为止，也只有屈指可数的几种病毒曾感染过Linux。这种强免疫性归功于Linux系统健壮的基础架构。Linux的基础架构由相互无关的层组成，每层都有特定的功能和严格的权限许可，从而保证Linux最大限度地稳定运行。

3. 良好的兼容性

Linux遵循POSIX（Portable Operating System Interface of UNIX）标准，所以Linux与System V以及BSD等主流UNIX系统均可兼容。在UNIX系统下可以执行的程序，也几乎完全可以在Linux上运行。

4. 强大的可移植性

由于Linux的系统内核只有低于10%的源代码采用汇编语言来编写，其余都是以C语言来完成的，因此平台的可移植性很强。无论是掌上计算机、PC、小型机，还是中型机，甚至是大型计算机，都可以运行Linux。迄今，Linux是支持硬件平台最多的操作系统。

5. 支持多种文件系统

Linux可以将许多不同的文件系统，以挂载（mount）的方式加入，例如，Windows的FAT16/32、Windows Server的NTFS、OS/2的HPFS，甚至是网络上其他计算机所共享的文件系统NFS（Network File System），都是Linux支持的文件系统。

6. 高效的内存管理

Linux会将未使用的内存区域作为缓冲区（Buffer），以加速程序的执行。另外，系统会采取内存保护模式来执行程序，以避免因一个程序执行失败而导致整个系统的崩溃。

7. 图形化用户界面

Linux提供了两种用户界面：字符界面和图形化用户界面。字符界面是传统的UNIX界面，用户通过键盘输入命令来执行相关操作。同时，Linux也拥有方便友好的图形化用户界面，并可使用鼠标来操作，在Linux上可采用多个图形管理程序，来变更不同的桌面图案或功能菜单，例如GNOME和KDE，这是Windows操作系统所不具备的特点。

8. 完善的网络功能

Linux继承了UNIX作为网络操作系统的优点，使用TCP/IP作为默认的网络通信协议。除此之外，它还内置了许多服务器软件，例如Apache（WWW服务器）、Postfix（邮件服务器）、Vsftpd（FTP服务器）、Squid（代理服务器）等，所以，无须额外购买其他软件，即可直接利用Linux来担任全方位的网络服务器。

当然，Linux也存在一些缺点，如它的命令行操作界面不易被用户掌握，支持的PC硬件不及

Windows 广泛，支持的备份设备和打印设备型号略显滞后。随着 Linux 技术的不断成熟，这些缺点和不足也将得以改进。

1.3 Linux 的版本

本节介绍 Linux 的内核版本及其沿革，以及几种主要的 Linux 发行版本。

完成本节学习，将能够：
- 通过版本号识别各种 Linux 的内核版本。
- 描述主要的 Linux 发行版本名称。
- 描述 Red Hat Linux 的基本特点。

1.3.1 Linux 的内核版本

Linux 内核完成内存调度、进程管理、文件系统、设备驱动等操作系统的基本功能，它不包括用户应用程序。到目前为止，Linux 内核仍由 Linus Torvalds 领导下的开发小组负责开发，用户可以到 http://www.kernel.org 站点去免费下载。

Linux 的内核版本号由三个数字组成，一般表示为 X.Y.Z 形式，如 5.13.4。其中：

（1）X 表示主版本号，通常在一段时间内比较稳定。

（2）Y 表示次版本号。如果是偶数，代表这个内核版本是正式版本（或称稳定的内核版本），可以用于实际的产品中；如果是奇数，则代表这个内核是测试版本（或称发展的内核版本），还不太稳定，功能也不完善，仅供测试。

（3）Z 表示补丁的版本号，这个数字越大，表明修改的次数越多，版本相对越完善。

有时在内核版本号中还有第四位数字，如 3.0.55-2，表示厂家对该版本的修改次数。

Linux 的正式版本与测试版本是相互关联的。正式版本只针对上一个版本的特定缺陷进行修改，而测试版本则在正式版本的基础上继续增加新功能，当测试版本被证明稳定后就成为正式版本。正式版本和测试版本不断循环，不断完善内核的功能。截至 2021 年 10 月，Linux 的内核版本已发展到 5.14.13 版本。表 1-1 所示为 Linux 发展历程中的主要内核版本。

表 1-1 Linux 发展历程中的主要内核版本

内核版本	发布日期	内核版本	发布日期
0.01	1991.7	3.2	2012.1
0.1	1991.11	3.4	2012.5
1.0	1994.3	3.6	2012.9
2.0	1996.6	3.8	2013.2
2.2	1999.1	3.10	2013.6
2.4	2001.1	3.16	2014.8
2.6	2003.12	3.18	2014.12
3.0	2011.7	4.0	2015.4
4.2	2015.8	5.0	2019.3
4.4	2016.1	5.2	2019.7

续表

内核版本	发布日期	内核版本	发布日期
4.6	2016.5	5.4	2019.11
4.8	2016.9	5.6	2020.3
4.10	2017.2	5.8	2020.8
4.12	2017.7	5.10	2020.12
4.14	2017.11	5.12	2021.4
4.16	2018.4	5.13	2021.6
4.18	2018.8	5.14	2021.10
4.20	2018.12		

1.3.2　Linux 的发行版本

因为 Linux 内核具有自由获取并允许厂商自行搭配其他应用程序的特性，所以不同的厂商将 Linux 内核与不同的应用程序相组合，并开发相关的管理工具，就形成了不同的 Linux 发行套件，称为 Linux 的发行版本。

目前，Linux 发行版本的数量已超过 300 种，并且还在不断增加。但是，不论发行版本的名称或开发厂商为何，它们都同属于 Linux 的大家庭，没有任何发行版本拥有发表内核的权利，所有的内核都是源自 Linus Torvalds 的 Linux 内核，它们之间的差别只在于包含的软件种类及数量的不同。常见的 Linux 发行版本如表 1-2 所示。

表 1-2　常见的 Linux 发行版本

商标	说明	
redhat	发行厂商	Red Hat，Inc.USA
	官方网站	http://www.redhat.com
CentOS	发行厂商	CentOS 社区
	官方网站	https://www.centos.org/
debian	发行厂商	Debian Project Team
	官方网站	http://www.debian.org
slackware	发行厂商	Patrick Volkerding
	官方网站	http://www.slackware.com
suSE	发行厂商	S.u.S.E. Germany/ S.u.S.E. USA
	官方网站	http://www.suse.com
ubuntu	发行厂商	Canonical 公司、Ubuntu 基金会
	官方网站	http://www.ubuntu.com
KYLIN 银河麒麟	发行厂商	麒麟软件有限公司
	官方网站	https://www.kylinos.cn

需要指出，上表中的银河麒麟（Kylin）操作系统是一款基于 Linux 内核开发的具有自主知识产权的国产操作系统，目前的较高版本是 v10，其内核版本号是 4.19。它支持飞腾、鲲鹏、龙芯、海光、兆芯等国产主流 CPU，现已全面应用于国产超级计算机、载人航天、北斗导航等重要项目和党政机关、金融、能源、制造和交通等领域，有力地支撑着中国式现代化事业的发展。

发行版本的版本号随厂商的不同而不同，并与内核的版本号相对独立。每种 Linux 发行版本各有所长，用户应根据实际需求来决定使用哪种发行版本以获得最佳的效果。

1.3.3 Red Hat Linux 简介

Linux 的不同发行版本，其区别主要在于安装和配置方式、捆绑软件以及技术支持方面存在差异。在众多的发行版本中，Red Hat Linux 最负盛名。根据著名的调查公司 NetCraft 调查，目前采用 Red Hat Linux 发行版的网络服务器数量急剧上升。Linux 服务器使用率的排名依次为 Red Hat、Debian、CentOS、SuSE 和 Fedora。

Red Hat Linux 是美国 Red Hat 公司的产品，在 9.0 版本以前，一直只有桌面版。从 9.0 版本之后，Red Hat Linux 发展为两个分支：由 Fedora 社区开发和维护的桌面版 Fedora Core（FC）和由 Red Hat 公司提供支持和更新的企业服务器版 Red Hat Enterprise Linux（RHEL）。桌面版只局限于个人用户，侧重于桌面环境，同时也是 RHEL 新功能的试验场，RHEL 的许多新功能都是首先在 Fedora Core 中实现的，待成熟和稳定后再加入到 RHEL 中；Red Hat Enterprise Linux 的内容包含着桌面版的所有功能，是 Red Hat Linux 9.0 的延续，它是针对企业服务器而设计的，以便用户建立一个可靠、安全及高效的服务平台，与 Red Hat Linux 9.0 相比，更加专业，功能更加强大，性能更加优越。

Red Hat Enterprise Linux 主要用来组建网络服务器，因此在网络技术日益发展的现今社会，它的使用也越来越受到众多用户的青睐，特别是一些大型的网络及网站服务器，都是建立在 Linux 平台上的。

Red Hat Enterprise Linux 2.1 于 2002 年 5 月开始发行。2005 年初，Red Hat Enterprise Linux Core 4.0 开始发行，该版本包括了 350 多种功能改进，是一个十分完整的企业级的 Linux 解决方案。2010 年 10 月发布了 RHEL 6.0 版，2013 年 11 月发布了 RHEL 6.5 版，2014 年 6 月发布了 RHEL 7.0 版本，截至 2021 年 5 月，RHEL 的最新版本是 8.4 版。

在 Rad Hat 发行版家族中，有一个 RHEL 的克隆版，叫做 CentOS（Community Enterprise Operating System，社区企业操作系统）。CentOS 与 RHEL 系统是二进制兼容的，也就是说，使用在 RHEL 系统上的软件，同样可以部署和运行在 CentOS 系统上，两者在操作上没有区别。RHEL 是企业用户使用的 Linux 发行版，Red Hat 公司向付费用户提供技术支持和在线更新；而 CentOS 是免费的，但没有技术支持，软件更新的速度也比 RHEL 慢一些。此外，CentOS 系统的版本号和 RHEL 系统有对应关系，例如，CentOS 8 对应 RHEL 8。

本书主要以 Red Hat Enterprise Linux 8.0（简称 RHEL 8）为例进行介绍，其内核版本为 4.18.0-80.el8.x86_64。但书中命令和实例也兼容 RHEL 8.x、CentOS 8.x 系列的其他版本。

1.4　Linux 的系统组成

本节将介绍 Linux 系统的分层结构，包括 Linux 内核、Shell 和各种应用程序三大部分以及各部分之间的关系。

完成本节学习，将能够：
- 描述 Linux 系统的分层结构。

- 理解主要的 Linux 内核、Shell 的基本概念。
- 列出常用的 Linux 应用程序。

Linux 是由一个小的内核以及在其上的命令解释程序（Shell）和一系列应用程序构成的。Linux 的总体结构如图 1-2 所示。

1.4.1 内核

内核（Kernel）是整个操作系统的核心，管理着整个计算机系统的软硬件资源，如 CPU 和内存。内核提供相应的硬件设备驱动程序、网络协议和网络驱动等，并管理所有应用程序的执行。如果内核发生问题，整个计算机系统就可能会崩溃。

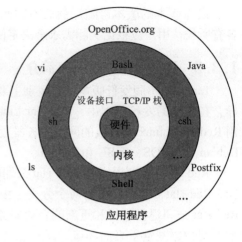

图 1-2 Linux 的总体结构

Linux 的内核源代码主要用 C 语言编写，只有部分与驱动相关的用汇编语言 Assembly 编写。Linux 内核采用模块化的结构，其主要模块包括 CPU 和进程管理、存储管理、文件系统管理、设备管理和驱动、网络通信，以及系统的引导、系统调用等。各 Linux 发行版本的内核源代码通常安装在 /usr/src/linux 目录中，可供用户查看和修改。

当 Linux 安装完毕后，一个通用的内核就被安装到计算机中。这个通用内核能满足绝大部分用户的需求，但也正因为内核的这种普遍适用性，使得很多对具体的某一台计算机来说可能并不需要的内核程序（如一些硬件驱动程序）将被安装并运行，这样可能导致系统性能下降。因此，Linux 允许用户根据自己机器的实际配置定制 Linux 内核，从而有效地简化 Linux 内核，提高系统性能。

1.4.2 Shell

Linux 的内核并不能直接接收来自终端的用户命令，也就不能直接与用户进行交互操作，因此需要 Shell 这一交互式命令解释程序来充当用户和内核之间的桥梁。Shell 负责将用户的命令解释为内核能够接受的低级语言，并将操作系统响应的信息以用户能理解的方式显示出来。

当用户启动 Linux，并成功登录到 Linux 后，系统就会自动进入 Shell。从用户登录到用户退出登录，用户输入的每个命令都要由 Shell 接收，并由 Shell 去解释。如果用户输入的命令正确，Shell 就去调用相应的命令或程序，并由内核负责其执行，从而实现用户所要求的功能。

Shell 不仅是一种交互式命令解释程序，而且是一种程序设计语言，它与 MS-DOS 中的批处理命令类似，但比批处理命令功能强大。在 Shell 脚本程序中可以定义和使用变量、进行参数传递、流程控制、函数调用等。

每个 Linux 系统的用户可以拥有自己的用户界面或 Shell，用以满足自己专门的 Shell 需要。

同 Linux 本身一样，Shell 也有多种不同的版本，目前主要有下列版本的 Shell：

(1) Bourne Shell：是贝尔实验室开发的。
(2) Bash：是 GNU 的 Bourne Again Shell，是 GNU 操作系统上默认的 Shell。
(3) Korn Shell：是对 Bourne Shell 的发展，在大部分内容上与 Bourne Shell 兼容。
(4) C Shell：是 Oracle 公司 Shell 的 BSD 版本。

以上 Shell 各有优缺点。Bourne Shell 是 UNIX 最初使用的 Shell，并且在每种 UNIX 上都可以使用。Bourne Shell 在 Shell 编程方面相当优秀，但在处理与用户的交互方面不如其他几种 Shell。Linux 操作系统默认的 Shell 是 Bourne Again Shell，它是 Bourne Shell 的扩展，简称 Bash，与 Bourne Shell 完全向后兼容，并且在 Bourne Shell 的基础上增加、增强了很多特性。Bash 放在 /bin/bash 中，它有许多特色，可以提供命令补全、命令编辑和命令历史表等功能。它还包含了很多 C Shell 和 Korn Shell 中的优点，有灵活和强大的编程接口，同时又有很友好的用户界面。

1.4.3 应用程序

Linux 的应用程序主要来源于以下几方面：
（1）专门为 Linux 开发的应用程序，如 gaim、OpenOffice.org 等。
（2）原来是 UNIX 的应用程序移植到 Linux，如 vi 等。
（3）原来是 Windows 的应用程序移植到 Linux，如 RealOne 播放器、Oracle 等。

随着 Linux 的普及和发展，Linux 的应用程序不断增加，而且在 Internet 上随处可见。常见的网站有 http://www.linuxapps.com 等，读者可以在此找到所需要的各种软件，其中不少应用程序是基于 GNU 的 GPL 原则发行的自由软件，不需要付费或费用低廉，并且还向用户提供源代码。

除了自行寻找所需的软件外，各 Linux 的发行版本中均已包含大量的应用软件，这些软件足以满足一般用户的需求。表 1-3 所示为 Red Hat Linux 中部分常用的软件。

表 1-3　Red Hat Linux 中部分常用的软件

软 件 类 型	软 件 名 称
办公软件	KAddressBook Kontact KOrganizer
文本编辑	vi、Gedit、Emacs、X Emacs、Nedit、Joe、Pico
开发工具	Gcc、Perl、Java、Python
图像处理	GIMP、GQview、Electric Eyes、GNOME Ghostview、ImageMagick、Xpdf
多媒体工具	Xmcd、Xcdplayer、XMMS、GTV MPEG Player
刻录工具	Xcdroast、Cdwrite、Cdrecord
网络管理	Ethereal、Xtraceroute、Traceroute、Network Configuration、Internet Configuration
游戏	FreeCell、Gnibbles、Gataxx、Chess、Xbill
Internet 工具	Firefox、gFTP、Lynx、Licq、X-Chat IRC client、Openwebmail
X 窗口管理	Enlightenment、Sawfish、Twm、Window Maker

1.5 使用 VMware 软件安装 Linux 操作系统

本节介绍 Windows 平台上 VMware Workstation 虚拟机软件的基本概念，并以在 VMware Workstation 虚拟机上安装 RHEL 8 为例，介绍了安装 Linux 操作系统的详细方法。同样的方法也适用于 CentOS 8。

完成本节学习，将能够：
- 理解 VMware Workstation 软件的基本概念。
- 会在 Windows 平台上利用 VMware Workstation 软件安装 RHEL/CentOS 8。

1.5.1 VMware 简介

VMware（Virtual Machine ware）是一个"虚拟 PC"软件公司。它的产品可以使用户在一台机器上同时运行两个或更多 Windows、DOS、Linux 系统。与"多启动"系统相比，VMware 采用了完全不同的概念。多启动系统在一个时刻只能运行一个系统，在系统切换时需要重新启动机器。VMware 是真正"同时"运行，多个操作系统在主系统的平台上，就像标准 Windows 应用程序那样切换。而且，用户可以对每个操作系统都进行虚拟的分区、配置而不影响真实硬盘的数据，用户甚至可以通过网卡将几台虚拟机用网卡连接为一个局域网。

VMware 提供了以下三种工作模式：

1. Bridged（桥接模式）

在这种模式下，VMware 虚拟出来的操作系统就像是局域网中的一台独立的主机，它可以访问网内任何一台机器。在桥接模式下，用户需要手工为虚拟系统配置 IP 地址、子网掩码，而且还要和宿主机器处于同一网段，这样虚拟系统才能和宿主机器进行通信。同时，由于这个虚拟系统是局域网中的一个独立的主机系统，因此可以手工配置它的 TCP/IP 配置信息，以实现通过局域网的网关或路由器访问互联网。使用桥接模式的虚拟系统和宿主机器的关系，就像连接在同一个 Hub 上的两台计算机。想让它们相互通信，用户就需要为虚拟系统配置 IP 地址和子网掩码，否则就无法通信。如果想利用 VMware 在局域网内新建一个虚拟服务器，为局域网用户提供网络服务，就应该选择桥接模式。

2. host-only（主机模式）

在某些特殊的网络调试环境中，要求将真实环境和虚拟环境隔离开，这时用户就可采用 host-only 模式。在 host-only 模式中，所有的虚拟系统是可以相互通信的，相当于这两台机器通过双绞线互连，但虚拟系统和真实的网络是被隔离开的。在这种模式下，虚拟系统的 TCP/IP 配置信息（如 IP 地址、网关地址、DNS 服务器等）都是由 VMnet1（host-only）虚拟网络的 DHCP 服务器来动态分配的。如果用户想利用 VMware 创建一个与网内其他机器相隔离的虚拟系统，进行某些特殊的网络调试工作，可以选择 host-only 模式。

3. NAT（网络地址转换模式）

使用 NAT 模式，就是让虚拟系统借助 NAT 功能，通过宿主机器所在的网络来访问公网。也就是说，使用 NAT 模式可以实现在虚拟系统里访问互联网。NAT 模式下的虚拟系统的 TCP/IP 配置信息是由 VMnet8（NAT）虚拟网络的 DHCP 服务器提供的，无法进行手工修改，因此虚拟系统也就无法和本局域网中的其他真实主机进行通信。采用 NAT 模式最大的优势是虚拟系统接入互联网非常简单，用户不需要进行任何其他配置，只需要宿主机器能访问互联网即可。如果用户想利用 VMware 安装一个新的虚拟系统，在虚拟系统中不用进行任何手工配置就能直接访问互联网，建议采用 NAT 模式。

VMware 产品主要的功能有：

（1）不需要分区或重开机就能在同一台 PC 上使用两种以上的操作系统。
（2）完全隔离并保护不同 OS 的操作环境以及所有安装在 OS 上面的应用软件和资料。
（3）不同的 OS 之间能互动操作，包括网络、周边、文件分享以及复制粘贴功能。
（4）有复原（Undo）功能。
（5）能够设定并且随时修改操作系统的操作环境，如内存、磁盘空间、外围设备等。

(6) 热迁移，高可用性。

VMware Workstation 是 VMware 公司开发的一款功能强大的桌面虚拟计算机软件，提供用户可在单一的桌面上同时运行不同的操作系统，以及进行开发、测试、部署新的应用程序的最佳解决方案。VMware Workstation 可在一部实体机器上模拟完整的网络环境，以及可便于携带的虚拟机器。

1.5.2 安装前预备知识

1. Linux 磁盘分区

为了便于管理硬盘、使用多个文件系统，用户在安装操作系统前要对硬盘进行分区操作。硬盘分区有主分区、扩展分区和逻辑分区三种。由于计算机 BIOS 和 MBR 的限制，一块硬盘最多可以被分为四个主分区，其中一个主分区可以用扩展分区替换。一个硬盘上只能有一个扩展分区，在扩展分区内可以划分多个逻辑分区。

在 Windows 中，硬盘的分区按照顺序依次表示为 C:、D:、E: 等。而在 Linux 中，如果硬盘接口类型为 IDE，那么硬盘分区以 hd 为前缀；如果接口类型是 SCSI、STAT、SAS，那么硬盘分区以 sd 为前缀。具体的命名规则是以英文字母和数字排序的，如系统中第一块 SCSI 硬盘为 sda，其第一到第四个主分区表示为 /dev/sda1、/dev/sda2、/dev/sda3、/dev/sda4，逻辑分区是从数字 5 开始表示，第一个逻辑分区表示为 /dev/sda5。第二块硬盘为 sdb，依此类推。

与安装 Windows 系列操作系统不同，安装 Linux 操作系统时至少要划分两个分区，即根分区和交换分区。用户也可以根据自己的需要划分更多的分区，例如划分四个分区，如表 1-4 所示。

表 1-4　划分四个分区方案

分 区 名	挂 载 点	文件系统类型	分 区 容 量
根分区	/	XFS	>10 GB
引导分区	/boot	XFS	100 MB
交换分区	swap	swap	物理内存 1～2 倍
个人用户分区	/home	XFS	根据磁盘配额需求确定

2. 逻辑卷管理器

在传统的系统中，磁盘驱动器通常是在连续的存储区域（分区或分片）中分区的，然后这些区域再映射到块设备，通过 fdisk 命令可以实现。这样做的缺点是：分区大小限制了驱动器大小，并且调整分区大小需要重新建立分区或使用专门的工具（GNU Parted Partition Magic），这些工具允许重新组织磁盘而不需要恢复到一个备份。但这通常是干扰性的操作，而且很危险。

与此相反，LVM 系统块设备不受物理约束的限制，不必是连续的，而且可以联机调整大小。

LVM 系统在卷组（Volume Group，VG）中组织存储。卷组包含一个或多个物理卷（Physical Volume，PV 硬盘）。LVM 块设备被称为逻辑卷（Logical Volume，LV），逻辑卷（Logical Volume）是从 LVM 维护的一个卷组中分配的。

卷组就是数据存储的基本单元（可以把它看作一个或多个物理磁盘的虚拟磁盘），它把一个或多个物理磁盘分区组合在一起。

逻辑卷是从卷组中分出的一部分或全部空间，逻辑卷可以跨多个物理卷。一旦通过命令创建了逻辑卷，就可以像使用一般的磁盘分区那样使用，以创建文件系统或交换分区系统。

卷组描述区域（Volume Group Descriptor Area，VGDA）保存每个物理卷、卷组、逻辑卷的配置信息，存储在每个 Pvcreate 的磁盘的开头，包含四个部分：一个 PV 描述，一个 VG 描述，一个 LV 描述和几个 PE（Physical Extent，物理卷）描述，VGDA 的备份存储在 /etc/lvm/lvmconf/ 目录下。

逻辑盘区（Logical Extent，LE）以 LV 的形式展现，可以通过设备专用文件来使用 LV。如 /dev/volumegroupname/logicalvolumename。

在安装 RHEL 系统的分区设置中可以按照如下步骤划分虚拟逻辑卷：

（1）对物理硬盘进行分区操作，并将分区设定为物理卷。
（2）把需要的物理卷加入卷组。
（3）在卷组中划分逻辑卷分区。

划分好后就可以和普通分区一样正常使用虚拟逻辑卷了。但在划分时要注意，由于装载程序的限制，/boot 分区不可以是逻辑卷。

3．磁盘阵列

RAID（Redundant Array of Independent Disks，独立磁盘冗余陈列）也称磁盘阵列，它通常由多个磁盘构成。在操作系统中，磁盘阵列被视为独立的存储设备，用户可以像使用普通硬盘那样使用它。与普通磁盘相比，磁盘阵列在性能和容量上有较大的优势，并且可以提供较好的容错性。

磁盘阵列有多个等级，常见的为 RAID 0 ~ RAID 6，每个等级的磁盘阵列的特点详见本书第 4 章。RAID 的实现分为软件和硬件实现。软件实现是指通过操作系统完成磁盘阵列配置；硬件实现是通过专门的硬件控制卡来完成磁盘阵列配置。RHEL 8 的安装程序提供了软件 RAID 功能，在安装过程中可以将多个硬盘分区加入 RAID 设备，然后将设备挂载到 Linux 目录中。

1.5.3 使用 VMware Workstation 安装 RHEL 操作系统

Red Hat Enterprise Linux 支持的安装方式有光盘、硬盘驱动器、NFS、FTP、HTTP。

在 Windows 平台使用 VMware Workstation 软件安装 RHEL 操作系统，相当于使用光盘方式在一台服务器或者 PC 上安装 RHEL 操作系统。本书以 VMware Workstation 15.5.1 build-15018445 上安装 rhel-8.0-x86_64.iso 包为例介绍 RHEL 8 的安装步骤。相应的 ISO 软件包可到红帽官方网站 www.redhat.com 去下载。

1．安装 RHEL 系统

（1）启动 VMware Workstation 软件，选择"文件"|"新建虚拟机"命令（见图 1-3），弹出"新建虚拟机向导"对话框，如图 1-4 所示。

图 1-3　新建虚拟机

图 1-4　新建虚拟机向导

第 1 章 Linux 基本知识

(2) 单击"下一步"按钮,在虚拟机配置类型中选择"典型"单选按钮,如图 1-5 所示。

(3) 单击"下一步"按钮,选择"稍后安装操作系统";单击"下一步"按钮,在"客户机操作系统"中选择 Linux 单选按钮,并在下拉列表框中选择"Red Hat Enterprise Linux 8 64 位"选项,如图 1-6 所示。

图 1-5 选择虚拟机配置类型

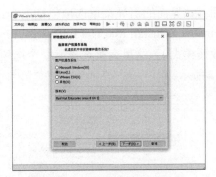

图 1-6 选择客户机操作系统

(4) 单击"下一步"按钮,在"虚拟机名称"文本框中输入"Red Hat Enterprise Linux 8 64 位",在"位置"文本框中输入在硬盘上存放虚拟机文件的路径,如图 1-7 所示。

(5) 单击"下一步"按钮,在"指定磁盘容量"中设置硬盘的容量,如图 1-8 所示。

图 1-7 设置虚拟机名称和位置

图 1-8 设置虚拟机磁盘容量

(6) 单击"下一步"按钮,查看虚拟机设置,如图 1-9 所示。

(7) 单击"完成"按钮即可完成虚拟机的基本设置,如图 1-10 所示。

图 1-9 查看虚拟机设置

图 1-10 虚拟机设置完成

（8）双击设备列表中 CD/DVD 打开光驱配置，在"连接"中选择使用 ISO 镜像，将路径设置为下载到硬盘中的 rhel-8.0-x86_64.iso 包的绝对路径，如图 1-11 所示。

（9）单击 VMware Workstation 软件窗口中的"启动该虚拟机"，虚拟机系统就会从光盘 ISO 镜像引导，运行 Red Hat Enterprise Linux 8.0 的安装程序，然后进入交互式安装界面。第一个界面为开机界面。该界面的引导菜单选项包括三个选择：Install Red Hat Enterprise Linux 8.0.0（安装系统）；Test this media & install Red Hat Enterprise Linux 8.0.0（校验光盘完整性后再安装）；Troubleshooting（启动救援模式）。这里直接选择第一个选项 Install Red Hat Enterprise Linux 8.0.0，并按【Enter】键，如图 1-12 所示。

图 1-11　设置使用 ISO 镜像

图 1-12　开机界面

（10）经过几分钟的启动过程，进入系统安装过程语言选择界面，选择 English 如图 1-13 所示。

（11）单击 Continue 按钮，进入安装概要界面。安装概要界面是 Linux 系统安装所需信息的集合之处，包含如下内容：Keyboard（键盘）、Language Support（语言）、Time & Date（时间和日期）、Installation Source（安装来源）、Software Selection（软件选择）、Installation Destination（安装介质）、KDUMP（一个转储内存运行参数服务）、Network & Host Name（网络和主机名）、SECURITY POLICY（安全策略）、System Purpose（系统用途），如图 1-14 所示。

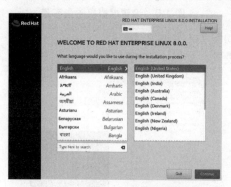

图 1-13　系统安装过程语言选择

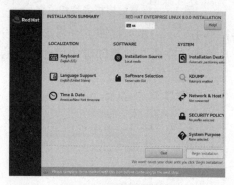

图 1-14　安装概要界面

（12）单击 Time & Data 按钮来设置系统的时区和时间，在地图上单击中国境内即可显示出上海的当前时间，确认后单击左上角的 Done 按钮，如图 1-15 所示。

第1章 Linux 基本知识

（13）Installation Source 是指系统从哪里获取的，默认是设置的光盘镜像 ISO 文件，不需要修改。单击 Software Selection 按钮进入软件选择界面。RHEL 8 系统提供六种软件基本环境，依次为 Server with GUI（带图形化的服务器）、Server（服务器）、Minimal Install（最小化安装）、Workstation（工作站）、Custom Operating System（自定义）和 Virtualization Host（虚拟化）。本次安装过程使用当前模式 Server with GUI，额外的软件包在后续学习过程中再根据需要进行安装，单击左上角的 Done 按钮完成设置，如图 1-16 所示。

图 1-15 设置系统时区和时间

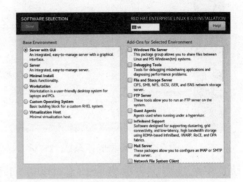

图 1-16 软件选择界面

（14）单击 Installation Destination 选择安装操作系统的硬盘，在下方的 Storage Configuration（存储配置）中选择 Custom（定制），单击左上角的 Done 按钮进入手动分区设置。用户可以单击左下角"+"号根据实际需求进行分区，分区完成后单击左上角的 Done 按钮完成设置，推荐自定义如下标准分区（见图 1-17）：

① 一个根分区（最小容量为 1.4 GB）：1.4 GB 允许最小化安装。
② 一个交换分区（容量一般为物理内存的 2 倍）：用来支持虚拟内存。
③ 一个 /home 分区（容量根据需求确定）：用来支持磁盘配额管理。

在创建分区时也可创建 RAID 分区和 LVM 物理卷，相关概念在本节已做过介绍，具体方法在此不再做详细描述。初学者也可在 Storage Configuration（存储配置）中直接选择默认的 Automatic（自动）完成分区设置。

（15）单击 Network & Host Name，设置网络和主机名，单击左上角的 Done 按钮完成设置，如图 1-18 所示。

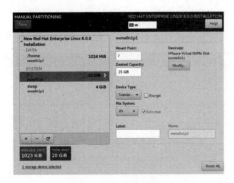

图 1-17 手动分区

图 1-18 网络和主机名设置界面

（16）各项设置完成后单击安装概要界面右下角的 Begin Installation 开始安装操作系统，如图 1-19 所示。

（17）安装过程中单击 Root Password 设置管理员 root 用户的密码，单击左上角的 Done 按钮完成设置，如图 1-20 所示。

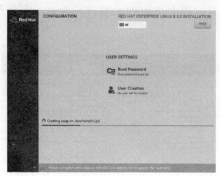

图 1-19　安装操作系统

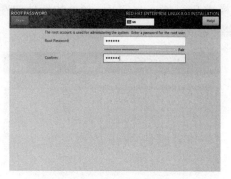

图 1-20　设置 root 用户密码

（18）安装过程中再单击 User Creation 创建普通用户并设置密码，单击左上角的 Done 按钮完成设置，如图 1-21 所示。

（19）安装完成后，单击右下角的 Reboot 按钮重新启动系统，如图 1-22 所示。

图 1-21　创建普通用户

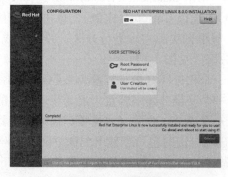

图 1-22　安装完成

2．安装完成后首次启动设置

（1）安装完成第一次进入 RHEL 系统时，用户会被要求对系统进行一些常规的设置。在初始化界面单击 License Information（许可协议信息）（见图 1-23）之后进入许可协议信息界面，必须选择 I accept the license agreement（我同意许可协议）复选框方能继续进行设置，如图 1-24 所示。

图 1-23　初始化界面

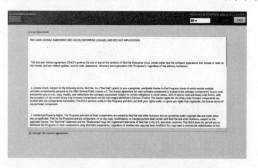

图 1-24　许可协议信息界面

(2) 在许可协议信息界面选择同意许可证协议后单击 Done 按钮，系统会返回初始化界面，如图 1-25 所示。单击 FINISH CONFIGURATION 进入用户登录界面，如图 1-26 所示。

图 1-25　返回初始化界面　　　　　　　　图 1-26　用户登录界面

(3) 在用户登录界面单击 student，输入刚才在安装过程中设置的密码，单击 Sign In 按钮登录系统，如图 1-27 所示。

(4) 使用 student 用户第一次登录系统后，系统会弹出欢迎界面，在欢迎界面中可以选择系统语言，这里使用默认语言 English，如图 1-28 所示。

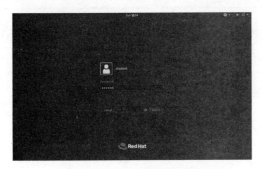

图 1-27　输入密码登录系统　　　　　　　　图 1-28　欢迎界面

(5) 在欢迎界面单击 Next 按钮，系统进入输入设置界面，这里使用默认设置 English(US)，如图 1-29 所示。

(6) 在输入设置界面单击 Next 按钮，系统进入隐私设置界面，这里选择关闭定位服务，如图 1-30 所示。

图 1-29　输入设置界面　　　　　　　　图 1-30　隐私设置界面

（7）在隐私设置界面单击 Next 按钮，系统进入在线账户设置界面，这里可以选择连接自己的在线账户（如果已有相关账户），如图 1-31 所示。

（8）在隐私设置界面单击 Skip 按钮，系统初始化设置完成，如图 1-32 所示。

图 1-31　在线账户设置界面

图 1-32　初始化设置完成界面

1.6　Linux 的启动、关机与登录

本节以 Intel X86 平台上运行的 RHEL 8 为实例讨论系统的启动、登录的详细过程，介绍系统关机与重启的方法。

完成本节学习，将能够：
- 描述系统启动的过程。
- 学会系统开机、登录、关机和重启。
- 学会重置 root 用户密码。

1.6.1　Linux 的启动

Linux 主机加电并进行硬件自检后，读取并加载硬盘 MBR 中的启动引导器（GRUB 或 LILO），供用户选择要启动的操作系统，如图 1-33 所示。默认 5 s 等待用户选择要进入的操作系统，若没有选择，则自动进入默认系统。

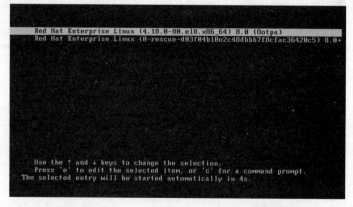
图 1-33　Red Hat Enterprise Linux 8.0 启动界面

选中 Red Hat Enterprise Linux 操作系统后，或 5s 过后，将自动开始引导 Red Hat Enterprise Linux 操作系统。在此过程中，系统首先加载 Linux 的内核程序，然后由内核程序负责初始化系统硬件和设备驱动程序。之后内核将启动执行 /usr/lib/system/systemd 程序，以启动系统的 systemd 守护进程，该进程将引导运行系统所需的其他进程，并根据系统的设置进入指定的系统运行级别，启动相应的服务程序。

引导完毕后，将进入文本虚拟控制台登录界面。若安装时设置的默认登录界面为图形界面，则将启动图形系统，并进入图形登录界面。

1.6.2 系统登录

Linux 是多用户多任务操作系统，任何用户要使用 Linux 系统，都必须登录。

RHEL 系统允许同时打开六个文本虚拟控制台（tty1 ~ tty6）进行登录和操作，如果启动了 X Window，第一个虚拟控制台（tty1）就对应图形界面。如果系统设置的默认登录界面为文本界面，启动 RHEL 系统后将进入 1 号文本虚拟控制台，可以使用【Alt+F2】~【Alt+F6】组合键在各个文本虚拟控制台之间进行切换。运行 X Window 进入图形模式后，需按【Ctrl+Alt+F2】~【Ctrl+Alt+F6】组合键访问文本虚拟控制台界面，按【Alt+F1】组合键可回到图形模式。用户可以在每一个虚拟控制台上实现以不同用户身份登录，或用于同时运行多个应用程序。

系统登录方式包括图形模式登录、文本模式登录或 ssh 远程登录等。本节介绍前两种，对于 SSH 远程登录将在本书第 16 章详细介绍。

1. 图形模式登录

当系统默认设置的登录界面为图形界面时，启动后系统将以图形界面提示用户输入"用户名"和"密码"，如果用户名和密码无误，就可成功登录。若希望在登录时选择 GNOME 环境和显示协议，则可以在输入密码前先单击设置按钮，在出现的下拉菜单中根据需要选择首选的选项（见图 1-34）。

图 1-34　图形方式登录时选择 GNOME 环境和显示协议

2. 文本模式登录

文本虚拟控制台登录界面如图 1-35 所示。首先输入用户名，如 student，然后在 Password 提示行输入对应的密码，输入的密码不会回显，校验通过后就能登录到 Linux 系统。

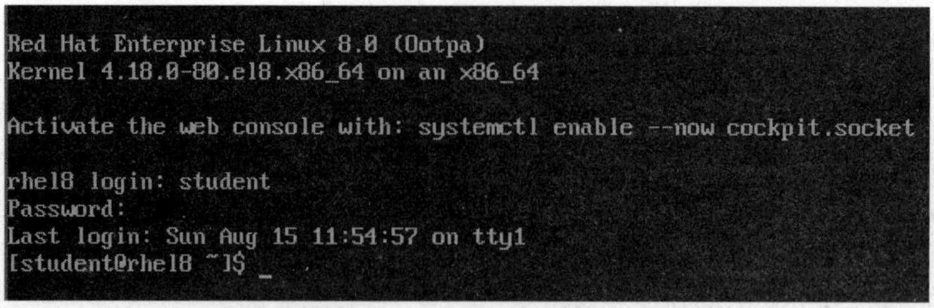

```
Red Hat Enterprise Linux 8.0 (Ootpa)
Kernel 4.18.0-80.el8.x86_64 on an x86_64

Activate the web console with: systemctl enable --now cockpit.socket

rhel8 login: student
Password:
Last login: Sun Aug 15 11:54:57 on tty1
[student@rhel8 ~]$ _
```

图 1-35 文本登录界面

图 1-35 中最后一行是系统登录成功后显示的信息。该信息的格式为：

```
[登录的用户名@登录的计算机名称　当前目录名]$
```

以上述 student 用户登录为例，此信息表示目前登录的用户名称为 student，登录的计算机名称为 rhel8，而"~"表示当前目录为登录用户的宿主目录。用户登录成功，会自动进入该用户的宿主目录，root 用户的宿主目录为 /root，而普通用户的宿主目录一般为 /home 下以该用户名命名的一个子目录，如 student 用户的宿主目录常为 /home/student。

注意：除非没有建立其他用户，否则尽量不要使用 root 身份进行登录，这是出于对系统安全性的考虑。当然，如果确实需要以 root 身份来操作，也可以在用普通用户身份登录之后再使用"su"或"su -"命令切换到 root 用户。"su"和"su -"命令的不同主要在于变更身份的同时是否切换为 root 用户的环境变量。

```
[student@rhel8 ~]$su -
Password:
[root@rhel8 ~]#
```

方括号中最后显示的"~"表示当前目录为当前用户的宿主目录，此处为 /root。

在上述提示符最后，可以看到"#"、"$"或"%"，其中"#"表示目前登录的用户为 root，而"%"或"$"都表示登录者为一般用户，其差异在于使用不同的 Shell。

在文本虚拟控制台界面下，若要注销当前用户，以其他用户身份登录，可输入 logout 或 exit 命令，此时系统将再次回到最初的登录界面。

1.6.3 关机与重启

目前，计算机不论使用哪种操作系统，在关机时都不是简单地将电源关闭即可。若是直接关机，很有可能会造成文件系统的毁损，导致下次无法正常开机，所以应该在关闭电源前输入适当的命令或执行某种操作来结束当前的工作。本小节将分别讨论图形和文本模式下进行系统的关机和重启的方法。

1. 图形模式下的关机与重启

Linux 在图形模式下进行关机和重启与 Windows 类似。单击桌面上方任务栏最右边的小三角符号，然后在下拉菜单中单击右下角的关机图标（见图 1-36），打开图 1-37 所示的对话框，然后选择 Poweroff 或 Restart 即可进行关机或重启操作。

图 1-36　关机菜单　　　　　　　　　　　图 1-37　确认对话框

2. 文本模式下关机与重启

1) shutdown 命令

shutdown 命令具有使系统关机、重启、进入单用户维护模式及传递信息等功能。只有超级用户（root）才能使用此命令。

如果要使系统在指定时间内关机，可以使用 "-h" 及时间参数。时间参数的使用有三种形式：hh:mm、+m 或 now。hh:mm 表示指定几点几分关机，+m 表示在 m 分钟后关机，而 now 则表示立即关机。例如：

```
[root@rhel8 ~]# shutdown -h 9:30          //9:30 关机
[root@rhel8 ~]# shutdown -h +5            //5 min 后关机
[root@rhel8 ~]# shutdown -h now           //立即关机
```

上述 shutdown 命令执行时会向所有已登录用户发送一条消息，通知他们系统即将在命令指定的时间后关闭，用户可以在此间完成他们正在进行的工作并注销，然后开始进入关机过程。

在输入关机命令后，如果希望取消此命令，可以使用【Ctrl+C】组合键将前一个 shutdown 命令取消。

如果要使系统重启，可以使用 "-r" 和时间参数，其中时间参数的使用同上。

2) halt、poweroff 和 reboot 命令

halt、poweroff 和 reboot 这三条命令相似，它们可以直接执行。例如：

```
[root@rhel8 ~]# reboot                    //系统重启
[root@rhel8 ~]# halt                      //系统停止运行，但不关闭系统电源
[root@rhel8 ~]# poweroff                  //系统停止运行，并将电源关闭
```

这三个命令也可以包含许多相同的参数，使用这些参数可以设置许多其他功能。具体参数可参阅 Linux 的相关文档。

3) init 命令

init 命令后跟 0～6 之间的任一数字作参数，可以改变系统的当前运行级别。例如，切换多用户模式到单用户模式或者在不同的多用户模式间切换。也可以用此命令实现系统的关机和重启，例如：

```
[root@rhel8 ~]# init 0                    //系统关机
[root@rhel8 ~]# init 6                    //系统重启
```

1.6.4 重置 root 用户密码

在使用 Linux 操作系统的过程中，经常会出现忘记系统管理员 root 用户密码的情况。此时不必重新安装操作系统，只需要通过以下的操作就可以重置 root 用户的密码。

(1) 重启 RHEL 8 操作系统，当出现系统引导界面时，按【e】键进入内核信息编辑界面，在 linux 参数所在行末尾增加 rd.break 参数，如图 1-38 所示。

(2) 添加参数完成后按【Ctrl+X】组合键运行修改过的内核程序，进入 Linux 系统紧急救援模式。在救援模式中依次输入如下命令即可完成 root 用户密码的重置，如图 1-39 所示。

```
mount  -o  remount,rw  /sysroot
chroot  /sysroot
passwd
touch  /.autorelabel
exit
reboot
```

图 1-38　内核信息编辑界面　　　　　图 1-39　重置 root 用户密码

至此，root 用户密码重置成功，系统重新启动后就可以使用新的密码登录系统。

本章小结

Linux 是一种类 UNIX 的操作系统，由 Linus Torvalds 在 Minix 操作系统的基础上开发。由于 Linux 加入 GNU 计划并遵循通用公共许可证（GPL）原则发行，使其得到迅猛发展。凭借其优良特性，目前 Linux 在互联网服务器、嵌入式系统和云计算以及大数据领域发挥着越来越大的作用。

Linux 的版本分为内核版本和发行版本两种。内核版本是指 Linux 内核的版本；发行版本是各 Linux 发行商将 Linux 的内核和各种应用软件及相关文档组合起来，并提供一些安装界面和系统管理工具的发行套件。Linux 有很多发行版本，其中 Red Hat 公司推出的各种 Linux 发行版本目前使用最为广泛。CentOS 与 RHEL 系统是二进制兼容的克隆版本。

Linux 系统是由一个小的内核以及在其之上的命令解释程序（Shell）和一系列应用程序构成的。内核（Kernel）是整个操作系统的核心，管理着整个计算机系统的软硬件资源。Shell 既是一种交互式命令解释程序，又是一种程序设计语言。作为交互式命令解释程序，Shell 负责接收并解释用户输入的命令，并调用相关的程序来完成用户的要求。Linux 的应用程序数量繁多，功能强大，并多为自由软件。

第 1 章 Linux 基本知识

VMware（Virtual Machine ware）是一个"虚拟 PC"软件公司。它的产品可以使用户在一台机器上同时运行两个或更多 Windows、DOS、Linux 系统。与"多启动"系统相比，VMware 采用了完全不同的概念。多启动系统在一个时刻只能运行一个系统，在系统切换时需要重新启动机器。在 Windows 操作系统平台可以使用 VMware Workstation 来安装 RHEL/CentOS 操作系统。

在 Linux 的启动过程中需要依次执行若干道程序，根据设置的运行级别的不同启动不同的服务。Linux 提供了六个虚拟控制台（工作区域），可以利用【Ctrl+Alt+F1】~【Ctrl+Alt+F6】组合键来切换不同的工作区域进行系统登录或运行不同的任务。

系统登录方法包括图形模式登录、文本模式登录、Telnet 或 SSH 远程登录等多种。除了在图形模式下执行相应的菜单功能外，Linux 在字符模式下提供了 shutdown、halt、poweroff、reboot 和 init 等命令进行系统的关机和重启。如果忘记 root 用户密码，可以通过相应的操作重置密码而无须重新安装操作系统。

项目实训 1　Linux 的安装、启动、关机及登录

一、情境描述

某公司的一台 Web 服务器原本安装的操作系统为 Windows Server 2012，为了提高服务器安全性和稳定性，适应新业务的需要，公司决定将操作系统更换为 RHEL/CentOS 8。本项目要求为这台服务器安装该操作系统，并熟悉操作系统的登录、用户切换、重启、关机等操作方法。

二、项目分解

分析上述工作情境，我们需要完成下列任务：
（1）使用 VMware Workstation 软件安装 RHEL8/CentOS8 操作系统，并测试安装是否成功；
（2）使用图形模式和文本模式分别登录 Linux 系统，并测试登录是否正常；
（3）使用准确的命令关闭、重启系统，并测试命令执行是否正确。

三、学习目标

1. 技能目标
- 描述 Linux 的开机启动过程。
- 能使用 VMware Workstation 软件安装 RHEL8/CentOS8 操作系统。
- 能在图形模式和文本模式下登录 Linux 系统。
- 能熟练运用命令行关闭和重启 Linux。

2. 素质目标
- 具备严谨规范的工作意识和团队合作精神。
- 建立开源、共享的理念。

视　频
使用VMware
Workstation 软
件安装RHEL 8
操作系统

四、项目准备

一台已安装 Vmware Workstation 软件的计算机，一个 RHEL/CentOS 8 系统安装镜像文件。

五、实训预估时间

90 min。

六、项目实施

【任务 1】使用 Vmware Workstation 软件安装 RHEL/CentOS 8 操作系统。

（1）安装 Vmware Workstation 软件。

（2）获取 RHEL/CentOS 8 系统安装镜像文件。

（3）使用 Vmware Workstation 软件安装 RHEL/CentOS 8 操作系统。

（4）使用 root 用户登录 RHEL/CentOS 8 操作系统，新建一普通用户 student 并设置密码。（操作命令由实验指导老师或系统管理员提供）

在图形模式和文本模式下登录Linux系统

【任务 2】在图形模式和文本模式下登录 Linux 系统。

（1）开启机器电源。

（2）观察屏幕上显示的启动信息。

（3）当系统启动到图形登录界面时，用普通用户 student 登录（普通用户的用户名及密码信息由实验指导老师或系统管理员提供）。

（4）从图形界面切换到其他文本控制台，并在各文本控制台之间以及文本控制台与图形界面之间进行切换。

（5）从某一文本控制台用上述相同用户账号登录，然后使用"su"及"su -"命令切换到 root 用户，再从 root 用户切换到普通用户，观察 Linux 提示符有何变化。

（6）分别进入每个已登录的文本控制台，用 logout 命令注销；再进入图形界面下注销。

系统的关闭与重启

【任务 3】系统的关闭与重启。

（1）切换到某一文本控制台，以普通用户 student 登录。

（2）使用 reboot 命令重启系统，观察屏幕提示信息，说明原因。

（3）切换到 root 用户，再次使用 reboot 命令，观察系统的运行情况。

（4）使用 root 用户登录系统，执行"init 6"命令重启系统，观察屏幕提示信息。

（5）分别使用 shutdown 的三种时间参数形式关机，观察系统的变化。

（6）重启系统后再分别使用 halt、poweroff 及 init 0 命令进行系统关机，说明三者的区别。

七、项目考评

项目完成后，请对完成情况进行评价，在表格相应栏中打"√"，并在评分栏进行评分。

序号	考核点	评价标准	标准分	评价结果			评分
				操作熟练	能做出来	完全不会	
1	安装 RHEL 版操作系统	安装 VMware Workstation 软件、根据需求定制安装 RHEL 版操作系统	20				
2	图形界面及字符界面登录 linux 系统	使用图形界面登录 linux 系统、在图形界面使用组合键切换到其他文本控制台、使用 su 命令在不同用户间切换、使用 logout 命令注销 Linux 系统	20				

续表

序号	考核点	评价标准	标准分	评价结果			评分
				操作熟练	能做出来	完全不会	
3	Linux 系统的重启	使用 reboot、shutdown 及 init 命令重启 Linux 系统	20				
4	Linux 系统的关闭	使用 poweroff、shutdown、halt 及 init 命令关闭 Linux 系统	20				
5	职业素养	实训过程:纪律、卫生、安全等	10				
		规范严谨、团队协作、共享理念等	10				
		总评分	100				

习题 1

一、选择题

1. Linux 和 UNIX 的关系是（　　）。
   A. 没有关系
   B. UNIX 是一种类 Linux 操作系统
   C. Linux 是一种类 UNIX 的操作系统
   D. Linux 和 UNIX 是一回事
2. Linux 系统是一个（　　）的操作系统。
   A. 单用户单任务
   B. 单用户多任务
   C. 多用户单任务
   D. 多用户多任务
3. 以下命令中可以重新启动计算机的是（　　）。
   A. reboot
   B. halt
   C. shutdown -h
   D. init 0
4. 以下关于 Linux 内核版本的说法，错误的是（　　）。
   A. 表示为"主版本号.次版本号.修正次数"的形式
   B. 4.2.2 表示稳定的发行版本
   C. 4.2.6 表示对内核 4.2 的第 6 次修正
   D. 4.3.2 表示稳定的发行版本
5. 下面关于 Shell 的说法中不正确的是（　　）。
   A. 操作系统的外壳
   B. 用户与 Linux 内核之间的接口程序
   C. 一个命令语言解释器
   D. 一种和 C 类似的程序设计语言
6. 获得红帽企业版 Linux 发行版的途径有（　　）。
   A. 在零售店有包装好的产品供选购
   B. 通过红帽网络以 ISO 镜像形式发行
   C. 在大家都可访问的 FTP 站点下载 ISO 镜像
   D. 以上全是

E. 只有 A 和 C
7. 下列项目中需要用红帽企业版 Linux 安装程序指定的是（　　）。
　　A. 根口令　　　　　　　　　　　B. 普通用户的账户密码
　　C. GRUB 引导程序密码　　　　　D. 只有 A 和 C
　　E. 以上全是
8. 若一台安装有 Linux 操作系统的计算机的内存为 1 GB，则交换分区的大小一般应为（　　）。
　　A. 512 MB　　B. 1 GB　　C. 2 GB　　D. 4 GB
9. 当指定一个新的文件系统分区后，不需要指定（　　）。
　　A. 文件系统类型　B. 分区设备名称　C. 分区大小　D. 分区挂载点
　　E. 以上全部需要指定
10. 在 Linux 中，选择使用第二号虚拟控制台，应按（　　）键。
　　A.【F2】　　B.【Ctrl+F2】　　C.【Alt+F2】　　D.【Alt+2】
11. （　　）命令可以将普通用户切换成超级用户。
　　A. super　　B. su　　C. tar　　D. passwd
12. 以下（　　）内核版本属于测试版本。
　　A. 4.0.0　　B. 3.2.25　　C. 5.3.4　　D. 4.0.13

二、简答题

1. 试列举 Linux 的主要特点。
2. 简述 Linux 的内核版本号的构成。
3. Linux 的主要发行版本有哪些？
4. Linux 系统由哪些部分组成？
5. VMware Workstation 软件的特点是什么？
6. 如何使用 VMware Workstation 软件安装 RHEL/CentOS 操作系统？
7. 哪些命令可以实现系统重启或关闭？
8. 如何在各个虚拟控制台之间进行切换？

三、综合题

1. 将一台安装 RHEL 8 操作系统的主机 root 用户密码重置为 huawei。
2. 使用普通用户登录系统，用 su 命令切换为 root 用户验证密码是否重置成功。

第 2 章

Linux 文件与目录管理

系统管理员工作职责之一就是对系统的目录和文件进行日常维护。操作系统中负责管理和存储文件信息的模块称为文件管理系统，简称文件系统。Linux 文件系统以 "/" 为最顶层，称为根目录，所有文件和目录，包括设备信息都在此目录下。本章将介绍 Linux 支持的主要文件系统类型、标准文件目录结构以及常用的文件和目录操作命令，最后介绍文本编辑器 vi 的使用方法。

完成本章学习，将能够：
- 描述 Linux 文件系统类型。
- 描述 Linux 标准文件目录结构。
- 设置或修改文件的权限。
- 运用 Linux 常用的文件系统管理命令进行文件和目录的管理。
- 运用 vi 编辑器进行文本的编辑。
- 增强动手实践意识，培养严谨细致的工匠精神。

2.1 Linux 文件系统类型

本节介绍 Linux 的基本文件系统 ext3/ext4、XFS、swap 和支持的主要文件系统 VFAT、NFS、SMB、ISO 9660 等。

完成本节学习，将能够：
- 描述 Linux 基本文件系统 ex4 及 XFS 的主要特点。
- 描述 Linux 支持的主要文件系统类型。

文件系统是操作系统用来存储和管理文件的方法。不同的操作系统需要使用不同类型的文件系统，为了与其他操作系统兼容，以相互交换数据，通常每种操作系统都能支持多种类型的文件系统。例如，DOS 和 Windows 9x 一般采用 FAT16 或 FAT32 文件系统，Windows Server 2003 操作系统默认或推荐采用的文件系统是 NTFS，但同时也支持 FAT32 或 FAT16 文件系统。

Linux 中保存数据的磁盘分区通常采用 ext4 或 XFS 文件系统，而实现虚拟存储的 swap 分区一定采用 swap 文件系统，同时 Linux 内核还支持十多种不同的文件系统。下面对 Linux 的基本文件系统和支持的主要文件系统作简要介绍。

1. ext2、ext3 和 ext4 文件系统

ext（extended File System，扩展文件系统）是专为 Linux 设计的文件系统，在 Linux 发展的早期起过重要的作用。由于在稳定性、速度和兼容性等方面存在许多缺陷，现已不再使用。

ext2 是为解决 ext 文件系统存在的缺陷而设计的可扩展、高性能的文件系统。ext2 于 1993 年发布，它在速度和 CPU 利用率上具有较突出的优势，是 GNU/Linux 系统中标准的文件系统。

ext3 是 ext2 的增强版本，它在 ext2 的基础上，增加了文件系统日志管理功能，Red Hat Linux 7.0 以后的版本默认采用的文件系统就是 ext3。

ext4 是一种针对 ext3 系统的扩展日志式文件系统，是专门为 Linux 开发的原始的扩展文件系统（ext 或 extfs）的第四版。Linux Kernel 自 2.6.28 开始正式支持 ext4。ext4 是 ext3 的改进版，修改了 ext3 中部分重要的数据结构，而不仅仅像 ext3 相对 ext2 只是增加了一个日志功能而已。ext4 可以提供更佳的性能和可靠性，还有更为丰富的功能，主要体现在 ext4 支持更大的文件系统（1 EB）和更大的文件（16 TB）、无限数量的子目录、快速 fsck，以及日志校验功能可以很方便地判断日志数据是否损坏，从而增加了安全性等。

2. XFS 文件系统

XFS 文件系统是硅谷图形公司（Silicon Graphics Inc., SGI）开发的用于 IRIX 的文件系统，后通过 GNU 通用公共许可证移植到 Linux 系统上，是 RHEL/CentOS 7.0 以上版本默认的基本文件系统。XFS 是一种高性能的日志文件系统。同 ext4 相比，XFS 的优势在于当发生意外宕机后可以快速恢复可能被破坏的文件，而且强大的日志功能只用花费极低的计算和存储性能。XFS 是一个全 64-bit 的文件系统，最大可以支持的文件系统为 18 EB，可支持的文件大小为 9 EB。

3. swap 文件系统

swap 文件系统用于 Linux 的交换分区。在 Linux 中，使用整个交换分区来提供虚拟内存，其分区大小一般取决于计算机物理内存的大小：如果物理内存小于 4 GB，通常建议为物理内存的 2 倍；如果物理内存大于 4 GB 而小于 16 GB，通常设置为物理内存的大小；如果物理内存大于 16 GB，建议为物理内存的一半。在安装 Linux 操作系统时，就应创建交换分区，它是 Linux 正常运行所必需，其类型必须是 swap。

4. VFAT 文件系统

VFAT 是 Linux 对 DOS、Windows 系统下的 FAT（包括 FAT16 和 FAT32）文件系统的统称。Red Hat Linux 支持 FAT16 和 FAT32 分区，也能在该系统中通过相关命令创建 FAT 分区。

5. NFS 文件系统

NFS 即网络文件系统，用于在 UNIX 或 Linux 系统间通过网络进行文件共享，用户可将网络中 NFS 服务器提供的共享目录挂载到本地的文件目录中，从而实现操作和访问 NFS 文件系统中的内容。

6. SMB 文件系统

SMB 是 Samba 的缩写形式，它是另一种网络文件系统，主要用于在 Windows 和 Linux 操作系统之间共享文件和打印机。SMB 也一样用于 Linux 和 Linux 之间的共享文件，不过对于 Linux 和 Linux 之间共享文件，使用 NFS 网络文件系统更好。

7. ISO 9660 文件系统

该文件系统是 CD-ROM 所使用的标准文件系统，Linux 对该文件系统也有很好的支持，不仅能读取光盘和光盘 ISO 映像文件，而且支持在 Linux 环境中刻录光盘。

此外，Linux 支持的文件系统还有 minix、msdos、ncpfs、hpfs、ntfsumsdos 等，在此不一一介绍。对于 RHEL/CentOS 8，要了解其支持的文件系统类型，可通过以下命令来查看：

```
[root@rhel8 ~]# ls  /lib/modules/4.18.0-240.el8.x86_64/kernel/fs
```

2.2 Linux 的目录和文件

本节介绍 Linux 系统的目录结构以及 Linux 文件名及其路径的构成。
完成本节学习，将能够：
- 描述 Linux 系统的目录结构及标准文件目录的功能。
- 命名 Linux 文件，并描述其路径。

2.2.1 Linux 系统的目录结构

Linux 文件系统由文件和目录组成。文件是专门用来存储数据的对象，而目录是一种用来组织文件和其他目录的容器。与 DOS 和 Windows 系统一样，Linux 也使用树状目录结构来组织和管理文件，所有的文件采取分层的方式组织在一起，从而形成一个树状的层次结构。所不同的是，在 DOS 和 Windows 系统中，每个分区都有一个独立的根目录，各分区采用盘符进行区分和标识；而在 Linux 系统中，整个树状结构只有一个根目录，它位于根分区，用"/"表示，其他目录、文件以及外围设备（包括硬盘、光驱等）文件都是以根目录为起点，挂载在根目录下面，即整个 Linux 的文件系统都是以根目录为起点的，其他所有分区都被挂载到目录树的某个目录中。通过访问挂载点目录，即可实现对这些分区的访问。

RHEL/CentOS 遵循文件系统层次标准（Filesystem Hierarchy Standard，FHS），采用标准的目录结构。其目录结构的主要部分如图 2-1 所示。

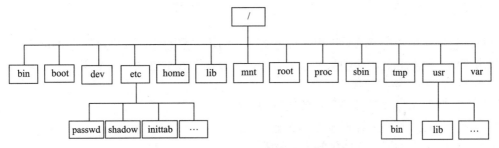

图 2-1　RHEL/CentOS 目录结构的主要部分

下面分别介绍一些常用目录的功能。

1. /bin 和 /sbin

对 Linux 系统进行维护操作的实用命令基本上都包含在 /bin 和 /sbin 目录中。
/bin 目录通常存放用户最常用的一些基本命令，包括对目录和文件操作的一些实用程序，如

login、ls、cp、mv、vi、rpm 等。在 RHEL/CentOS 8 中，/bin 目录是 /usr/bin 的符号链接。

/sbin 目录存放的是只允许系统管理员（root）运行的一些系统维护程序，如 fdisk、mkfs、reboot、shutdown、halt、iptables 等。在 RHEL/CentOS 8 中，/sbin 目录是 /usr/sbin 的符号链接。

2. /boot

/boot 目录用于存放与系统启动相关的各种文件，包括系统的引导程序和系统内核程序。

3. /dev

/dev 用于存放系统中的所有设备文件，对一个物理设备进行操作，实际上是操作该物理设备对应的文件。例如，hda 为第一个 IDE 硬盘设备名，sdb 为第二个 SCSI 硬盘或 USB 设备名，cdrom 为光盘设备名，mouse 为鼠标的设备名等。

4. /etc

/etc 目录通常用于存放系统管理时要用到的各种配置文件，如 inittab、fstab、passwd 等。

5. /home

系统中所有普通用户的主目录，默认存放在 /home 目录中。新建用户账号后，系统就会自动在该目录中创建一个与用户账户同名的子目录，作为该用户的主目录。

6. /media 和 /mnt

这两个目录常作为各种移动存储介质的挂载点目录。/media 目录常用来挂载即插即用型设备，一般系统自动挂载的光盘、U 盘文件系统都在这个目录下面；/mnt 目录主要用于临时挂载别的文件系统。

7. /root

/root 是系统管理员（root）的主目录，由系统安装时自动创建。

8. /lib

lib 是 library 的简写，用于存放系统的动态链接库，几乎所有的应用程序都会用到这个目录下的共享库。在 RHEL/CentOS 8 中，/lib 目录是 /usr/lib 的符号链接。

9. /proc

当前系统运行的进程的有关信息映射为文件，存放在 /proc 目录中，该目录还用于保存记录当前内存内容的 Kernel 文件。注意，此目录实际不占用外存空间。

10. /usr

/usr 目录包含与用户相关的应用程序和库文件。用户安装的程序或要自行建立的目录，一般应放在该目录下面，因此它是占用硬盘空间最大的一个目录。其下包含一些重要的子目录，主要有：

(1) /usr/bin：存放用户可执行程序。
(2) /usr/include：存放 C 编译程序的所有包含文件。
(3) /usr/lib：存放程序编译连接所需的函数库。
(4) /usr/local：提供用户软件包的安装位置。
(5) /usr/src：存放 Linux 内核源程序。

11. /tmp

/tmp 目录用于存放各种临时文件，如程序执行期间产生的临时文件。

12. /var

/var 目录用于存放经常变化的文件，如日志文件等。

13. /srv 和 /opt

/srv 目录用于存放一些网络服务的数据文件；/opt 目录用于存放第三方的应用软件。

2.2.2 文件名

文件名是文件的唯一标识符。Linux 中文件名遵循以下约定：

（1）可以使用除"/"以外的所有 ASCII 字符，但不能包含空格和一些对 Shell 来说有特殊含义的字符，如：

! $ # * & ? \ , ; < > [ ] { } ( ) ^ @ % | " ' `

（2）文件名区分大小写字母。如 sample.txt、Sample.txt 和 SAMPLE.TXT 都代表不同的文件。

（3）文件名最长可达到 256 字符。

（4）如果文件名以句点开头，则该文件就成为隐藏文件，它们通常在目录列表中不显示。

MS-DOS 和 Windows 中所有文件都以"文件主名·扩展名"格式表示，文件扩展名表示文件的类型，如"*.exe"就表示可执行文件。Linux 不强调文件扩展名的作用，如 test.txt 可能是可执行文件，而 text.exe 也有可能是文本文件。文件甚至可以没有扩展名。但数据文件名通常用句点把文件类型从文件名中分离出来，并遵循一些约定，如".zip"为 ZIP 压缩文件，".tar"为归档文件，".rpm"为 RPM 软件包文件，".gz"为 GZIP 压缩文件，等等。

2.2.3 文件路径

在使用 Linux 命令对某个文件或目录进行操作时，一般应指明文件或目录所在的查找路径，否则默认对当前目录中的同名文件或目录进行操作。Linux 中的路径可分为绝对路径和相对路径。现以图 2-2 为例介绍 Linux 的文件（或目录）路径命名方法。

图 2-2 文件路径

1. 绝对路径

绝对路径是指从根目录（/）开始到指定文件或目录的路径，它总是以"/"开始，由路径通过的用"/"分隔的目录名组成。如图 2-2 中，zip 文件的绝对路径名为 /usr/bin/zip，local 目录的绝对路径名为 /usr/local。

2. 相对路径

相对路径是指从当前工作目录出发到达指定文件或目录的路径，当前目录名一般不包含在路径中。在图 2-2 中，如果当前目录是 /usr，则 zip 的相对路径名为 bin/zip，而 local 的相对路径名则为 local。

在 Linux 中当前目录可用句点"."表示，而当前目录的上一级目录可用双句点".."表示，这两种目录表示常用在相对路径名中，因为它们允许指定通过层次向上和向下追溯的路径。例如，假设当前目录是 lib，则 zip 文件的相对路径名可表示为 ../bin/zip，而 X11 目录的相对路径名也可表示为 ./X11。

注意：文件或目录的绝对路径名和相对路径名在表示一个文件或目录的位置时是等效的。两者在使用时各有优缺点：绝对路径名是固定的，唯一的，也易于掌握，但有时过于烦琐；而相对路径名的使用有时可使文件或目录路径变得很简短，从而提高操作效率，但由于比较灵活，因此易于出错。对这两种表示方法，学习者在使用时可以根据实际情况决定使用哪一种。

2.3 文件类型与文件权限

本节主要介绍 Linux 系统中文件的类型和文件权限的概念，并重点介绍文件权限的设置和修改方法。

完成本节学习，将能够：
- 描述 Linux 系统中文件的类型。
- 描述文件权限的概念。
- 设置或修改文件、目录的权限。

2.3.1 文件类型

在 Linux 的命令提示符下，输入命令"ls -l"可显示当前目录下每个文件的属性信息，其显示格式及各列的含义如图 2-3 所示。

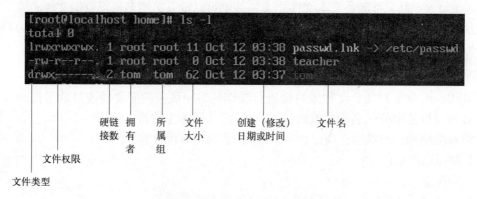

图 2-3 查看文件和目录属性信息

图 2-3 中第一列最左边一位即为该文件的类型标识符。Linux 系统将文件大致分成四种类型：普通文件、目录文件、链接文件和设备文件。

1. 普通文件

普通文件用于存储程序和数据，可分为二进制文件和文本文件。二进制文件直接以文本的二进制形式存储，一般是图形、图像、声音和可执行的程序文件。文本文件则以文本的 ASCII 码形式存储，如 Linux 中的配置文件和脚本文件等。图 2-3 中类型标识为"-"的文件为普通文件。

2. 目录文件

Linux 系统的目录用于组织各种文件或子目录，它也是一种特殊格式的文件，存储一组相关文件的位置、大小等信息。图 2-3 中类型标识为"d"的为目录文件。

3. 链接文件

在 Linux 系统中，一个文件分为两个部分进行存储，一部分为用户数据，另一部分为元数据。用户数据指的是文件或目录本身的数据，这些数据被存储到一个或多个数据块中；元数据则指的是文件或目录的属性（如文件大小、类型、时间戳、所有者等信息）以及块指针（指向存储文件数据的块），这些数据被存储在一个索引节点（inode）中。一个文件只有一个索引节点，这个索引节点在本文件系统内是唯一的，因此文件的索引节点号（inode number）是文件的唯一标识。文件名仅是为了方便人们的记忆和使用，系统通过文件的索引节点号寻找到指定的文件。

链接文件是对一个文件或目录的引用,可分为硬链接文件（hard link）和符号链接文件（symbolic link）两种类型。硬链接就是同一个文件拥有的多个访问入口，因此硬链接文件保存所链接文件的索引节点（即磁盘的具体物理位置）信息。如果一个索引节点对应多个文件名，则称这些文件互为硬链接。即使源文件改名、删除或者移动，硬链接文件仍然有效。如果文件有多个硬链接，删除其中任意一个硬链接（访问入口）都不会对文件内容产生任何影响，仅在其最后一个硬链接及源文件本身被删除时，该文件才会被真正从文件系统中删除。因为索引节点只有在本文件系统才是唯一的，所以 Linux 要求硬链接文件与源文件必须属于同一磁盘的同一个分区（即同一个文件系统），而且只能用于文件，不能用于目录。硬链接文件的类型标识也为"-"。

符号链接文件类似于 Windows 中的快捷方式，其本身并不保存文件内容，而只记录所链接文件的路径信息。与硬链接文件不同的是，虽然可以通过符号链接去读写其所指向的文件，但符号链接与它指向的文件不是同一个文件，符号链接有自己的 inode 号及用户数据块。符号链接文件并不要求与源文件位于同一分区，它既可用于指向文件，也可用于指向目录。如果被链接文件改名或者移动，符号链接文件虽然不会被删除，但会让符号链接失去作用，即无法通过符号链接访问源文件或目录。图 2-3 中类型标识为"l"的为符号链接文件。

4. 设备文件

Linux 用一个虚拟文件接口访问它的设备，这意味着设备是文件系统中简单的文件，可以用普通的 Linux 命令访问它们。Linux 的设备文件主要位于 /dev 目录中。

设备文件可分为字符设备文件和块设备文件。字符设备是以字符为单位进行输入/输出的设备，包括终端（如 /dev/ttynn, nn 为表示终端号的数字）、打印机（如 /dev/lp0）、磁带（/dev/tapnn, nn 为表示磁带号的数字）等，其类型标识为"c"。块设备是以数据块为单位进行输入/输出的设备，包括磁盘（/dev/hda 或 /dev/sda）、光盘（/dev/cdrom）等，其类型标识为"b"。

注意：以上是 Linux 为了便于管理和识别不同的文件而进行的分类，通常人们习惯上将普通文件、链接文件和设备文件统称为文件，而将目录文件简称为目录。

2.3.2 文件权限的概念

Linux 中文件的访问权限取决于文件的拥有者、文件所属组，以及文件拥有者、同组用户和其他用户各自的访问权限。图 2-3 中第一列除最左边一位表示文件类型外，其余各位表示文件的这三组访问权限，其构成如图 2-4 所示。

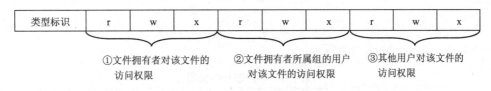

图 2-4　文件访问权限的构成

1. 访问权限

用户对文件的访问权限分为可读、可写、可执行三种,分别用 r、w、x 表示。若用户无某个权限，则在相应权限位置用"-"表示。

(1) 可读权限（r）：对文件而言，表示可浏览文件内容，可复制文件的权限；对目录而言，表示可浏览目录内容的权限，但不意味着可以阅读目录中文件的内容。

(2) 可写权限（w）：对于文件而言，表示可修改文件内容的权限，但不意味着可以删除文件；对目录而言，表示可在目录中创建、删除和重命名文件的权限。

(3) 可执行权限（x）：对于文件而言，表示可以执行的权限（如果是程序，不需要可读权限；如果是 Shell 脚本，则需要同时具有可读权限）；对于目录而言，表示可以用 cd 命令进入该目录，并可访问该目录中的文件。

注意：有一些程序文件的访问属性的可执行部分不是 x，而是 s，这表示执行这个程序的用户，临时可获得与文件的拥有者一样的权限来运行该程序。这种情况一般出现在系统管理类的命令程序中，如 /bin 目录下的 ping、su、mount、umount 和 /usr/bin 目录下的 passwd 等。

2. 与访问权限相关的用户分类

文件的权限是与用户和组紧密联系在一起的。事实上，文件的访问权限就是针对下列三类用户的。

(1) 文件拥有者（owner）：建立文件或目录的用户。

(2) 同组用户（group）：文件拥有者所属组中的其余用户。

(3) 其他用户（other）：既不是文件拥有者，又不是拥有者所属的组的其他所有用户。

利用文件的拥有者和所属组的属性，可以确定对文件的三种类型的访问许可。如果用户拥有该文件，则图 2-4 中第①部分的访问属性起作用；如果用户不拥有该文件，但是和文件的拥有者在同一组中，则第②部分的访问属性起作用；如果用户既不是文件拥有者也不与文件拥有者同属一个组，则第③部分的访问属性起作用。

例如，图 2-3 中的 readahead.files 文件，其访问属性为 -rw-r--r--，为 root 用户所拥有，并属于 root 组。其第一个标识位为 -，说明是一个文件，第一组权限为 rw-，说明该文件的拥有者 root 对该文件具有可读和可写权限；第二组权限为 r--，则说明与文件拥有者所属的 root 组同组其他用户对该文件具有可读权限，但不能对该文件进行写操作和执行操作；第三组权限为 r--，说明其他用户对文件具有可读权限，无写权限和执行权限。

注意：超级用户（root）负责整个系统的管理和维护，拥有系统中所有文件的全部访问权限。

3. 访问权限的表示方法

1) 字符表示法

这种表示方法用字母和符号表示与文件权限相关的三类不同用户及其对文件的访问权限，其一般形式为：

[u g o a] [= + -] [r w x]

其中字符表示与说明如表 2-1 所示。

表 2-1　字符表示与说明

字　　符	说　　明
u	文件拥有者
g	同组用户
o	其他用户
a	所有用户

续表

字 符	说 明
=	指定权限
+	在目前设置的权限基础上增加权限
-	在目前设置的权限基础上减少权限
r	可读权限
w	可写权限
x	可执行权限

不同用户的权限之间用逗号分隔。

例如，某个文件的权限为 rwxr-xr-x，若用字符表示方法来表示，则为 u=rwx,g=rx,o=rx。现将此文件的权限修改为 r-xrwxr-x，则用字符表示法可以表示为 u=rx,g=rwx,o=rx 或 u-w,g+w。

后一种表示法中代表"其他用户"(o)的权限部分省略，表示其他用户的权限与原来的权限相同。

2）数字表示法

所谓数字表示法，就是用一个三位的数字分别表示三类用户的权限。例如"755"，其百位上的数字 7 代表文件拥有者的权限，十位上的数字 5 代表文件拥有者所属的组中的其他用户的权限，而个位上的数字则代表其他用户对该文件的权限。

由于每类用户的权限都依次用 r、w、x 或 - 来表示，如果有权限的位置用 1 表示，没有权限的位置用 0 表示，这样就会形成一个三位的二进制编码，然后将该二进制数转换成对应的十进制数，这样就得到一个 0～7 的数，从而就可实现用十进制数来表示用户对文件的权限。

例如，某一个文件的权限为 rwxr-xr-x，若用二进制数表示，则为 111101101；将每部分转换成十进制数，则为 755。这样，该文件的权限（rwxr-xr-x）用数字来表示，则为 755。

rwx 表示的权限与用数字表示的权限对照如表 2-2 所示。

表 2-2 权限的数字表示法

rwx 表示的权限	二进制编码表示	十进制编码表示	权限的含义
---	000	0	无任何权限
--x	001	1	可执行
-w-	010	2	可写
-wx	011	3	可写和可执行
r--	100	4	可读
r-x	101	5	可读和可执行
rw-	110	6	可读和可写
rwx	111	7	可读、可写和可执行

上述两种表示文件权限的方法各有优缺点，如数字表示法的优点是比较简洁，但无法表示某种权限的增加或减少；字符表示法既可以重新指定权限，又可以由原来的权限来增加或减少权限，但比较烦琐。读者在设置或修改文件权限时可以依个人的操作习惯和使用场合来选择最合适的方式。

2.3.3 修改文件或目录的权限

在 Linux 中创建文件或目录时，系统会根据默认参数自动设置其访问权限。实际工作中，常需使用 chmod 命令来重新设置或修改文件或目录的权限。需要说明的是，只有文件或目录的拥有者或 root 用户才有此权限。

1. chmod 命令

格式：`chmod [-R] 模式 文件或目录`

功能：修改文件或目录的访问权限。

说明：

(1) 模式即为文件或目录的权限表示，可以用数字方式，也可以用字符方式。

(2) 选项 -R 代表递归设置指定目录下的所有文件和目录的权限。

【例 2.1】/home/test/myfile 文件当前的权限为 rw-r--r--，将其更改为 rwxrw-r--。

方法一：

```
[root@rhel8 ~]# chmod  764  /home/test/myfile
```

方法二：

```
[root@rhel8 ~]# chmod  u=rwx,g=rw,o=r  /home/test/myfile
```

方法三：

```
[root@rhel8 ~]# chmod  u+x,g+w  /home/test/myfile
```

观察结果：

```
[root@rhel8 ~]# ls  -l  /home/test/myfile
-rwxrw-r--  1  test  test  252  Apr 27  18:19  /home/test/myfile
```

【例 2.2】将 /home/test 目录的权限设置为 755。

方法一：

```
[root@rhel8 ~]# chmod  755  /home/test
```

方法二：

```
[root@rhel8 ~]# chmod  u=rwx,g=rx,o=rx  /home/test
```

观察结果：

```
[root@rhel8 ~]# ls  -ld  /home/test
drwxr-xr-x  3  root  root  4096  Mar 20  10:40  /home/test
```

如欲将 /home/test 目录下所有文件的权限设置为 755，可以执行如下命令：

```
[root@rhel8 ~]# chmod  -R  755  /home/test
```

或

```
[root@rhel8 ~]# chmod  -R  u=rwx,g=rx,o=rx  /home/test
```

2. umask 命令

格式：`umask 权限掩码`

功能：指定新建文件和目录的默认权限。

说明：umask 的功能类似于设置网络上的子网掩码，不同的是网络上的子网掩码是与 IP 地址进行与运算，而 umask 用后面所带的权限掩码和最大的权限值进行的是异或运算，其结果即为新建文件和目录的默认权限。umask 对于目录的最大权限是 777，即 rwxrwxrwx；而对于文件最大的权限是 666，即 rw-rw-rw-。

例如，运行命令：

```
[root@rhel8 ~]# umask 033
```

则 033 与目录的最大权限值 777 进行异或运算，所以建立的新目录默认权限为 744，即 rwxr--r--；而对于新建立的文件则是 033 与文件的最大权限值 666 进行异或运算，所建立的新文件的默认权限为 644，即 rw-r--r--。

对于文件的执行权限（即 x 权限）使用 umask 命令是无法使其起作用的，系统强制关闭文件的 x 默认执行权限。如果想使文件有运行权限，只能由 chmod 命令进行设置。

注意：运行 umask 命令只对于当前 Shell 环境起作用，重新登录后恢复到系统默认的权限，如果想每次登录后都使用自己设置的权限，将 umask 命令添加到用户的 profile 文件中即可。

2.3.4 修改文件或目录的拥有者

文件或目录的创建者一般是该文件或目录的拥有者（或称所有者或属主），拥有者对文件具有特别使用权。根据需要，文件或目录的拥有者或 root 用户可以将其所有权转让给其他用户，使其他用户成为该文件或目录的拥有者，还可以改变其所属的用户组。

1. chown 命令

格式：chown 文件拥有者 [:组] 文件或目录

功能：改变文件或目录拥有者，可一并修改文件或目录的所属组。

【例 2.3】将文件 /home/test/file1 的拥有者由 test 改为 staff。

```
[root@rhel8 ~]# chown staff /home/test/file1
[root@rhel8 ~]# ls -l /home/test/file1
-rwxr-xr-x staff test 42 Mar 12 2:50 /home/test/file1
```

【例 2.4】将文件 /home/test/file2 的拥有者和所属组设置为 staff 用户和 staff 组。

```
[root@rhel8 ~]# chown staff:staff /home/test/file2
[root@rhel8 ~]# ls -l /home/test/file2
-rwxr-xr-x staff staff 42 Mar 12 3:50 /home/test/file2
```

2. chgrp 命令

格式：chgrp 组 文件或目录

功能：改变文件或目录的所属组。

【例 2.5】将 /home/test/file3 文件的所属组由 test 改为 staff。

```
[root@rhel8 ~]# chgrp staff /home/test/file3
[root@rhel8 ~]# ls -l /home/test/file3
-rwxr-xr-x test staff 42 Mar 12 4:50 /home/test/file3
```

2.4 常用文件和目录操作命令

本节首先介绍文件通配符、命令自动补全以及命令历史的概念，然后重点介绍 Linux 的常用文件和目录操作命令。

完成本节学习，将能够：
- 使用文件通配符同时表示多个文件。
- 使用命令自动补全和命令历史功能。
- 操作 Linux 常用文件系统管理命令。

2.4.1 Linux 命令操作基础

1. 文件通配符

Linux 的命令中可以使用通配符来同时引用多个文件以方便操作。可以使用的通配符主要有"*"和"?"两种，结合使用"[]"、"-"和"!"字符可以扩充需要匹配的文件范围。

1）通配符"*"

通配符"*"代表任意长度（包括零个）的字符串。例如"a*"，可表示"a""abc""about"等以"a"开头的字符串（或文件名）。需要说明的是，通配符"*"不能与"."开头的文件名匹配。例如，"*"不能匹配到名为".file"的文件，而必须使用".*"才能匹配到类似".file"的文件。

2）通配符"?"

通配符"?"代表任何单个字符。例如，"a?"可表示诸如"ab""at"等以"a"开头，并仅有两个字符的字符串。

3）字符组通配符"[]"、"-"和"!"

用一对方括号"[]"括起的字符串列表表示匹配字符串列表中的任意一个字符。其中的字符串列表可以由直接给出的若干字符组成，也可以由起始字符、连接符"-"和终止字符组成。例如，"[abc]*"或"[a-c]*"都可表示所有以"a"、"b"或者"c"开头的字符串（或文件名），而如果使用"!"，则表示匹配指定字符串之外的任意一个字符。

下面介绍几个例子：
- myfile[abc]：表示 myfile 后面紧跟着 a、b 或 c。
- myfile[a-z]：表示 myfile 后面紧跟着一个小写字母。
- myfile[a-eABCDE]：表示 myfile 后面紧跟着 a～e 或者 A～E 其中的一个字符。
- myfile[!a-eABCDE]：表示 myfile 后面紧跟着一个不在 a～e 和 A～E 之内的字符。
- myfile[*?]：方括号中的星号和问号只代表一个字符，不是通配符。

2. 自动补全

所谓自动补全，是指用户在输入命令或文件名时不需要输入完整的名字，只需要输入前面几个字母，系统就会自动补全该命令或文件名。若有不止一个，则显示出所有与输入字母相匹配的命令或文件名，以供用户选择。利用【Tab】键可实现自动补全功能。

1）自动补全命令名

用户在输入 Linux 的命令名时，只需要输入命令名的前面几个字母，然后按【Tab】键，如果系统只找到一个与输入相匹配的命令名，则自动补全；如果没有匹配的内容或有多个相匹配的名字，系统将发出警鸣声，再按【Tab】键将列出所有相匹配的命令（如果有），以供参考。

【例 2.6】自动补全以 mou 开头的命令。

输入命令的开头字母 mou，然后连续按两次【Tab】键，屏幕显示所有以 mou 开头的 Shell 命令名，并在命令提示符后显示 mou 字样，如下所示（用户输入命令的剩余部分后，就可以执行相关的命令）：

```
[root@rhel8 ~]# mou <Tab> <Tab>
mount        mount.cifs    mount.smb    mount.smbfs    mouseconfig    mouse-test
[root@rhel8 ~]# mou
```

2）自动补全文件或目录名

除了可以自动补全命令名外，还可以用同样的方法自动补全命令行中的文件或目录名。

【例 2.7】当前目录中有如下文件，要查看其中 file 文件的内容。

```
[root@rhel8 ~]# ls
Desktop    file    fly    list
[root@rhel8 ~]# cat    f <Tab><Tab>
file    fly
[root@rhel8 ~]# cat    fi <Tab>
[root@rhel8 ~]# cat    file
```

当前目录中以 f 字母开头的文件有两个，当输入"cat f"命令后按【Tab】键，由于系统不能确定用户要查看的文件，因此命令行不发生改变；再按一次【Tab】键，系统将符合条件的文件全部显示出来供用户选择。当用户在"cat f"之后再输入一个"i"，然后按【Tab】键时将自动补全 file 文件名。

3. 命令历史

Linux 系统中的每个用户在自己的主目录下都有一个名为 .bash_history 的隐藏文件，它用来保存曾执行过的命令，这样当用户下次需要再次执行已执行过的命令时，不用再次输入，而可以直接调用。Bash 默认最多保存 1 000 个命令的历史记录。

调用历史命令的方法有以下两种。

1）上下方向键

在命令行方式下按上方向键，命令提示符后将出现最近一次执行过的命令，再使用上、下方向键，可以在已执行过的各条命令之间进行切换。直接按【Enter】键就可以再次执行显示的命令，也可以对显示的命令行进行编辑修改。

2）history 和 "!" 命令

运用 history 命令可以查看命令的历史记录，其使用格式如下：

```
history    [数字]
```

如果不使用数字参数，则将查看所有命令的历史记录；如果使用数字参数，则将查看最近执行过指定个数的命令。显示的每条命令前面均有一个编号，反映其在历史记录列表中的序号。可以用 "!" 命令再次调用已执行过的历史命令，其使用格式如下：

```
! 序号
```

【例 2.8】查看最近执行过的 5 条命令，并执行序号为 160 的命令。

```
[root@rhel8 ~]# history 5
158  ls -l
159  cal
160  pwd
161  cd ..
162  history 5
[root@rhel8 ~]# ! 160
pwd
/root
```

4. 复制与粘贴

Linux 系统每次启动后都会自动运行 gpm 守护进程。这个进程运行后，用户在字符界面下可利用鼠标实现复制与粘贴功能。具体操作方法是：用户按住鼠标左键拖动需要复制的文本，使其反白显示，即完成文本的复制；然后按鼠标中键则将复制内容粘贴到光标所在的位置。实际操作中用户常使用此功能将一些复杂的文件路径复制到命令行上，以提高操作效率。

2.4.2 常用目录与文件操作命令

1. pwd 命令

格式：`pwd`

功能：显示当前工作目录的绝对路径。

当用户在各目录之间频繁切换时，常通过此命令查看当前工作目录的具体位置，以决定下一步的操作。例如：

```
[root@rhel8 test]# pwd
/home/test
```

2. ls 命令

格式：`ls` [选项] [文件|目录]

功能：显示指定目录中的文件或子目录信息。当不指定文件或目录时，将显示当前工作目录中的文件或子目录信息。

该命令选项用于对显示信息进行详细的控制，常用选项及功能如表 2-3 所示。

表 2-3 ls 命令的主要选项

选项	说明
-a	显示所有文件和子目录，包括隐藏文件和子目录
-d	只显示目录信息，而不显示其中所包含文件的信息
-l	按长格式显示，即显示文件和子目录的详细信息，包括文件类型、权限、所有者和所属组群、文件大小、最后修改时间和文件名等信息
-F	用不同的颜色及符号来区分目录、链接文件、压缩文件、可执行文件和普通文件
-R	递归地显示目录及其子目录中的文件信息

【例 2.9】用长格式显示当前目录下所有文件和子目录，包括隐藏文件和子目录。

```
[root@rhel8 test]# ls -al
总用量 56
drwxr-xr-x   18   root   root   4096   2021-05-06   .
drwxr-xr-x   25   root   root   4096   2021-05-06   ..
-rw-r--r--    1   test   test   2620   2021-06-04   alitx.cfg
-rw-r--r--    1   test   test    256   2021-05-14   cport
lrw-r--r--    1   test   test    256   2021-10-12   kerl.ln
...
```

注意：多数 Linux 系统中定义了一个针对"ls -l"命令的别名"ll"。利用别名，可简化命令的输入，例如，可用"ll"代替"ls -l"，用"ll -a"代替"ls -al"。

3. cd 命令

格式：`cd` [目录路径]

功能：进入指定的目录，即使该目录成为当前目录。

因为不同的文件可能存放在文件系统中的不同位置，所以在执行系统管理工作时，管理员都必须在不同的目录间切换。格式中的"目录路径"可以用绝对路径表示，也可以用相对路径表示。以下是 cd 命令几个常用的用法：

```
[root@rhel8 /]# cd                          //切换当前登录用户的主目录
[root@rhel8 ~]# cd  ~                       //回到当前登录用户的主目录（同上一条命令）
[root@rhel8 ~]# cd   nsmail                 //切换到主目录下层的 nsmail 子目录
[root@rhel8 nsmail]# cd  /var/log           //切换到 /var/log 子目录
[root@rhel8 log]# cd  ..                    //回到上一层目录
[root@rhel8 var]# cd  /                     //回到根目录（/）
```

4. mkdir 命令

格式：mkdir [选项] 目录路径

功能：沿指定路径创建子目录。

主要选项：

-m 创建目录的同时设置目录的访问权限。

-p 快速创建出多级目录。

【例 2.10】在 /home/test 目录下创建 mydoc 子目录，再在 mydoc 下面创建一个 lifeng 子目录。

```
[root@rhel8 /]# mkdir   /home/test/mydoc            //第一步，创建 mydoc
[root@rhel8 /]# mkdir   /home/test/mydoc/lifeng
//第二步，在 mydoc 下面创建 lifeng 子目录
```

如果使用 -p 选项，可以简化上述操作：

```
[root@rhel8 /]# mkdir  -p  /home/test/mydoc/lifeng
```

该命令可以在现有的子目录 /home/test 下一次性地创建 mydoc 子目录和 mydoc 的子目录 lifeng，而已有的子目录 /home/test 不会被覆盖。

注意：使用 mkdir 命令可以一次性创建多个目录，此时只需将要创建的目录路径一一列出，各目录路径之间用空格分隔即可。

5. rmdir 命令

格式：rmdir [选项] 目录路径

功能：删除指定路径下的子目录。

此命令也有一个选项 -p，可用于快速删除包含在指定路径中的所有目录。

【例 2.11】删除上例创建的 mydoc 和 lifeng 子目录。

```
[root@rhel8 /]# rmdir   /home/test/mydoc/lifeng    //第一步，删除 lifeng 子目录
[root@rhel8 /]# rmdir   /home/test/mydoc           //第二步，删除 mydoc 子目录
```

注意：上述两步骤的顺序不能颠倒，因为执行 rmdir 命令时必须确保被删除目录中没有任何文件或子目录，否则系统会出现错误信息。如果要强制删除目录及其中的文件，可以使用"rm -rf 目录路径"命令，详见 rm 命令部分。

另外，如欲快速删除 mydoc 和 lifeng 这两个子目录，还可以使用 -p 选项：

```
[root@rhel8 /]# cd  /home/test                  //先进入 /home/test 子目录
[root@rhel8 test]# rmdir  -p  mydoc/lifeng      //再依次删除 lifeng 和 mydoc 子目录
```

使用该命令一次性删除多个目录时，也可将要删除的目录路径在命令行中一一列出，各目录路径之间用空格分隔。

6. cp 命令

格式：cp ［选项］ 源文件或目录 目标文件或目录

功能：复制文件或目录。

主要选项：

-b 若存在同名文件，覆盖前备份原来的文件。备份文件名是在原文件名后面加上"~"。

-f 强制覆盖同名文件。

-r 递归地将源目录下的文件和子目录一并复制到目标目录中。

【例2.12】将 /mnt/cdrom/linux_soft 目录及其子目录中的文件全部复制到 /root/linux_soft 中。

```
[root@rhel8 /]# cp -r /mnt/cdrom/linux_soft /root/linux_soft
```

7. rm 命令

格式：rm ［选项］ 文件或目录

功能：删除文件或目录。

主要选项：

-f 强制删除，不显示任何警告信息。

-r 递归地删除指定目录及其中的所有文件和子目录。

【例2.13】删除当前目录下的 myfile.txt 文件，不显示任何警告信息。

```
[root@rhel8 test]# rm -f myfile.txt
```

【例2.14】强制删除当前目录下的 test 目录及其中的所有文件和子目录。

```
[root@rhel8 /]# rm -rf test
```

注意：同时删除多个文件或目录时，可以将要删除的文件或目录在命令行中一一列出，各文件或目录之间用空格分隔。

8. mv 命令

格式：mv ［选项］ 源文件或目录 目标文件或目录

功能：移动或重命名文件或目录。

主要选项：

-b 若存在同名目标文件，覆盖前备份原来的文件。备份文件名是在原文件名后面加上"~"。

-r 强制覆盖同名文件。

该命令既可移动文件或目录，又具有重命名文件或目录的功能，这取决于目标文件或目录是否已存在。如果目标文件或目录不存在，则重命名源文件或目录；若目标文件已存在，则会覆盖该文件；若目标目录已存在，则将源目录连同该目录下面的子目录移动到目标目录中。

比如，执行命令 mv lifeng lif，其结果就有两种情况：若目标目录 lif 不存在，则该命令的功能就是重命名；若 lif 目录存在，则 lifeng 目录将被移动到 lif 目录之下。

【例2.15】将当前目录下的 myfile.txt 文件重命名为 myfile.bak。

```
[root@rhel8 test]# mv myfile.txt myfile.bak
```

第 2 章 Linux 文件与目录管理

【例2.16】将 myfile.bak 文件移动到 /tmp 目录中。

```
[root@rhel8 test]# mv myfile.bak /tmp
```

9. touch 命令

格式：touch　文件列表

功能：更新指定的文件被访问和修改时间为当前系统的日期和时间，若指定的文件不存在，则自动创建出一个空文件。

【例2.17】创建两个空文件 file1 和 file2。

```
[root@rhel8 test]# touch file1 file2
```

各文件名之间用空格进行分隔。

10. ln 命令

格式：ln　[选项]　目标文件　链接文件

功能：创建链接文件。关于链接文件的概念见 3.3.1 节。

主要选项：

-s　建立符号链接文件。省略选项时为建立硬链接文件。

【例2.18】在当前目录下创建 /etc/passwd 文件的符号链接文件 passwd.ln。

```
[root@rhel8 test]# ln -s /etc/passwd passwd.ln
[root@rhel8 test]# ls -l passwd.ln
lrwxrwxrwx root root 11 Oct 15 19:40 passwd.ln → /etc/passwd
```

11. 查看文本文件的内容

1) cat 命令

格式：cat　[选项]　文件

功能：在终端窗口显示指定文件的内容。在 cat 命令后面可指定一个或多个文件（文件名间用空格分隔），或使用通配符实现依次显示多个文件的内容。

主要选项：

-n　在每一行前显示行号。

【例2.19】依次显示 file1 和 file2 文件的内容，要求在每一行前加行号。

```
[root@rhel8 test]# cat -n file1 file2
```

该命令常用于查看内容不多的文本文件，如果文件较长，文本在屏幕上迅速闪过，用户只能看到文件结尾部分的内容。此时需要使用 more 或 less 命令分屏显示文件的内容。

2) more 与 less 命令

格式：more　文件

　　　less　文件

功能：分屏显示文件的内容。

使用 more 命令后，首先显示第一屏的内容，并在屏幕的底部出现 "--More--" 字样以及文件占全部文本的百分比。按【q】键，则可退出 more 命令；按【Enter】键可显示下一行内容；按空格键可显示下一屏的内容。当到达文件末尾时，命令执行即结束。

less 比 more 功能更强大，除了有 more 功能外，还支持用光标键（或翻页键）向前或向后滚动浏览文件的功能，当到达文件末尾时，less 命令不会自动退出，需要按【Q】键来结束浏览。

more 和 less 命令后也可同时指定多个文件（文件间用空格分隔），或使用通配符以实现同时查看多个文件的内容。

3）head 与 tail 命令

格式：head　［选项］　文件
　　　tail　［选项］　文件

功能：head 和 tail 命令分别用来查看一个文件开头和最后部分的内容。

主要选项：

-n 数字　　指定显示的行数。默认显示开头（head）或最后（tail）10 行。

【例 2.20】查看 /etc/passwd 文件的开头 5 行的内容。

```
[root@rhel8 test]# head -n 5 /etc/passwd
root:x:0:0:root:/root:/bin/bash
bin:x:1:1:bin:/bin:/sbin/nologin
daemon:x:2:2:daemon:/sbin:/sbin/nologin
adm:x:3:4:adm:/var/adm:/sbin/nologin
lp:x:4:7:lp:/var/spool/lpd:/sbin/nologin
```

注意：命令中的 -n 5 可用 -5 代替，两者等效。

12. gzip 命令

格式：gzip　［选项］　文件或目录

功能：压缩/解压缩文件。无选项参数时，执行压缩操作。压缩后产生扩展名为 .gz 的压缩文件，并删除源文件。

主要选项：

-d　解压缩文件，相当于 gunzip 命令。
-r　参数为目录时，按目录结构递归压缩目录中的所有文件。
-v　显示文件的压缩比例。
-c　压缩时保留源文件。

【例 2.21】采用 gzip 格式压缩用户主目录中的所有文件。

```
[root@rhel8 ~]# cd
[root@rhel8 ~]# gzip *
```

由于 gzip 命令没有归档功能。当压缩多个文件时将分别压缩每个文件，产生多个 .gz 文件，同时会将原来的文件删除。如果想保留源文件，可使用 -c 选项。

【例 2.22】解压缩当前目录中的 .gz 文件。

```
[root@rhel8 ~]# gzip -d *
```

解压缩文件操作完成后，将删除原来的 .gz 文件。

13. find 命令

格式：find　［路径］　［选项］　［命令］

功能：从指定路径开始向下查找满足选项要求的文件和目录，并对查找到的文件或目录进行指定的命令操作。不指定路径时以当前目录为起点查找。

第 2 章　Linux 文件与目录管理

主要选项：
- -name　　文件名　　　　　查找指定名称的文件或目录，可使用通配符。
- -user　　用户名　　　　　查找指定用户拥有的文件或目录。
- -type　　文件类型　　　　查找指定类型的文件。文件类型标识符如 3.3.1 节所述。
- -size　　[+|-] 文件大小　 查找指定大小的文件。"+"和"-"分别表示"大于"和"小于"，文件的大小常以 k（即 KB）为单位。

【例 2.23】查找 /etc 目录中以 pass 开头的文件和目录。

```
[root@rhel8 test]# find /etc -name "pass*"
/etc/passwd.OLD
/etc/passwd
/etc/news/passwd.nntp
...
```

注意：选项 -name 支持通配符（*、? 和 []），如果文件名中包含这些字符，一定要记得使用双引号把它括起来，以免 Shell 自动把它展开成文件名或者作为参数替换掉。

【例 2.24】查找当前目录中所有大于 10 KB 的文件和目录。

```
[root@rhel8 test]# find -size +10k
./.pyinput/sysfrequency.tab
./.gconfd/saved_state
...
```

在实际使用中，find 并不仅仅用来查找文件（一般使用较简易的命令如 whereis、locate 等），而是用来在文件系统中搜索满足选择规则的文件，然后根据结果运行一个命令。这些命令操作可以是：

```
-print                          // 在标准输出中打印文件名
-exec    命令    {}  \;         // 对找到的文件执行指定的命令
-ok      命令    {}  \;         // 在执行命令之前请求确认
```

例如，当系统执行程序发生错误时，会将残留在内存中的数据存为 core 文件，系统在经过长期的执行后，这些 core 文件的数量会越来越多，并且充斥在许多目录中。此时，管理员就可以利用 find 命令配合 -exec 参数来清除这些 core 文件，可以执行以下命令：

```
[root@rhel8 test]# find / -name core -print -exec rm -rf {}\;
```

上述命令表示由根目录开始搜索名为 core 的文件或目录，然后显示在屏幕上（-print），接着执行 rm -rf 命令（-exec）将搜索到的结果全部删除，其中的大括号 {} 表示所有搜索的结果，最后记得使用 -exec 选项后需以"\;"来结尾，否则系统会报错。

14. grep 命令

格式：grep ［选项］ 字符串 文件名

功能：从指定文本文件或标准输出中查找指定的字符串，并显示所有包含搜索字符串的文本行。

主要选项：
- -n　显示行号。
- -v　显示不包含搜索字符串的行。
- -i　查找时不区分大小写。

【例 2.25】 在 /etc/fstab 文件中查找包含 home 行的内容，并显示出行号。

```
[root@rhel8 test]# grep -n home /etc/fstab
14:UUID=8d236ce9-d69a-4201-ad77663we5d4  /home   xfs  defaults  0 0
```

2.4.3 与文件系统管理相关的命令

1. man 命令

格式：man 命令名

功能：显示指定命令的帮助信息。

man 命令可以从为数众多的 man 数据库中查询指定命令的详细帮助信息，包括以下几部分：
- NAME（命令名称）。
- SYNOPSIS（语法）。
- DESCRIPTION（说明）。
- OPTIONS（选项）。

除了这四部分外，man 命令通常也会包含一些 BUGS 信息、教学范例和相关参考命令（SEEALSO）等。

在系统显示查询命令的内容时，如果内容超过一个屏幕的范围，可以使用空格或上下光标键、上下翻页键翻阅帮助信息，按【q】键则退出 man 命令。

注意：所有 man 文件的存储位置定义在 /etc/man.config 文件中，用户也可以利用 manpath 命令来查询 man 文件的存储位置。

除了用 man 命令来获得命令的详细帮助信息外，有时还可以使用 whatis 和 apropos 命令来显示命令的部分信息。关于这两个命令的功能和使用方法请读者用 man 命令来查询。

2. wc 命令

格式：wc [选项] 文件

功能：显示文本文件的行数、字数和字符数。

主要选项：

-c 显示文件的字节数。

-l 显示文件的行数。

-w 显示文件包含的单词数。

省略选项时该命令依次显示文件的行数、单词数、字节数以及文件名。

【例 2.26】 显示 /etc/passwd 的统计信息。

```
[root@rhel8 test]# wc /etc/passwd
46    72    2114    /etc/passwd
```

3. file 命令

格式：file 文件名

功能：识别文件类型。

file 命令可以帮助用户在 Linux 文件系统中识别许多种文件类型。若为文本文件，它会区分不同的文本文件，例如 ASCII、English 和 International 等；如果是可执行文件，则可再细分为 ELF、Bourne-Again Shell Script 和 Bourne Shell Script 等类型，还有其他类型，如符号链接文件、图形文件、备份文件和压缩文件等。

以下是利用 file 命令查看 /etc 目录下所有文件类型的部分内容，在信息结果的左侧表示文件名称，而右侧为对应的文件类型。

```
[root@rhel8 test]# file /etc/*
/etc/a2ps.cfg:              ASCII English text
/etc/a2ps-site.cfg:         ASCII English text
/etc/adjtime                ASCII text
…
```

4. df 命令

格式：df ［选项］

功能：显示文件系统的相关信息。

主要选项：

-a　显示命令文件系统的使用情况。

-t　仅显示指定文件系统的使用情况。

-h　以易读方式显示文件系统的使用情况。

以下命令以易读方式显示全部文件系统的相关信息。

```
[root@rhel8 ~]# df -ah
Filesystem          容量      已用      可用     已用%   挂载点
/dev/hda1           388M     104M     264M     29%    /
none                  0        0        0       -     /proc
none                126M       0      126M      0%    /dev/shm
usbfs                 0        0        0       -     /proc/bus/usb
/dev/hda3           289M      13M     261M      5%    /boot
…
```

5. clear 命令

格式：clear

功能：清除当前终端的屏幕内容。

2.5 输入／输出重定向及管道

本节介绍 Linux 的输入／输出重定向以及管道的功能与操作。

完成本节学习，将能够：

- 描述各种重定向功能，并进行输入／输出重定向操作。
- 描述管道功能，并使用管道连接多条命令以完成复杂的操作。

2.5.1 输入／输出重定向

一般情况下，Linux 中通过键盘输入数据，而命令的执行结果和错误信息都输出到屏幕。也就是说，Linux 的标准输入是键盘，标准输出和标准错误输出是屏幕。

但是，Linux 中也可以不使用系统的标准输入、标准输出或标准错误输出端口，而重新指定输入／输出设备，这就称为输入／输出重定向。根据输出效果的不同，与输出相关的重定向可分为输出重定向、附加输出重定向和错误输出重定向三种。与输入相关的重定向只有一种，称为输入重定向。

1. 输出重定向

输出重定向就是命令执行的结果不在标准输出（屏幕）上显示，而是保存到某一文件的操作。在 Bash Shell 中通过符号"＞"来实现输出重定向功能。

【例 2.27】将当前目录下所有文件和子目录的详细信息保存到 list.txt 文件中。

```
[root@rhel8 test]# ls -al >list.txt
```

ls -al 命令能产生当前目录下所有文件和子目录的详细信息，一般情况下应在屏幕上显示这些信息。而命令中使用到输出重定向符号"＞"和文件名后，屏幕上就不会出现这些信息，因为所有输出内容被重定向到指定的文件中。指定的文件并不需要预先创建，输出重定向能新建命令中指定的文件。而如果指定的文件已存在，则其原有内容将被覆盖。

前面介绍的 cat 命令如果与输出重定向相配合，可以成为一个简单的文字编辑器，从而具有创建文本文件的功能。其使用格式如下：

```
cat > 文件名
```

输入此命令后，屏幕上光标会停留在下一行行首闪烁，用户依次输入文件的内容。所有的内容输入完成后，按【Enter】键将光标移动到下一行，然后按【Ctrl+D】组合键存盘并结束输入（如放弃存盘则按【Ctrl+C】组合键）。

【例 2.28】用 cat 命令创建文本文件 file.txt。

```
[root@rhel8 test]#cat > file.txt
I Love Linux!                            // 输入内容，并按【Enter】键
^D                                       // 按【Ctrl+D】组合键存盘退出
[root@rhel8 test]#
```

2. 附加输出重定向

附加输出重定向的功能与输出重定向相同，两者的区别在于：附加输出重定向将输出内容添加在原来文件内容的后面，而不会覆盖其内容。通过符号"＞＞"来实现附加输出重定向功能。

【例 2.29】在例 3.28 创建的文件 file.txt 最后添加一行内容"You Love Linux too!"。

```
[root@rhel8 test]# cat >> file.txt
You Love Linux too!
^D
[root@rhel8 test]#
```

3. 错误输出重定向

Shell 中标准输出与错误输出是两个独立的输出操作，标准输出是输出命令执行的结果，而错误输出是输出命令执行中的错误信息。错误输出也可以进行重定向，并可分为以下两种情况：

（1）程序的执行结果显示在屏幕上，而错误信息重定向到指定文件，使用"2＞"符号。
（2）程序的执行结果和错误信息都重定向到同一文件，使用"&＞"符号。

【例 2.30】查看 /temp 目录中的文件信息（实际上该目录并不存在），如果有错误信息，则保存到 err.txt 文件。

```
[root@rhel8 test]# ls /temp 2>err.txt
[root@rhel8 test]# cat err.txt
ls:/temp: 没有那个文件或目录
```

4. 输入重定向

输入重定向跟输出重定向完全相反，是指不从标准输入（键盘）读入数据，而是从文件读入数据，用"<"符号来实现。因为大多数的命令都以参数的形式在命令行上指定输入文件，所以输入重定向并不常使用。但是少数命令（如 patch）不接受文件名作为参数，必须使用输入重定向。

2.5.2 管道

管道的功能是将多个命令前后连接起来形成一个管道流。管道流中的每一个命令都作为一个单独的进程运行，前一个命令的输出结果被传送到后一个命令作为输入，从左到右依次执行每一个命令。利用"|"作为管道的连接符。

管道可以用在很多场合。例如，/etc 目录中的文件很多，若使用"ls -al"命令，将无法在同一页显示所有的文件信息。若要逐个浏览各个文件，可以将"ls -al"命令产生的结果直接导向 less 命令，然后就可以使用上下光标键来逐行浏览输出结果了。例如

```
[root@rhel8 test]# ls -al | less
```

再如，要查看 /etc/passwd 文件中包含"test"的相关行的信息，可用下面的命令：

```
[root@rhel8 ~]# cat /etc/passwd|grep test
```

综合利用输入/输出重定向和管道可以完成一些比较复杂的操作。

2.6 文本编辑器 vi

无论是创建文本文件还是编写程序，都需要使用编辑器。在 UNIX/Linux 操作系统中，包含许多不同的编辑器，而 vi 是其中功能最为强大的全屏幕文本编辑器。本节介绍 vi 的基本使用方法。

完成本节学习，将能够：
- 描述 vi 编辑器的工作模式，并在各工作模式之间进行切换。
- 运用常用的 vi 编辑命令进行文本的编辑。

2.6.1 启动 vi 编辑器

在提示符状态下，输入"vi ［文件名］"，即可启动 vi 编辑器。如果不指定文件名，则新建一个未命名的文本文件，退出 vi 时必须指定文件名；如果指定文件名，则打开该文件或创建该文件（若指定的文件不存在）。

例如，输入 vi file 命令启动 vi 编辑器后，屏幕显示如图 2-5 所示。此时，vi 处于命令模式，正在等待用户输入命令。vi 的界面可分为两个部分：编辑区和状态/命令区。状态/命令区在屏幕的最下一行，用于输入命令，或者显示出当前正编辑的文件名称、状态、行数和字符数。其他区域都是编辑区，用于进行文本编辑。

图 2-5　启动 vi 编辑器

2.6.2 vi 的工作模式

vi 编辑器具有命令模式（command mode）、插入模式（insert mode）和末行模式（last line mode）三种工作模式。三种工作模式之间的相互转换关系如图 2-6 所示。

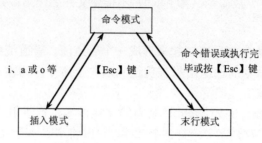

图 2-6 vi 的三种工作模式

1. 命令模式

vi 启动后自动进入命令模式。在命令模式下，从键盘上输入的任何字符都被当做编辑命令来解释，而不会在屏幕上显示。如果输入的字符是合法的 vi 命令，则 vi 完成相应的动作，否则 vi 会响铃警告。从命令模式可以转化为插入模式或末行模式，而在插入模式或末行模式下只要按【Esc】键，则立即进入命令模式。

2. 插入模式

在命令模式下输入 i、a、o 等命令都可进入插入模式。在该模式下，用户输入的任何字符都被 vi 当做文件内容显示在屏幕上，从而实现文档内容的输入或编辑。

3. 末行模式

命令模式下输入的 vi 命令通常是单个字母，所输入的命令都不回显。但有些控制命令表达比较复杂，比如要将文档内容保存到指定的文件，或将指定的文件内容读入到当前位置，此时就需要回显，为此 vi 提供了末行工作模式。

在命令模式下，按【:】键可切换到末行模式。此时，在编辑器屏幕的最末一行将显示相应的提示符，在此行中就可输入 vi 命令，按【Enter】键后即开始执行，执行完毕自动回到命令模式。

在末行模式的命令输入过程中，若要放弃执行，则可按【Esc】键退回到命令模式。或用退格键将所输入的命令全部删除之后，再按一下退格键来实现返回命令模式。

2.6.3 vi 的常用命令

vi 编辑器常用的命令如表 2-4 所示。

表 2-4 vi 编辑器常用的命令

命令分类	命令模式下输入	功 能 说 明	备 注
进入插入模式	i	在当前光标前插入	命令模式
	a	在当前光标后插入	
	o	在当前光标的下面插入新的一行并接受输入	
	I	在当前光标所在行的行首插入	
	A	在当前光标所在行的行尾插入	
	O	在当前光标的上面插入新的一行并接受输入	

续表

命令分类	命令模式下输入	功 能 说 明	备 注
光标移动	h、j、k、l 或 ←、↓、↑、→	光标分别向左、下、上、右移动	命令模式
	G	光标移动至文件的最后一行	
	n+G	光标移动至第 n 行	
删除字符	x	删除光标所在位置上的字符	
	dd	删除光标所在行	
	n+x	向后删除 n 个字符，包含光标所在位置	
	n+dd	向下删除 n 行内容，包含光标所在行	
复制粘贴	yy	将光标所在行复制	
	n+yy	将从光标所在行起向下的 n 行复制，数字 n 表示要复制的行数	
	n+yw	将从光标所在位置起向后的 n 个字符复制，数字 n 表示要复制的字符数	
	p	将复制（或最近一次删除）的字符串（或行）粘贴在当前光标所在位置	
撤销与重复	u	撤销上一步操作	
	.	重复上一步操作	
字符串查找	/字符串 回车	向后查找指定的字符串	末行模式
	?字符串 回车	向前查找指定的字符串	
	n	继续查找满足条件的字符串	
显示行号	:set nu	每一行前显示行号	
	:set nonu	不显示行号	
文件存取	:n,mw 文件名 回车	将第 n 行至第 m 行内容写入指定的文件	
	:n,mw >> 文件名 回车	将第 n 行至第 m 行内容追加到指定文件的末尾	
	:r 文件名 回车	读取指定的文件内容，并插入到当前光标所在的行下面	
存盘与退出	:w 文件名	以指定的文件名存盘，不退出 vi	
	:wq 回车	以当前文件名存盘并退出 vi	
	:q	退出 vi	
	:q!	强行退出 vi，不管是否完成文档的保存工作	

本章小结

Linux 中保存数据的磁盘分区通常采用 ext3/ext4 或 XFS 文件系统，而实现虚拟存储的 swap 分区则采用 swap 文件系统，同时 Linux 内核还支持十多种不同的文件系统，如 VFAT、NFS、SMB、ISO 9660 等。

Linux 使用树状目录结构来组织和管理文件，所有的文件采取分层的方式组织在一起，从而形成一个树状的层次结构。在使用 Linux 命令对某个文件或目录进行操作时，应指明文件或目录所在的查找路径，否则默认对当前目录中的同名文件或目录进行操作。

Linux 系统将文件大致分成普通文件、目录文件、链接文件和设备文件四种类型。Linux 中文件的访问权限取决于文件的拥有者、文件拥有者所属组以及文件拥有者、同组用户和其他用户各自的访问权限。用户对文件的访问权限分为可读、可写、可执行三种，分别用 r、w、x 表示。用 chmod 命令可以修改文件的访问权限；用 chown 和 chgrp 命令可以分别修改文件的拥有者及所属组。常用的目录与文件操作命令包括 pwd、ls、cp、mv 等十多种。

一般情况下，Linux 中通过键盘输入数据，而命令的执行结果和错误信息都输出到屏幕。但是，Linux 中也可以不使用系统的标准输入、标准输出或标准错误输出端口，而重新指定输入或输出设备，这就称为输入/输出重定向。根据输出效果的不同，与输出相关的重定向可分为输出重定向、附加输出重定向和错误输出重定向三种。与输入相关的重定向只有一种，称为输入重定向。

vi 是 UNIX/Linux 操作系统中功能最为强大的全屏幕文本编辑器。vi 编辑器具有命令模式、插入模式和末行模式三种工作模式，三者之间可以相互转换。

项目实训 2　Linux 文件系统管理命令及 vi 编辑器的应用

一、情境描述

在 Linux 操作系统平台的管理与优化工作中，对 Linux 文件目录系统进行维护是一项常规任务。为提高操作效率，系统管理员必须熟练使用 Linux 命令，在命令行界面或图形界面下使用终端程序完成关于 Linux 目录和文件的操作。本项目要求在一台 RHEL 机器上完成文件目录系统的创建、文件的复制、移动、删除、更名、内容查看，并用 vi 编辑器进行文件内容的编辑等操作。

二、项目分解

分析上述情境，我们需要完成下列任务：
(1) 运用 Linux 的常用系统管理命令对文件和目录进行管理。
(2) 运用 vi 编辑器创建和编辑指定的文件内容。

三、学习目标

1. 技能目标
- 熟练运用 Linux 的常用命令开展文件和目录系统的日常维护工作。
- 熟练运用 vi 编辑器进行文本创建和编辑。

2. 素质目标
- 增强动手实践意识，具备严谨细致、精益求精的工匠精神。

视　频

Linux 文件系统管理命令

四、项目准备

一台已安装 RHEL/CentOS 8 操作系统的虚拟机，计算机默认登录界面命令行界面。

五、预估时间

135 min。

六、项目实施

【任务 1】运用 Linux 常用文件系统管理命令维护和目录系统。
(1) 分别用下列命令创建两个用户 tom 和 jerry：

```
useradd    用户名                  //创建一个用户
passwd     用户名                  //输入本用户的口令
```

然后，在另一个虚拟控制台上用其中一个用户（如 tom）身份重新登录，进入此用户的主目录。以下操作均在此目录下进行。

（2）在用户的主目录下建立一个图 2-7 所示的目录和文件结构。

其中：

① subxx 为目录名，filexx 为文件名，需要用不同的命令创建。

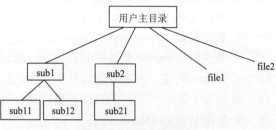

图 2-7　文件目录结构

② 文件的创建方法有以下几种：

```
touch   文件名           //只建立文件，不输入内容。可在以后用 vi 命令编辑文件
cat    >文件名           //需要从键盘输入文件内容，并用【Ctrl+D】组合键结束存盘
vi      文件名           //直接建立并输入文件内容
```

③ 建立完成后分别用 ls -l、ls -R、ls -al、ls -ilL 命令逐个检查是否正确。

（3）在上述目录结构下完成下列操作命令（每题仅用一条命令）：

① 将 /etc/passwd 文件复制到用户主目录下，命名为 passwd.bak。

② 查看 passwd.bak 文件的内容。

③ 将 file1 和 file2 文件合并为 file3，将其保存在用户主目录下。

④ 将 passwd.bak 文件中包含 jerry 的那一行添加到 file3 文件的最后（提示：采用 cat、grep 和重定向命令实现）。

⑤ 将 file1 和 file2 文件复制到 sub11 目录下。

⑥ 在 sub2 目录中建立 /home/ 用户主目录 /file1 文件的硬链接文件，命名为 file1_hard。

⑦ 在 sub2 目录中建立 /home/ 用户主目录 /file1 文件的符号链接文件，命名为 file1_soft。

⑧ 查找系统中所有的 file1 文件，并将所有 file1 文件重命名为 file1.bak。

⑨ 改变 file3 文件的属性，对于拥有者可读可写可执行，对同组用户可读，对其他用户不可读不可写不可执行。

⑩ 在 /home 目录及其子目录中查找并显示所有以 f 开头的文件。

⑪ 在 /home 目录及其子目录中查找所有 file2 文件并将其删除。

⑫ 删除用户主目录中所有新建的子目录和文件。

【任务 2】vi 编辑器的应用。

（1）用 vi 创建一个文档 test.txt，将其存放在用户主目录下，内容如下：

Plagiarism is a breach of Integrity.It is a form of cheating in assessment and may occur in oral,written or visual presentations.

Plagiarism covers a variety of inappropriate behaviours,including:

failure to properly document a source

Collusion between students or other people or tutors

Copying another student's work

Purchasing pre-written or on-demand papers from the numerous paper mills and cheat sites

vi 编辑器的应用

Submitting work that you have previously submitted for another course

（2）对创建好的 text.txt 文件进行如下编辑：

① 将此文件另存为 test2.txt，将其存放在用户主目录中。

② 第一行缺少一个单词 Academic，将它加到单词 Integrity 的前面。

③ 第三行的 varity 少了一个 e，应为 variety，请改正。

④ failure 的第一个字母应为大写 F，请改正。

⑤ 将倒数第一、二行的顺序颠倒过来（用复制和粘贴功能）。

⑥ 删除包含 Collusion 的那一行。

⑦ 将 /etc/passwd 文件的内容读入到文章的结尾处。

⑧ 有一个扩展命令可以快速地实现全部替换操作，现用此命令将所有的单词 Plagiarism 替换为 PLAGIARISM，命令如下：

```
: 1,$s/Plagiarism/PLAGIARISM/g
```

⑨ 撤销上一操作(用命令 u)，用下面的命令实现替换，每一次替换时需要用户确认。命令如下：

```
: 1,$s/Plagiarism/PLAGIARISM/gc
```

⑩ 检查修改是否正确，确认无误后保存文件并退出。

七、项目考评

项目完成后，请对完成情况进行评价，在表格相应栏中打"√"，并在评分栏进行评分。

序号	考核点	评价标准	标准分	评价结果			评分
				操作熟练	能做出来	完全不会	
1	创建目录、改变当前目录	使用 mkdir、cd 命令创建新目录、更改当前目录	7				
2	创建文件	使用 touch 命令创建空文件	7				
3	文件目录的显示	使用 pwd、ls 命令显示文件目录结构	7				
4	删除目录、文件	使用 rm、rmdir 命令删除目录和文件	7				
5	复制文件	使用 cp 命令复制文件	7				
6	查看文件内容	使用 cat、less、more、head、tail 命令查看文件内容	7				
7	创建链接文件	使用 ln 命令创建硬链接和符号链接文件	7				
8	移动或重命名文件或目录	使用 mv 命令移动或更名文件或目录	7				
9	查找文件	使用 find 命令在文件目录系统中查找指定文件	7				
10	设定文件目录访问权限	使用 chmod、chown 命令设定或修改文件目录访问权限	7				
11	编辑文件内容	使用 vi 编辑器插入、删除、查询、复制、粘贴、替换文件内容	10				
12	职业素养	实训过程：纪律、卫生、安全等	10				
		实践意识、严谨细致、团队协作等	10				
		总评分	100				

习题 2

一、选择题

1. RHEL 8 的默认文件系统为（　　）。
   A. VFAT　　　　B. auto　　　　C. ext4　　　　D. ext3
2. 执行命令 chmod o+rw file 后，file 文件的权限变化为（　　）。
   A. 同组用户可读写 file 文件　　　　B. 所有用户都可读写 file 文件
   C. 其他用户可读写 file 文件　　　　D. 文件所有者可读写 file 文件
3. 若要改变一个文件的拥有者，可通过（　　）命令来实现。
   A. chmod　　　　B. chown　　　　C. usermod　　　　D. file
4. 光盘所使用的文件系统类型为（　　）。
   A. ext2　　　　B. ext3　　　　C. swap　　　　D. ISO 9660
5. 使用 vi 编辑只读文本时，强制存盘并退出的命令是（　　）。
   A. :w!　　　　B. :q!　　　　C. :wq!　　　　D. :e!
6. 使用（　　）命令把两个文件合并成一个文件。
   A. cat　　　　B. grep　　　　C. awk　　　　D. cut
7. 一个文件属性为 drwxrwxrwt，则这个文件的权限是（　　）。
   A. 任何用户皆可读取、可写入　　　　B. root 可以删除该目录的文件
   C. 给普通用户以文件所有者的特权　　D. 文件拥有者有权删除该目录的文件
8. 下列关于链接描述，错误的是（　　）。
   A. 硬链接就是让链接文件的 inode 号指向被链接文件的 inode
   B. 硬链接和符号链接都是产生一个新的 inode
   C. 链接分为硬链接和符号链接
   D. 硬链接不能链接目录文件
9. 用 ls -al 命令列出下面的文件列表，（　　）文件是符号链接文件。
   A. -rw-rw-rw- 2 hel-s users 56 Sep 09 11:05 hello
   B. -rwxrwxrwx 2 hel-s users 56 Sep 09 11:05 goodbey
   C. drwxr--r-- 1 hel users 1024 Sep 10 08:10 zhang
   D. lrwxr--r-- 1 hel users 2024 Sep 12 08:12 cheng
10. 某文件的组外成员的权限为只读，所有者有全部权限，组内的权限为读与写，则该文件的权限为（　　）。
    A. 467　　　　B. 674　　　　C. 476　　　　D. 764
11. （　　）目录存放着 Linux 系统管理时的配置文件。
    A. /etc　　　　B. /usr/src　　　　C. /usr　　　　D. /home
12. 文件 exerl 的访问权限为 rw-r--r--，先要增加所有用户的执行权限和同组用户的写权限，下列命令正确的是（　　）。
    A. chomd a+x g+w exerl　　　　B. chmod 765 exerl
    C. chmod o+x exerl　　　　　　D. chmod g+w exerl

13. 对下面的命令：$cat name test1 test2 > name，说法正确的是（   ）。
    A. 将 test1 test2 合并到 name
    B. 命令错误，不能将输出重定向到输入文件中
    C. 当 name 文件为空的时候命令正确
    D. 命令错误，应该为 $cat name test1 test2 >>name
14. vi 中，（   ）命令从光标所在行的第一个非空白字符前面开始插入文本。
    A. i   B. I   C. a   D. S
15. 要删除目录 /home/user1/subdir 连同其下级的目录和文件，不需要依次确认，正确的命令是（   ）。
    A. rndir -P /home/user1/subdir   B. rmdir -pf /home/user1/subdir
    C. rm -df /home/user1/subdir   D. rm -rf /home/user1/subdir
16. 在以下设备文件中，代表第二个 SCSI 硬盘的第一个逻辑分区的设备文件是（   ）。
    A. /dev/sdb   B. /dev/sda   C. /dev/sdb5   D. /dev/sdb1
17. 以下命令中，不能用来查看文本文件内容的命令是（   ）。
    A. less   B. cat   C. tail   D. ls
18. 若要列出 /etc 目录下所有以 vsftpd 开头的文件，以下命令中不能实现的是（   ）。
    A. ls /etc |grep vsftpd   B. ls /etc/vsftpd
    C. ls /etc/vsftpd*   D. ll /etc/vsftpd*
19. 若要检查文件系统并尝试修复错误，应该使用（   ）命令。
    A. check   B. fsck   C. fixerror   D. ls -l
20. 目前处于 vi 的插入模式，若要切换到末行模式，以下操作方法中正确的是（   ）。
    A. 按【Esc】键   B. 按【Esc】键，然后按【:】键
    C. 直接按【:】键   D. 直接按【Shift+:】组合键
21. 假设当前处于 vi 的命令模式，现要进入插入模式，以下快捷键中，无法实现的是（   ）。
    A. I   B. A   C. O   D. l

二、简答题

1. Linux 支持哪些常用的文件系统？
2. 简述 Linux 系统的文件命名规则。
3. 硬链接文件与符号链接文件有何区别与联系？
4. vi 编辑器有哪三大工作模式？其相互之间如何切换？
5. 简述标准的 Linux 目录结构及其功能。

三、综合题

创建目录 /home/managers，并按以下要求设置：
1. /home/managers 目录属于 system 组。
2. 目录可以被 system 的组成员读取、写入和访问，其他任何用户不具备这些权限（root 用户除外）。
3. 在 /home/managers 目录中创建的文件，所属组自动变成 system 组。
4. 查找属于 student 用户所属的文件，并将其副本复制到 /home/managers 目录。
5. 查找文件 /etc/passwd 中包含字符串 root 的所有行，将找到的内容按原有顺序存放到文件 /home/managers/file 中。

第 3 章

磁盘管理

Linux 中磁盘在使用前必须进行分区并格式化，然后经过挂载才能进行文件存取操作。在磁盘使用过程中还常需查询文件系统的相关信息，检查并修复文件系统。为了限制用户或组在某个特定文件系统中所能使用的最大空间，Linux 提供了文件系统的配额管理机制。本章主要介绍硬盘分区、格式化、文件系统的挂载和卸载、逻辑卷管理器管理配置、磁盘阵列配置以及文件系统的配额管理。

完成本章学习，将能够：
- 创建文件系统。
- 挂载和卸载文件系统。
- 掌握逻辑卷管理器的概念和配置命令。
- 掌握磁盘阵列的概念和配置方法。
- 对磁盘进行配额管理。
- 树立公平竞争和团队合作意识。

3.1 创建文件系统

本节将介绍磁盘分区工具 fdisk、分区格式化工具 mkfs 的基本用法。

完成本节学习，将能够：
- 用 fdisk 创建磁盘分区。
- 用 mkfs 格式化磁盘分区。

3.1.1 创建磁盘分区

和大多数现代操作系统相同，Linux 允许将磁盘分割为多个分区（partition），每个分区实际上被当作一个独立的磁盘。创建分区的过程称为磁盘分区（partitioning）。Red Hat Enterprise Linux 提供了一种功能强大的磁盘分区工具 fdisk，基本用法为：

```
fdisk [选项] 设备名
```

使用 -l 选项，fdisk 可以列出所有已知磁盘的分区表。这里的"设备名"必须遵循 Linux 对各种存储设备的命名规范。在 Linux 中，硬盘、光盘、U 盘设备的命名方法如表 3-1 所示。

表 3-1 Linux 中硬盘、光盘、U 盘设备的命名

设 备	命 名	设 备	命 名
第一个 IDE 硬盘上的 Master	/dev/hda	第一个 SCSI/SATA 硬盘上的 Slave	/dev/sdb
第一个 IDE 硬盘上的 Slave	/dev/hdb	第二个 SCSI/SATA 硬盘上的 Master	/dev/sdc
第二个 IDE 硬盘上的 Master	/dev/hdc	第二个 SCSI/SATA 硬盘上的 Slave	/dev/sdd
第二个 IDE 硬盘上的 Slave	/dev/hdd	光驱	/dev/cdrom
第一个 SCSI/SATA 硬盘上的 Master	/dev/sda	U 盘	参照 SCSI/SATA 硬盘

例如，若要对第二个 SCSI 硬盘（Master）创建分区，则操作命令应为：

```
[root@rhel8 ~]#fdisk   /dev/sdb
  Welcome to fdisk (util-linux 2.32.1).
Changes will remain in memory only, until you decide to write them.
Be careful before using the write command.

Device does not contain a recognized partition table.
Created a new DOS disklabel with disk identifier 0x2ce0864d.

Command (m for help):
```

fdisk 命令是以交互方式进行操作的，在"Command(m for help)："状态下，输入 m 子命令，可查看所有的子命令及对应的功能描述。fdisk 的交互操作子命令均为单个字母，常用的有下面几个：

- a：设置硬盘是否具有可引导的属性。
- b：设置卷标。
- d：删除硬盘分区。
- m：列出所有的子命令说明。
- n：新建一个分区。
- p：显示当前分区信息。
- q：不存盘退出 fdisk。
- t：设置硬盘分区的类型。
- w：存盘退出。

以下范例将新增一个编号为 1、容量为 512 MB、类型为 xfs 的主分区，其信息如下：

```
Command (m for help): n
// 输入 n, 创建分区
Partition type
   p   primary (0 primary, 0 extended, 4 free)
   e   extended (container for logical partitions)
// 提示选择下一步的操作，e 表示创建扩展分区，p 表示创建主分区
Select (default p): p
// 输入 p, 选择创建主分区
```

```
Partition number (1-4, default 1): 1
// 输入1，选择创建1号主分区

First sector (2048-41943039, default 2048): 2048
// 输入起始柱面号，如使用默认值也可直接按【Enter】键
Last sector, +sectors or +size{K,M,G,T,P} (2048-41943039, default 41943039): +512M
// 输入分区结束柱面号，也可以字节、千字节或兆字节为单位直接指定分区的大小
Created a new partition 1 of type 'Linux' and of size 512 MiB.
Command (m for help): t
// 输入t，指定分区类型
Selected partition 1
Hex code (type L to list all codes):83
// 输入83，指定分区类型为Linux，可用L命令查看各种分区的类型号
Changed type of partition 'Linux' to 'Linux'.
Command (m for help): w
// 输入w，存盘退出
The partition table has been altered.
Calling ioctl() to re-read partition table.
Syncing disks.
[root@rhel8 ~]#
```

至此，分区创建成功。可用"fdisk -l"命令查看分区信息。

注意：在对硬盘的分区进行编辑的过程中，如果错误地删除了分区，或是对分区的规划不满意，可按【q】键退出 fdisk 程序，这样不会存储任何的变更信息；如果按【w】键退出 fdisk 程序，将会存储变更信息，但变更的内容需在下次开机时才生效。

3.1.2 在分区创建文件系统

利用 fdisk 命令完成分区的创建后，接下来必须对此分区进行格式化，从而实现在分区创建文件系统。只有创建了文件系统后，该分区才能用于存取文件。

在 RHEL/CentOS 8 系统中，使用命令 mkfs 对分区进行格式化。其基本用法为：

```
[root@rhel8 ~]# mkfs  -t  分区类型  分区设备名
```

例如：

```
[root@rhel8 ~]# mkfs  -t  xfs  /dev/sdb1
```

该命令用"-t"选项指定分区的类型为"xfs"，需要格式化的分区为"/dev/sdb1"，即第二个 SCSI 硬盘（Master）的第一个分区。进行格式化时,会删除此分区上的所有数据，所以需留意备份。

在 RHEL/CentOS 8 中，除了"mkfs"命令可用于格式化磁盘外，对于不同类型的文件系统，还提供了多个不同的格式化命令，常用的有以下几个：

- mkfs.ext3、mkfs.ext4、mke2fs：创建 ext3/ext4 文件系统。三者虽然名称不同，但实质调用的都是 mke2fs 这个命令程序。
- mkfs.vfat、mkfs.msdos、mkdosfs：创建 VFAT 文件系统。实质调用的是 mkdosfs 命令程序。
- mkfs.xfs：创建 xfs 文件系统。

例如，要对 /dev/sdb1 进行格式化，创建 xfs 文件系统，可采用如下操作命令：

```
[root@rhel8 ~]# mkfs.xfs  /dev/sdb1
```

3.2 虚拟逻辑卷

上一节中的磁盘分区方法是静态的，用户不可以动态增加或者减少分区的容量。而逻辑卷管理器（Logic Volume Manager，LVM）则可以让用户在不破坏分区数据的前提下随意根据需求动态调整分区的大小。本节介绍 LVM 相关名词、创建步骤、命令和在逻辑卷上创建文件系统的方法。

完成本节学习，将能够：
- 了解 LVM 的相关名词、创建步骤及命令。
- 掌握在逻辑卷上创建文件系统的方法。

3.2.1 LVM 相关名词和创建步骤

1. LVM 相关名词

与 LVM 相关的名词主要有以下几个：

(1) PV（Physical Volume）：物理卷。可以是单独磁盘，也可以是硬盘的分区。
(2) VG（Volume Group）：卷组。卷组是物理卷的组合，可以将 VG 看成单独的逻辑磁盘。
(3) LV（Logical Volume）：逻辑卷，即逻辑上的分区。
(4) PE（Physical Extent）：物理范围。VG 的组成单元。
(5) LE（Logical Extent）：逻辑范围。LV 的组成单元，大小为 PE 的倍数。

2. LVM 创建步骤

创建逻辑卷的步骤如下：

(1) 对物理硬盘进行分区操作，并将分区设定为物理卷。
(2) 把需要的物理卷加入卷组。
(3) 在卷组中划分逻辑卷分区。

3.2.2 LVM 相关命令

1. PV 相关命令

1) pvcreate 命令

pvcreate 命令用于创建 PV。语法为：

```
pvcreate [参数] 物理硬盘/分区
```

如果有硬盘（如 /dev/sda）并且没有分区，可以将其创建为一个 PV：

```
[root@rhel8 ~]#pvcreate /dev/sda
```

pvcreate 命令同样可以将硬盘分区创建为 PV，但在使用该命令前需要将目标分区的分区类型标识改为 8e。例如，将 /dev/sda2 和 /dev/sda5 创建为 PV：

```
[root@rhel8 ~]#pvcreate /dev/sda2 /dev/sda5
```

2) pvscan 命令

pvscan 命令用于显示系统中所有 PV 的列表。语法为：

```
pvscan [参数]
[root@rhel8 ~]#pvscan
```

```
PV /dev/sda2     VG VolGroup    lvm2 [11.51 GiB / 0      free]
Total: 1 [11.51 GiB] / in use: 1 [11.51 GiB] / in no VG: 0    [ 0 ]
```

输出中显示了具体 PV 对应的物理设备、LVM 版本、容量及整体统计信息。

3) pvdisplay 命令

pvdisplay 命令用于显示详细的 PV 信息。语法为：

```
pvdisplay [参数]
```

如果不加任何参数，会显示所有 PV 的详细信息：

```
[root@rhel8 ~]# pvdisplay
  --- Physical volume ---
  PV Name               /dev/sda2
  VG Name               VolGroup
  PV Size               11.51 GiB / not usable 3.00 MiB
  Allocatable           yes (but full)
  PE Size               4.00 MiB
  Total PE              2946
  Free PE               0
  Allocated PE          2946
  PV UUID               9kkiet-YXGl-U3k6-8gCi-SkSp-Mr1h-DF2JCI
```

4) pvremove 命令

pvremove 命令用于删除 PV。语法为：

```
pvremove [参数]   物理硬盘/分区
```

在删除 PV 之前，必须确认被删除的 PV 不属于任何一个 VG。

例如，删除对应设备为 /dev/sdb1 的 PV：

```
[root@rhel8 ~]#pvremove /dev/sdb1
```

5) pvmove 命令

pvmove 命令用于移动 PV 中的数据，源 PV 和目标 PV 必须在同一个 VG 中，并且目标 PV 的容量不能小于源 PV。语法为：

```
pvmove [参数]
```

例如，将 /dev/hda1 的数据移动到 /dev/sdb1：

```
[root@rhel8 ~]#pvmove /dev/hda1 /dev/sdb1
```

2. VG 相关命令

1) vgcreate 命令

vgcreate 命令用于创建 VG。语法为：

```
vgcreate [参数]   VG 名称   PV 名称
```

例如，将 /dev/sda、/dev/sdb、/dev/sdc 加入到名为 rhel8 的新 VG 中：

```
[root@rhel8 ~]#vgcreate rhel8  /dev/sda  /dev/sdb /dev/sdc
```

2) vgscan 命令

vgscan 命令用于显示系统中所有 VG 的列表。语法为：

```
vgscan [参数]
[root@rhel8 ~]#vgscan
 Reading all physical volumes.  This may take a while...
 Found volume group "VolGroup" using metadata type lvm2
```

3) vgdisplay 命令

vgdisplay 命令用于显示详细的 VG 信息。语法为：

```
vgdisplay [参数]
```

如果不加任何参数，会显示所有 VG 的详细信息：

```
[root@rhel8 ~]# vgdisplay
  --- Volume group ---
  VG Name               VolGroup
  System ID
  Format                lvm2
  Metadata Areas        1
  Metadata Sequence No  3
  VG Access             read/write
  VG Status             resizable
  MAX LV                0
  Cur LV                2
  Open LV               2
  Max PV                0
  Cur PV                1
  Act PV                1
  VG Size               11.51 GiB
  PE Size               4.00 MiB
  Total PE              2946
  Alloc PE / Size       2946 / 11.51 GiB
  Free  PE / Size       0 / 0
  VG UUID               XR2hkC-Dy7z-NR2h-R1r2-uujn-dqwF-CrcrU3
```

4) vgremove 命令

vgremove 命令用于删除 VG。语法为：

```
vgremove [参数]  VG 名称
```

删除 VG 将同时删除该 VG 下所有的 LV。如果有 LV 已经被挂载，那么删除操作将失败。例如，删除名称为 rhel8 的 VG：

```
[root@rhel8 ~]#vgremove rhel8
```

3. LV 相关命令

1) lvcreate 命令

lvcreate 命令用于创建 LV。语法为：

```
lvcreate [参数]  [-L <LV容量>] [-n <LV名称>]  VG 名称
```

例如，在名为 rhel8 的 VG 中创建一个 2 GB 的 LV，名称为 lvlinux：

```
[root@rhel8 ~]#lvcreate -L 2GB -n lvlinux rhel8
```

2) lvscan 命令

lvscan 命令用于显示系统中所有 LV 的列表。语法为：

```
lvscan [参数]
[root@rhel8 ~]# lvscan
  ACTIVE            '/dev/VolGroup/lv_root' [10.51 GiB] inherit
  ACTIVE            '/dev/VolGroup/lv_swap' [1.00 GiB] inherit
```

3) lvdisplay 命令

lvdisplay 命令用于显示详细的 LV 信息。语法为:

```
lvdisplay [参数]
```

如果不加任何参数,会显示所有 LV 的详细信息:

```
[root@rhel8 ~]# lvdisplay
  --- Logical volume ---
  LV Name                /dev/VolGroup/lv_root
  VG Name                VolGroup
  LV UUID                E1LdP3-ycuu-hP6a-B27E-GP3X-Ep4X-7By05L
  LV Write Access        read/write
  LV Status              available
  # open                 1
  LV Size                10.51 GiB
  Current LE             2690
  Segments               1
  Allocation             inherit
  Read ahead sectors     auto
  - currently set to     256
  Block device           253:0

  --- Logical volume ---
  LV Name                /dev/VolGroup/lv_swap
  VG Name                VolGroup
  LV UUID                T0GLEv-1xwZ-bubz-cfNs-n2Uq-w5Vh-UcbtvV
  LV Write Access        read/write
  LV Status              available
  # open                 1
  LV Size                1.00 GiB
  Current LE             256
  Segments               1
  Allocation             inherit
  Read ahead sectors     auto
  - currently set to     256
  Block device           253:1
```

4) lvremove 命令

lvremove 命令用于删除 LV。语法为:

```
lvremove [参数]  LV 名称
```

在删除 LV 前要确保 LV 没有被挂载,否则删除会失败。

例如,删除名为 /dev/rhel8/lvlinux 的 LV:

```
[root@rhel8 ~]# lvremove /dev/rhel8/lvlinux
```

4. 在逻辑卷上创建文件系统

在逻辑卷上创建文件系统的方法与在普通磁盘分区上创建文件系统的方法相同。

例如，把 /dev/rhel8/lvlinux 虚拟逻辑卷格式化为 xfs 文件系统，使用以下命令：

```
[root@rhel8 ~]#mkfs.xfs /dev/rhel8/lvlinux
```

3.3 磁盘阵列

磁盘阵列（redundant arry of independent disks，RAID）通常由多个磁盘构成。在操作系统中，磁盘阵列被视为独立的存储设备，用户可以像使用普通硬盘那样使用它。

本节介绍了磁盘阵列的常用级别和通过软件实现磁盘阵列的方法。

完成本节学习，将能够：
- 了解磁盘阵列的基础知识和常用级别。
- 掌握通过软件实现磁盘阵列的方法。

3.3.1 磁盘阵列基础知识

磁盘阵列是一种把多块独立的硬盘（物理硬盘）按不同方式组合起来形成一个硬盘组（逻辑硬盘），从而提供比单个硬盘更高的存储性能和提供数据冗余的技术。数据冗余就是用户数据一旦损坏后，利用冗余信息可以使损坏数据加以恢复，从而保障用户数据安全的特性。在用户看来，组成的磁盘阵列就像是一个硬盘，用户可以对它进行分区、格式化等操作，这些操作与对单个硬盘的操作一模一样。

组成磁盘阵列的不同方式就是RAID级别(RAID Level)。常见的RAID级别及它们的特点如下：

1. RAID 0

RAID 0 使用一种称为"条带"(striping)的技术把数据分布到各个磁盘上。在那里每个"条带"被分散到连续"块"(block)上，数据被分成从512字节到数兆字节的若干块后，再交替写到磁盘中。第1块被写到磁盘1中，第2块被写到磁盘2中，依此类推。当系统到达阵列中的最后一个磁盘时，就写到磁盘1的下一分段，如此下去。RAID 0 无数据重建功能，不适用于关键任务环境，但是，它却非常适合于视频、图像的制作和编辑。RAID 0 至少需要两块硬盘。

2. RAID 1

RAID 1 也称镜像，因为一个磁盘上的数据被完全复制到另一个磁盘上。如果一个磁盘的数据发生错误，或者硬盘出现了坏道，那么另一个硬盘可以补救因磁盘故障而造成的数据损失和系统中断。另外，RAID 1 还可以实现双工，即可以复制整个控制器，这样在磁盘故障或控制器故障发生时，用户的数据都可以得到保护。镜像和双工的缺点是需要多出一倍数量的驱动器来复制数据，但系统的读写性能并不会由此而提高。RAID 1 至少需要两块硬盘。

3. RAID 2

RAID 2 是为大型机和超级计算机开发的带海明码校验磁盘阵列。磁盘驱动器组中的第1个、第2个、第4个……第 2^n 个磁盘驱动器是专门的校验盘，用于校验和纠错。RAID 2 对大数据量的读写具有极高的性能，但少量数据的读写时性能反而不好，所以 RAID 2 实际使用较少。RAID 2 至少需要三块硬盘。

4. RAID 3

RAID 3 是带有专用奇偶位（parity）的条带。每个条带片上都有相当于一"块"那么大的空间用来存储冗余信息,即奇偶位。奇偶位是编码信息,如果某个磁盘的数据有误,或者磁盘发生故障,就可以用它来恢复数据。在数据密集型环境或单一用户环境中,组建 RAID 3 对访问较长的连续记录有利,不过同 RAID 2 一样,访问较短记录时,性能会有所下降。RAID 3 至少需要三块硬盘。

5. RAID 4

RAID 4 是带奇偶校验码的独立磁盘结构。它和 RAID 3 相似,不同的是 RAID 4 对数据的访问是按数据块进行的。RAID 3 是一次一横条,而 RAID 4 一次一竖条。所以 RAID 3 常须访问阵列中所有的硬盘驱动器,而 RAID 4 只需访问有用的硬盘驱动器。这样读数据的速度大大提高了,但在写数据方面,需将从数据硬盘驱动器和校验硬盘驱动器中恢复出的旧数据与新数据校验,然后再将更新后的数据和检验位写入硬盘驱动器,所以处理时间比 RAID 3 长。RAID4 至少需要三块硬盘。

6. RAID 5

RAID 5 也称带分布式奇偶位的条带。每个条带上都有相当于一个"块"那么大的地方被用来存放奇偶位。与 RAID 3 不同的是,RAID 5 把奇偶位信息分布在所有的磁盘上,而并非一个磁盘上,大大减轻了奇偶校验盘的负担。尽管有一些容量上的损失,RAID 5 却能提供较为完美的整体性能,因而也是被广泛应用的一种磁盘阵列方案。它适合于输入/输出密集、高读/写比率的应用程序,如事务处理等。RAID5 至少需要三块硬盘。

7. RAID 6

RAID 6 是带有两种分布存储的奇偶校验码的独立磁盘结构。它使用了分配在不同的磁盘上的第二种奇偶校验来实现增强型的 RAID 5。它能承受多个驱动器同时出现故障,但是,用于计算奇偶校验值和验证数据正确性所花费的时间比较多,造成了系统的负载较重,大大降低整体磁盘性能,而且,系统需要一个极为复杂的控制器。RAID6 至少需要四块硬盘。

RAID 的实现分为硬件实现和软件实现。硬件实现是由专门的硬件控制卡来完成磁盘阵列配置,并且在安装操作系统之前,硬件 RAID 就可以通过 BIOS 或专用工具来完成设定。而软件实现是通过操作系统来完成磁盘阵列功能的,也就是说,用户必须在安装操作系统后,使用系统提供的软件来实现磁盘阵列。RHEL8 提供了软件 RAID 功能。

3.3.2 RHEL 软件实现磁盘阵列

在 RHEL 中建立软件磁盘阵列的步骤如下:

(1) 将需要加入阵列的磁盘分区的分区类型标识改为 fd。
(2) 使用 mdadm 命令将磁盘分区或磁盘加入磁盘阵列。
(3) 将磁盘阵列信息写入配置文件,使系统在开机时加载磁盘阵列。

mdadm 命令的语法为:

```
mdadm [模式] <RIAD设备> [参数] <需要加入的RAID的分区或磁盘>
```

命令常用参数:

```
-A, --assemble              // 激活磁盘阵列
-C, --create                // 创建一个新的阵列
-D, --detail                // 输出一个或多个 md device 的详细信息
-S                          // 停止磁盘阵列
-h, --help                  // 帮助信息,用在以上选项后,则显示该选项信息
-v, --verbose               // 显示细节
```

```
-c   <条带大小>, --chunk=<条带大小>       // 设定阵列的条带大小,单位为 KB。默认为 64
-l   <阵列级别>, --level=<阵列级别>       // 设定磁盘阵列的级别
-n   <数量>, --raid-devices=<数量>        // 指定阵列中可用 device 数目,这个数目只能由 --grow 修改
-x   <数量>, --spare-devices=<数量>       // 指定初始阵列的富余 device 数目
-f                                        // 将设备状态设定为故障
-r                                        // 移除设备
```

下面以在 RHEL 8 中创建 RAID 5 为例介绍软件实现 RAID 的方法。

1. 增加硬盘

在 Vmware Workstation 虚拟机上新增加四块 SCSI 接口的硬盘,每块硬盘容量为 2 GB。

```
[root@rhel8 ~]# ls /dev/sd*
/dev/sda   /dev/sdb   /dev/sdc   /dev/sdd   /dev/sde
```

这里面除了 sda 是系统原来的硬盘外,后面的都是新增加的,它们都是没有进行过分区的。使用新增的三个（sdb、sdc、sdd）硬盘来建立 RAID 5。为了保证数据安全,加入 sde 做热备磁盘。

2. 创建 RAID 设备文件

```
[root@rhel8 ~]# mdadm -C /dev/md5 -l 5 -n 3 -x 1 /dev/sd{b,c,d,e}
mdadm: Defaulting to version 1.2 metadata
mdadm: array /dev/md5 started.
```

这时候系统会在 /dev/ 下创建 md5 设备文件:

```
[root@rhel8 ~]# ls -l /dev/md*
brw-rw----. 1 root disk 9, 5 Aug  9 00:28 /dev/md5
```

可以通过下面的命令查看 RAID 设备的状况:

```
[root@rhel8 ~]# mdadm -D /dev/md5
/dev/md5:
           Version : 1.2
     Creation Time : Mon Aug  9 00:28:31 2021
        Raid Level : raid5
        Array Size : 41908224 (39.97 GiB 42.91 GB)
     Used Dev Size : 20954112 (19.98 GiB 21.46 GB)
      Raid Devices : 3
     Total Devices : 4
       Persistence : Superblock is persistent

       Update Time : Mon Aug  9 00:30:17 2021
             State : clean
    Active Devices : 3
   Working Devices : 4
    Failed Devices : 0
     Spare Devices : 1

            Layout : left-symmetric
        Chunk Size : 512K

Consistency Policy : resync

              Name : rhel8:5  (local to host rhel8)
              UUID : 58081288:474bade2:4a48d0b8:91615605
```

```
            Events : 18

    Number   Major   Minor   RaidDevice State
       0       8      16         0      active sync   /dev/sdb
       1       8      32         1      active sync   /dev/sdc
       4       8      48         2      active sync   /dev/sdd

       3       8      64         -      spare         /dev/sde
```

这里可以把它看作一个普通的硬盘，可以对其分区、格式化，然后挂载使用的操作。

3. 对 RAID 设备进行分区、格式化、挂载

如果想对其分区可使用 fdisk 对其进行分区操作，分区后的分区名为 md5p1、md5p2 等。

```
[root@rhel8 ~]# fdisk /dev/md5
```

也可以不对其分区直接进行格式化来使用：

```
[root@rhel8 ~]# mkfs.ext4 /dev/md5
mke2fs 1.44.3 (10-July-2018)
/dev/md5 contains a xfs file system
Proceed anyway? (y,N) y
// 输入 y 确认格式化
Creating filesystem with 10477056 4k blocks and 2621440 inodes
Filesystem UUID: 069c537c-8692-4366-94de-02a8ff7a1e9e
Superblock backups stored on blocks:
    32768, 98304, 163840, 229376, 294912, 819200, 884736, 1605632, 2654208,
    4096000, 7962624

Allocating group tables: done
Writing inode tables: done
Creating journal (65536 blocks): done
Writing superblocks and filesystem accounting information: done
```

格式化完成后使用 mount 命令挂载以便使用：

```
[root@rhel8 ~]# mount /dev/md5 /mnt
[root@rhel8 ~]# df /dev/md5
Filesystem      1K-blocks    Used  Available Use% Mounted on
/dev/md5         40987872   49176   38826904   1% /mnt
```

4. 开机挂载 RAID 设备

为了使 RAID 设备每次开机都能正常使用而不需要手工挂载，需要修改 fstab 文件的内容把挂载的信息写入 fstab 文件：

```
[root@rhel8 ~]# vi /etc/fstab
```

加入下面的内容：

```
/dev/md5                /mnt                            ext4    defaults        0 0
```

5. 将 RAID 信息写入配置文件

/etc/mdadm.conf 文件中没有 RAID 的相关信息，所以要把 RAID 的相关信息写入此文件中，否则在下次开机 RAID 设备就无法正常工作。

```
[root@rhel8 ~]# mdadm -D -s >> /etc/mdadm.conf
```

```
[root@rhel8 ~]# cat /etc/mdadm.conf
ARRAY /dev/md5 metadata=1.2 spares=1 name=rhel8:5 UUID=58081288:474bade2:4a48d
0b8:91615605
```

6. 重新启动系统测试是否成功

```
[root@rhel8 ~]# df /dev/md5
Filesystem         1K-blocks   Used  Available  Use%  Mounted on
/dev/md5            40987872  49176   38826904    1%  /mnt
```

显示表明一切正常，配置成功。

3.4 挂载和卸载文件系统

格式化后的分区必须挂载到 Linux 文件系统中才能进行文件存取操作。所谓挂载，就是将存储设备（磁盘分区、光盘或 U 盘等）的内容映射到指定的目录中，此目录称为该存储设备的挂载点。这样对存储设备的访问就变成对挂载点目录的访问。对于不再使用的磁盘分区、光盘或 U 盘，需要先将其从 Linux 文件系统中卸载才能退出。

本节介绍了文件系统的挂载工具 mount 和卸载工具 umount 的基本用法。

完成本节学习，将能够：
- 使用 mount 和 umount 工具挂载和卸载磁盘分区、光盘、U 盘。
- 描述文件系统配置文件 /etc/fstab 的内容和功能。

3.4.1 挂载文件系统

将存储设备挂载到文件系统中的指定目录使用 mount 命令，其基本格式如下：

```
mount   [选项]   [设备名]   [目录]
```

其中，"目录"即为挂载点目录，需要先行创建，或利用某个已有的目录。
主要选项如下：

```
-t  文件系统类型          // 挂载指定的文件系统类型。文件系统类型见本书 3.1 节
-r                       // 以只读方式挂载文件系统，默认为读写方式
```

【例 3.1】 将磁盘分区 /dev/sdb4 挂载到 /mnt 下的 newpart 目录。

```
[root@rhel8  ~]# mkdir  /mnt/newpart                              // 创建挂载目录
[root@rhel8  ~]# mount  -t  auto  /dev/sdb4  /mnt/newpart         // 挂载分区
```

当挂载设备中所采用的文件系统类型未知时，可采用"-t auto"选项，mount 命令将自动检测分区文件系统。

执行挂载命令时，只要未输出错误信息，则意味着挂载成功，进入 /mnt/newpart 目录，就可访问 /dev/sdb4 分区的内容了。

注意： 若在同一个硬盘中同时安装 Linux 和 Windows 操作系统，根据默认设置，在 Linux 中无法看到 Windows 操作系统的分区内容，此时便可利用上述挂载的方式来为 Windows 操作系统的分区提供 Linux 存取。这里的 Windows 分区名可用 fdisk 命令查看到。

第3章 磁盘管理

【例3.2】将光盘挂载到/mnt下的cdrom目录。

```
[root@rhel8 ~]# mkdir /mnt/cdrom                              //创建挂载目录
[root@rhel8 ~]# mount -t iso9660 /dev/cdrom /mnt/cdrom        //挂载光盘
```

【例3.3】将U盘挂载到/mnt下的usb目录。假设U盘设备文件名为/dev/sdb1，且只有一个FAT32分区。

```
[root@rhel8 ~]# mkdir /mnt/usb                                //创建挂载目录
[root@rhel8 ~]# mount -t vfat /dev/sdb1 /mnt/usb              //挂载U盘
```

需要说明的是，根据系统所安装的SCSI设备的不同，具体使用时，U盘的设备名可能会有所不同。当U盘插入计算机的USB接口后，Linux将自动检测到该设备，并显示出设备相关信息，用户可从显示出的信息中获知该U盘的设备名。

注意：磁盘设备挂载后，该挂载点目录中原有的文件暂时不能被访问，取代它的是挂载设备上的文件，待挂载设备被卸载后，原目录中的文件才能重新访问。

【例3.4】查看已挂载的所有文件系统。

```
[root@rhel8 ~]# mount
sysfs on /sys type sysfs (rw,nosuid,nodev,noexec,relatime,seclabel)
proc on /proc type proc (rw,nosuid,nodev,noexec,relatime)
…
/dev/nvme0n1p1 on / type xfs (rw,relatime,seclabel,attr2,inode64,noquota)
…
```

由此可知，Linux在启动时会自动挂载硬盘上的根分区。如果安装Linux时建立了多个分区，那么此时也将查看到多个分区的挂载情况。

3.4.2 卸载文件系统

所有挂载的文件系统在不需要时都可以利用umount命令进行卸载（"/"目录除外，它直到关机时才进行卸载）。umount命令的基本格式为：

```
umount 设备名或目录名
```

如要卸载上述例子中的磁盘分区、光盘和U盘，分别使用以下命令：

```
[root@rhel8 ~]# umount /mnt/newpart        // 或者:umount /dev/sdb4
[root@rhel8 ~]# umount /mnt/cdrom          // 或者:umount /dev/cdrom
[root@rhel8 ~]# umount /mnt/usb            // 或者:umount /dev/sda1
```

进行卸载操作时，如果挂载设备中的文件正在被使用，或者当前目录正好是挂载点目录，系统会显示类似"mount:/mnt/usb:device is busy"（设备正忙）的提示信息。用户必须关闭相关文件，或切换到其他目录才能进行卸载操作。

注意：当光盘等移动存储介质使用完成后，必须经过正确卸载后才能取出，否则会造成一些不必要的错误。

3.4.3 文件系统配置文件/etc/fstab

使用mount命令对硬盘等存储介质的挂载仅对本次操作有效，系统重启后需要重新挂载。通常硬盘上的各个磁盘分区都会在Linux的启动过程中自动挂载到指定的目录，并在关机时自动卸载，而光盘、U盘等移动存储介质既可以在启动时自动挂载，也可以在需要时手动挂载或卸载。

Linux 通过 /etc/fstab 配置文件来实现此功能。/etc/fstab 文件主要用来设置在 Linux 启动时需要自动挂载的设备和挂载点信息，在 Linux 启动过程中，systemd 进程会自动读取 /etc/fstab 配置文件中的内容，并挂载相应的文件系统。

现在来看一个典型的 /etc/fstab 配置文件内容：

```
UUID=3d61c8a2-7174-45cf-8de1-c382a45cb84b  /      xfs   defaults    0 0
UUID=9cfcf2dc-5671-4c96-8913-0f87bb490bc9  /home  xfs   defaults    0 0
UUID=bdc55da4-13e2-466f-8cc4-44fc32d420b9  swap   swap  defaults    0 0
/dev/md5                                   /mnt   ext4  defaults    0 0
```

/etc/fstab 文件中每一行表示一个文件系统，每个文件系统的信息用六个字段来表示。以下按自左至右顺序对每个字段内容进行说明。

（1）设备名称：该字段表示系统在开机时会自动挂载的文件系统。RHEL/CentOS 8 中使用 UUID 来表示对应的设备。root 分区一定要挂载到根目录，否则无法启动计算机。none 表示与存储设备无关的文件系统，如 /proc，由系统负责管理控制。

（2）挂载点目录：指定每个文件系统的挂载位置，必须用绝对路径来表示。其中，SWAP 分区不需指定挂载点，因为它并不是实际数据的存储位置，而是提供应用程序执行时，因物理内存不足的暂存区，也就是所谓的"虚拟内存"。

（3）文件系统类型：指定每个文件系统所采用的文件系统类型，如果设置为 auto，则表示按照文件系统本身的类型进行挂载。

（4）选项：指定每一个文件系统在挂载时的命令选项，多个选项之间必须用逗号分隔。常见的选项如表 3-2 所示。

表 3-2 /etc/fstab 文件中的常用选项说明

选项	说明
auto	系统启动时自动挂载该文件系统
defaults	使用默认值挂载文件系统，即启动时自动挂载，并可读可写
gquota	该文件系统支持组配额管理
noauto	系统启动时不自动挂载文件系统，需要时由用户手工挂载
ro	以只读方式挂载该文件系统
rw	以读/写方式挂载该文件系统
uquota	该文件系统支持用户配额管理

（5）检查标志：该字段有 0 和 1 两种取值。当取值为 0 时，表示该文件系统不做文件系统检查；取值为 1 时，则表示需要检查。通常只有 ext3/ext4/xfs 文件系统才需要做文件系统检查，其他文件系统可以设为 0。

（6）检查顺序标志：该字段有 0、1 和 2 三种取值。当取值为 0 时表示不进行文件系统检查，因此，检查标志值为 0 时该字段的值也必然为 0；取值为 1 时表示最先执行文件系统检查，通常根分区最先进行文件系统检查，因为它的重要性最高；取值为 2 表示执行文件系统检查的第二顺序。

注意：/etc/fstab 配置文件非常重要，若配置出错，就有可能造成系统不能正常启动，因此，用户在配置该文件时必须十分小心。

3.5 磁盘配额管理

本节将介绍磁盘配额管理的基本概念和配置方法。
完成本节学习，将能够：
- 描述配额管理的基本概念。
- 对磁盘进行配额设置。

3.5.1 配额的基本概念

Linux 系统是多用户多任务操作系统，在使用系统时，会出现多用户共同使用一个磁盘空间的情况，如果其中少数几个用户占用了大量的磁盘空间，势必压缩其他用户的磁盘空间和使用权限。因此，系统管理员应该适当地开放磁盘的权限给用户，以妥善分配系统资源，例如，每个用户的网页空间的容量限制，每个用户的邮件空间限制等。

磁盘配额是一种磁盘空间的管理机制。使用磁盘配额可限制用户或组在某个特定文件系统中所能使用的最大空间。磁盘的配额管理会对用户使用文件系统带来一定程度上的不便，但对系统来讲却十分必要。它可以保证所有用户都拥有自己独占的文件系统空间，从而确保用户使用系统的公平性和安全性。

Linux 针对不同的限制对象，可进行用户级和组级的配额管理。配额管理文件保存于实施配额管理的那个文件系统的挂载点目录中，其中 aquota.user 文件保存用户级配额的内容，而 aquota.group 文件保留组级配额的内容。对文件系统可以只采用用户级配额管理或组级配额管理，也可以同时采用用户级和组级配额管理。

根据配额特性的不同，可将配额分为硬配额和软配额。硬配额是用户和组可使用空间的最大值。用户在操作过程中一旦超出硬配额的界限，系统就发出警告信息，并立即结束写入操作。软配额也定义用户和组的可使用空间，但与硬配额不同的是，系统允许软配额在一段时期内被超过。这段时间称为过渡期（grace period），默认为 7 天。过渡期到期后，如果用户所使用的空间仍超过软配额，那么用户就不能写入更多文件。通常，硬配额大于软配额。

3.5.2 文件系统配额设置

只有采用 Linux 文件系统（ext3、ext4 和 xfs）的文件系统（或磁盘分区）才能进行配额管理。因为 /home 目录包含所有普通用户的默认主目录，也是用户利用 FTP 登录主机时的起始目录，该目录中的文件数量会随着用户数的增长而增长，所以常对 /home 目录所对应的文件系统进行配额管理。

下面以对 /home 文件系统实施用户级和组级配额管理为例介绍设置磁盘配额的方法与步骤。

1. 编辑 /etc/fstab 文件

用 vi 编辑器打开 /etc/fstab 文件，对 /home 所在行进行修改，增加命令选项 userquota 和 grpquota，分别对应用户级和组级配额管理设置。此时，/etc/fstab 文件内容如下：

```
UUID=3d61c8a2-7174-45cf-8de1-c382a45cb84b    /      xfs    defaults                   0 0
UUID=9cfcf2dc-5671-4c96-8913-0f87bb490bc9    /home  xfs    defaults,uquota, gquota
0 0
UUID=bdc55da4-13e2-466f-8cc4-44fc32d420b9    swap   swap   defaults                   0 0
/dev/md5                                     /mnt   ext4   defaults                   0 0
```

注意：安装 Linux 时需要建立独立的 /home 分区，才能对 /home 文件系统进行配额管理。

2. 重启系统

重启系统可使系统读取 /etc/fstab 文件的内容，按照修改后的选项重新挂载各文件系统。

3. 创建检查 quota 磁盘容量配额效果的用户 user1、user2 并修改 /home 目录权限

```
[root@rhel8 ~]# useradd user1
[root@rhel8 ~]# useradd user2
[root@rhel8 ~]# chmod -R o+w /home
```

4. 执行 edquota 命令，编辑 aquota.user 和 aquota.group 文件，设置用户和组的配额

由于 aquota.user 和 aquota.group 文件的结构很复杂，无法直接打开它们来编辑，因此必须通过 edquota 命令进行编辑。edquota 命令的基本格式为：

```
edquota        选项         用户名 | 组名
```

主要选项：

-g   设置组的磁盘配额。

-p   复制某个用户或组的配额管理设置，以设置另一个用户或组的配额。

-u   设置用户的磁盘配额。默认为设置用户磁盘配额。

对第 3 步中创建的 user1 用户进行配额设置，可用如下命令：

```
[root@rhel8 ~]# edquota -u user1
```

此时，系统会进入 vi 编辑界面，部分内容如下：

```
Disk quotas for user user1 (uid 1001):
Filesystem          blocks      soft        hard      inodes     soft       hard
/dev/nvme0n1p2        12          0           0          7         0          0
```

由此可知，实施配额管理的文件系统分区名为 /dev/nvme0n1p2，user1 用户已创建了七个文件。在第三栏（soft）下设置软配额，第四栏（hard）下设置硬配额，默认单位为 KB。例如，要对用户 user1 设置软配额为 10 MB，硬配额为 15 MB，内容如下：

```
Disk quotas for user user1 (uid 1001):
Filesystem          blocks      soft        hard      inodes     soft       hard
/dev/nvme0n1p2        12        10240       15360        7         0          0
```

然后，保存修改退出 vi 编辑界面。

如果要对其他用户（本例中为 user2）进行相同的磁盘配额设置，可以使用形如以下的 edquota 命令进行复制：

```
[root@rhel8 ~]# edquota -p user1 user2
```

对组配额管理文件 aquota.group 进行编辑时，需将 edquota 命令中的选项改为 "-g"，其余与 aquota.user 文件大致相同。

注意：在设置组配额管理时，必须考虑与用户配额管理设置间的关系。

假设 user1 和 user2 的配额上限为 10 MB，而包含这两个用户的组的配额限制为 15 MB（组配额限制少于用户配额限制的总和），则当用户 user1 使用了 9 MB 的磁盘空间后，用户 user2 只能使用 6 MB 的磁盘空间，而不是原先设置的 10 MB 空间上限。再假设另一种情况，如果一个组中包含两个用户 user1 和 user2，它们的配额限制均为 10 MB，而组的配额限制为 30 MB（组配额限制大于用户配额限制的总和），则当用户 user1 和 user2 各使用 10 MB 的磁盘空间后，因为均达到配额的上限，所以即使组的配额限制仍未到达，可是用户仍无法再使用尚存的 10 MB 空间，这容易造成空间上的浪费。因此，组的配额设置值最好是接近用户设置值的总和，这样可以避免空间的浪费或用户无法使用允许的磁盘空间等问题的发生。

5. 启动配额管理

在设置好用户及组的配额限制后，需要使用 quotaon 命令来启动磁盘配额管理功能。

```
[root@rhel8 ~]# quotaon /home
quotaon: Enforcing group quota already on /dev/nvme0n1p2
quotaon: Enforcing user quota already on /dev/nvme0n1p2
quotaon: Enable XFS project quota accounting during mount
```

从系统提示可以看出，xfs 文件系统的配额管理已经自动启动。

此时，可用 quota 命令查看每个用户目前磁盘空间的使用情况：

```
[root@rhel8 ~]# quota    user1
Disk quotas for user user1 (uid 1001):
Filesystem  blocks   quota   limit   grace   files   quota   limit   grace
/dev/nvme0n1p2  12   10240   15360            7       0       0
```

如要关闭磁盘配额管理功能，则需使用 quotaoff 命令。

```
[root@rhel8 ~]# quotaoff /home
```

6. 测试配额管理

用户配额配置完成后，可以使用如下方法进行测试：

```
[root@rhel8 ~]#su - user1                   // 切换到 user1 用户
[root@rhel8 ~]$dd if=/dev/zero of=/home/user1/testfile bs=1M count=20
[root@rhel8 ~]$ ls -lh
Total  15M
-rw-rw-r—1 user1 user1 15M Mar  9  14:46  testfile
```

该 dd 命令的作用是创建一个大小为 20 MB 的文件 /home/user1/testfile，但实际结果显示，该文件大小仅为 15 MB，说明已实现了磁盘配额管理的功能。

本章小结

在 Linux 系统中，磁盘在使用前必须进行分区并格式化，然后经过挂载才能进行文件存取操作。fdisk 命令用于对磁盘进行分区，mkfs 命令用于对分区进行格式化。

根据 /etc/fstab 文件的默认设置，硬盘上的各文件系统（磁盘分区）在 Linux 启动时自动挂载到指定的目录，并在关机时自动卸载。而移动存储介质既可以在启动时自动挂载，也可以在需要时进行手工挂载和卸载。编辑 /etc/fstab 文件可实现移动存储介质启动时的自动挂载，而用户挂载与卸载工具 mount 和 umount 可实现手工挂载和卸载。

Linux 可实现用户级和组级的文件系统配额管理。对文件系统可以只采用用户级配额管理或组级配额管理，也可以同时采用用户级和组级配额管理。配额还分为软配额和硬配额。系统允许用户在过渡期间超过软配额，但绝对禁止超过硬配额。

LVM 考虑了管理文件系统和卷的方法，它允许驱动器跨越磁盘、调整驱动器大小，并且可以使用一种比使用当前分区表方案更灵活的方式来管理磁盘。

RAID 是一种把多块独立的硬盘（物理硬盘）按不同方式组合起来形成一个硬盘组（逻辑硬盘），从而提供比单个硬盘更高的存储性能和提供数据冗余的技术。RAID 分为 RAID 0 ~ RAID 6 共七个级别，RHEL 8 中提供软件实现 RAID 的功能。

项目实训 3　磁盘管理

一、情境描述

某公司需要新增一台基于 RedHat Enterprise Linux（或 CentOS）平台的服务器，为公司内部各部门提供数据服务。系统管理员必须对服务器的磁盘进行正确、合理的规划设计和管理维护，保证服务器数据的安全。本项目要求在一台 RHEL/CentOS 8 服务器上完成 U 盘、光盘（ISO 包）设备的挂载与卸载、磁盘配额的设置。

视　频

挂载和卸载 U 盘

二、项目分解

分析上述工作情境，我们需要完成下列任务：
(1) 挂载和卸载 U 盘，并测试是否能正常访问 U 盘中的数据；
(2) 挂载和卸载光盘，并测试是否能正常访问光盘中的数据；
(3) 设置磁盘配额，并测试磁盘配额是否正确生效。

视　频

挂载和卸载光盘

三、学习目标

1. 技能目标
- 能熟练使用 mount 命令挂载和卸载移动存储设备。
- 能进行磁盘配额的设置。

2. 素质目标
- 具备公平竞争意识和团队合作精神。

四、项目准备

一台已安装 RHEL/CentOS 8 的计算机，要求 /home 作为一个独立的分区，且除了 root 用户外，有一个普通用户账号 stu。一只 U 盘、一张光盘（虚拟机可以使用光盘的 ISO 包）。

五、预估时间

60 min。

六、项目实施

【任务 1】挂载和卸载 U 盘。

(1) 在 stu 用户主目录中创建一个新文件夹 USB，并在该文件夹中创建新文件。

(2) 将 U 盘挂载到该文件夹中，观察文件夹的内容。

(3) 对挂载到 USB 文件夹中的 U 盘文件进行复制、移动、重命名等操作。

(4) 卸载 U 盘，观察 test 文件夹的内容。

【任务 2】挂载和卸载光盘（ISO 包）。

(1) 在 stu 用户主目录中创建一个新文件夹 CDROM，并在该文件夹中创建新文件。

(2) 将光盘（ISO 包）挂载到该文件夹中，观察文件夹的内容。

(3) 对挂载到 CDROM 文件夹中的光盘（ISO 包）文件进行复制、移动、重命名等操作。

(4) 卸载光盘（ISO 包），观察 CDROM 文件夹的内容。

【任务 3】设置磁盘配额。

(1) 创建普通用户 tom 和 jerry 账户，并设置口令。

(2) 对 /home 文件系统实施用户级的配额管理，普通用户 tom 和 jerry 的软配额为 10 MB，硬配额为 15 MB。

(3) 分别以 tom 和 jerry 账户登录系统，测试磁盘配额管理的正确性。

设置磁盘配额

七、项目考评

项目完成后，请对完成情况进行评价，在表格相应栏中打"√"，并在评分栏进行评分。

序号	考核点	评价标准	标准分	操作熟练	能做出来	完全不会	评分
1	挂载和卸载 U 盘	使用命令查看 U 盘信息，确定表示 U 盘的设备名、使用命令将 U 盘挂载到指定目录、使用命令对挂载的 U 盘下内容进行复制、移动及重命名等操作、卸载 U 盘	25				
2	挂载和卸载光盘	使用命令将光盘（ISO 包）挂载到指定目录、使用命令对挂载的光盘（ISO 包）下内容进行复制、移动及重命名等操作、卸载光盘（ISO 包）	25				
3	设置磁盘配额	使用命令创建用户并设置密码、正确编辑 /etc/fstab 文件、使用命令对创建的用户配置用户级配额、使用命令启动配额管理。	30				
4	职业素养	实训过程：纪律、卫生、安全等	10				
		公平竞争意识、互助协作等	10				
		总评分	100				

习题 3

一、选择题

1. 当一个目录作为一个挂载点被使用后，该目录上的原文件（　　）。
   A. 被永久删除　　　　　　　　　　　　B. 被隐藏，待挂载设备卸载后恢复
   C. 被放入回收站　　　　　　　　　　　D. 被隐藏，待计算机重新启动后恢复
2. 在以下设备文件中，代表第二个 SCSI 硬盘的第一个逻辑分区的设备文件是（　　）。
   A. /etc/sdb1　　　B. /dev/sda1　　　C. /etc/sdb5　　　D. /dev/sdb1
3. 对于 Linux 文件系统的自动挂载，其配置工作是在（　　）文件中完成的。
   A. /etc/inittab　　B. /etc/fstab　　C. /usr/etc/fstab　　D. /usr/etc/inittab
4. 以下挂载光盘的方法中，不正确的是（　　）。
   A. mount /mnt/cdrom
   B. mount /dev/cdrom
   C. mount -t iso9660 /dev/cdrom /mnt/cdrom
   D. umount /dev/cdrom
5. 以下命令可以用于创建 xfs 文件系统的是（　　）。
   A. mkfs.xfs　　　B. mkfs.ext2　　　C. mke2fs　　　D. mkdfs.ext3
6. 机器上连接着（　　）个 SCSI 磁盘。
   A. 0　　　　　　B. 1　　　　　　C. 2　　　　　　D. 3
   E. 以上信息不足
7. 机器上连接的 IDE 驱动器是（　　）。
   A. primary master，secondary master 和 secondary slave
   B. primary master 和 secondary master
   C. primary master 和 primary slave
   D. primary master、primary slave 和 secondary master
   E. 以上信息不足
8. 以下（　　）命令用于显示有关当前插入的 USB 设备的信息。
   A. lsusb　　　　B. usbdump　　　C. lspnp　　　D. lsdev
   E. 以上都不是

二、简答题

1. Linux 中添加了新磁盘后，如何在其上创建文件系统？
2. Linux 中如何使用 U 盘？
3. 简述文件系统的配额管理的设置过程。
4. 简述虚拟逻辑卷的基本概念。
5. 简述使用 RHEL/CentOS 8 创建 RAID 5 的方法。

三、综合题

根据如下要求，创建新的逻辑卷：

1. 逻辑卷的名字为 ntst，卷组名称为 ntstgroup，大小是 20 PE。
2. ntstgroup 的 PE 大小是 16 MB。
3. 格式化成 xfs 文件系统，系统启动时自动挂载到 /mnt/ntst。

第 4 章

用户与组账号管理

系统管理员的一个主要任务就是管理系统中的用户和组账号，包括为新用户建立账号，分配用户主目录，为用户指定一个初始的 Shell，创建组账号以便为同类型的用户授予相同的权限，以及修改、删除用户与组账号等操作。本章介绍如何使用各种命令行程序来管理用户和组账号。

完成本章学习，将能够：
- 描述用户和组账号类型及相关文件。
- 运用 Shell 命令进行用户和组账号的管理。
- 增强网络安全和诚实守信意识。

4.1 用户和组

Linux 是一个多用户操作系统，这意味着多个用户可以从本机或从远程登录到同一台计算机系统中。无论用户是从本机还是从远程登录 Linux 系统，用户都必须拥有用户账号。用户登录时，系统将检验输入的用户名和口令。只有当该用户名已存在，而且口令与用户名相匹配时，用户才能进入 Linux 系统。系统还会根据用户的默认配置建立用户的工作环境。本节介绍用户和组账号的类型、与用户和组账号相关的文件和目录。

完成本节学习，将能够：
- 区分用户和组账号的类型。
- 描述与用户和组账号相关的文件和目录。

4.1.1 用户的类型

在 Linux 系统中，不同类型的用户所具有的权限和所完成的任务也不同。用户的类型通过用户标识符 UID 来区分，系统中所有的用户 UID 具有唯一性。Linux 系统中的用户包括三种类型：超级用户、系统用户和普通用户。

（1）超级用户：又称 root 用户，拥有对系统的最高访问权限，通过它可以登录到系统，可以操作系统中的任何文件和命令。

（2）系统用户：也称虚拟用户。与真实用户不同，这类用户是系统用来执行特定任务的，不具有登录系统的能力，如 bin、daemon、adm、ftp、mail、nobody 等。这类用户都是系统自身拥有的，一般不需要改变其默认设置。

（3）普通用户：系统安装后由超级用户创建，能登录系统。这类用户的权限有限，只能操作其拥有权限的文件和目录（通常是自己的 home 目录中的文件），只能管理自己启动的进程。

4.1.2 用户的账号文件

用户的账号信息通过用户配置文件 /etc/passwd 和用户口令文件 /etc/shadow 来保存。

1. 用户配置文件 /etc/passwd

/etc/passwd 文件保存除用户口令以外的用户账号信息，所有用户均可查看该文件。某 /etc/passwd 文件内容如下：

```
[root@rhel6 ~]# cat /etc/passwd
root:x:0:0:root:/root:/bin/bash
bin:x:1:1:bin:/bin:/sbin/nologin
daemon:x:2:2:daemon:/sbin:/sbin/nologin
…
lenovo:x:500:500::/home/lenovo:/bin/bash
```

/etc/passwd 文件中每一行描述一个用户配置信息，通过":"将用户的各个属性信息分隔开来，从左到右依次为：用户名、口令、用户 ID（UID）、用户所属组的组 ID（GID）、全称、用户主目录和登录 Shell。现分述如下：

（1）用户名：用户登录时使用的名称。虽然现在有些 Linux 用户的用户名多于 8 字符，但有些程序会缩短它们的输出，只显示头 8 字符。因此这个用户名最好是 1～8 字符。为了和早期的系统及 UNIX 系统兼容，用户名最好只含有小写字母、数字和下画线并用小写字母开头。

（2）口令：Linux 系统中的用户口令通过加密后保存在 /etc/shadow 文件中，/etc/passwd 文件中该字段的内容总是以 x 来填充。

（3）用户 ID（UID）：每个用户都拥有一个唯一的 UID。在 RHEL/CentOS 8 中，默认情况下（在 /etc/login.defs 文件中指定），超级用户的 UID 为 0，系统用户的 UID 为 1～999。从 1 000 开始的 UID 由普通用户使用，创建新用户时除非指定，否则第一个用户的 UID 默认为 1 000，第二个用户的 UID 默认为 1 001，依此类推。

（4）组 ID（GID）：每个用户都属于某个组，GID 是 Linux 中每个组都拥有的唯一识别码。与 UID 类似，在 RHEL/CentOS 8 中，默认情况下，超级用户所属组（root 组）的 GID 为 0，系统组的 GID 为 1～999。新建的每个普通组除非指定，否则第一个组的 GID 默认为 1 000，第二个普通组的 GID 默认为 1 001，依此类推。

（5）全称：用户的全称，是用户账号的附加信息，可以为空。

（6）用户主目录：用于保存该用户自己的文件，相当于 Windows 的 My Documents 目录。用户登录 Linux 后会默认进入该目录。创建用户时除非指定，否则默认的普通用户主目录是 /home 下与用户同名的目录。例如，用户 lenovo 的主目录默认为 /home/lenovo，而超级用户的主目录是 /root。

(7) 登录 Shell：用户登录 Linux 后进入的 Shell 环境。对于普通用户默认使用 Bash Shell 环境，因此需要执行相应的程序 /bin/bash。

注意：登录程序不必一定是 Shell，任何可执行程序都可以，甚至该字段可以为空。

2. 用户口令文件 /etc/shadow

为了提高系统的安全性，Linux 将用户口令通过 MD5 算法进行加密，并移至 /etc/shadow 文件中保存。此文件仅允许 root 用户查看内容，root 用户还可以变更口令或停用某个用户账户，但不能看到口令的内容。

由于 /etc/shadow 文件是根据 /etc/passwd 文件产生的，所以它的文件格式和 /etc/passwd 很类似。以下是一个 /etc/shadow 文件的范例：

```
[root@rhel8 ~]# cat /etc/shadow
root:$6$ZLJaa7AkIVpa2Wvg$RT/Y7tQ3K4K6J15MiyrlTc13wN1Hm1nBrLrqB9Qb
IV9DVwt509Q2M8X17CJ1sDVKs72/N5qwmzLWyx57Sc8/U.:16483:0:99999:7:::
bin:*:15937:0:99999:7:::
daemon:*:15937:0:99999:7:::
...
lenovo:$6$QHtBE6ch$ZXfc3pg0AZvCxY4Mt7DPbG04NmBFi5vk8SlfeJSOv2znCEKgCrV7BdnMDHf4
VkpRGbxE62C7I.sZ3B22GvwaF.:16489:0:99999:7:::
```

/etc/shadow 文件中的每一行代表一个用户账号信息，用"："分隔成 9 个字段，各字段的含义如表 4-1 所示（以自左至右为序）。

表 4-1 /etc/shadow 文件各字段的含义

字段序号	含 义
1	用户名，其排列顺序与 /etc/passwd 一致
2	加密口令。如为"!!"，表示该用户无口令，不能登录
3	从 1970 年 1 月 1 日起到上次修改口令日期的间隔天数。对于无口令的用户账号而言，是指从 1970 年 1 月 1 日起到创建该用户账号的间隔天数
4	口令自上次修改后，要隔多少天才能再次修改。若为 0，则表示没有时间限制
5	口令自上次修改后，要隔多少天必须修改。若为 99999，则表示用户口令未设置为必须修改
6	提前多少天警告用户口令将过期。默认为 7 天
7	在口令过期之后多少天禁用此账号
8	从 1970 年 1 月 1 日起到用户账号过期的间隔天数
9	保留字段

4.1.3 用户组

Linux 将具有相同特征的用户划分为一个用户组，这样可方便对用户访问权限进行管理。比如，有时要让多个用户具有同样的访问某一文件或执行某个命令的权限，这时可以把用户都定义到同一用户组，通过修改文件或命令的属性，使用户组具有一定的操作权限，这样用户组下的所有用户对该文件或命令都具有相同的权限。按照性质可将用户组分为两种类型：系统组和私有组。

(1) 系统组：安装 Linux 以及部分服务性程序时，系统自动设置的组，其默认 GID 为 201～999。

(2) 私有组：由超级用户创建的组，其 GID ≥ 1 000。创建用户时会默认创建一个同名的私有组。

Linux 中每个用户都至少属于一个组，即一个用户可以属于多个组，其中一个称为该用户的主要组，而其他组群称为该用户的附加组。一个用户只能属于一个主要组。

4.1.4 用户组账号文件

用户组的账号信息通过用户组配置文件 /etc/group 和用户组口令文件 /etc/gshadow 来保存。

1. 用户组配置文件 /etc/group

/etc/group 文件保存所有用户组账号的信息，所有用户均可查看其内容。以下是一个 /etc/group 文件的范例：

```
[root@rhel8 ~]# cat /etc/group
root:x:0:
bin:x:1:bin,daemon
daemon:x:2:bin,daemon
…
lenovo:x:500:
```

/etc/group 文件中的每一行内容描述了一个用户组的信息，用"："分成四个字段，从左到右依次为用户组名、组口令、组 ID 和组成员列表，其中口令字段的内容总是以 x 来填充。

2. 用户组口令文件 /etc/gshadow

/etc/gshadow 文件与 /etc/shadow 文件类似，根据 /etc/group 文件而产生，主要用于保存加密的用户组口令。只有超级用户才能查看 /etc/gshadow 文件的内容，其内容如下：

```
[root@rhel8 ~]# cat /etc/gshadow
root:::
bin:::
daemon:::bin,daemon
sys:::bin,adm
adm:::adm,daemon
…
```

该文件的每一行描述一个用户组的信息，各字段的含义为"用户组名：用户组口令：用户组的管理者：组成员列表"。

4.1.5 与用户和组管理相关的文件和目录

1. /etc/skel 目录

/etc/skel 目录存放用于初始化用户主目录的配置文件。一般来说，每个用户都有自己的主目录，用户成功登录后就处于自己的主目录下。当为新用户创建主目录时，这个目录下的文件自动复制到新建用户的主目录下。

典型的 /etc/skel 内容如下：

```
[root@rhel6 ~]# ls -al /etc/skel
drwxr-xr-x.   3 root root   78 Jun  5 11:02 .
drwxr-xr-x. 139 root root 8192 Jul  5 08:16 ..
-rw-r--r--.   1 root root   18 Jul 21 2020 .bash_logout
-rw-r--r--.   1 root root  141 Jul 21 2020 .bash_profile
-rw-r--r--.   1 root root  376 Jul 21 2020 .bashrc
drwxr-xr-x.   4 root root   39 Jun  5 11:02 .mozilla
```

由其内容可知，/etc/skel 目录下的文件都是隐藏文件。可通过修改、添加、删除 /etc/skel 目录下的文件来为用户提供一个统一的、标准的、默认的用户环境。

2. /etc/login.defs 配置文件

/etc/login.defs 文件用于在创建用户账号时进行一些规划，如创建用户时，是否需要创建用户主目录、用户的 UID 和 GID 的范围、用户的期限等。这个文件是可以通过 root 来定义的。典型的 /etc/login.defs 文件主体内容如下：

```
[root@rhel8 ~]# cat  /etc/login.defs
…
MAIL_DIR /var/spool/mail
// 创建用户时，要在目录/var/spool/mail 中创建一个用户 mail 文件
UMASK     022
// 创建用户的默认 umask 值为 022
PASS_MAX_DAYS 99999
// 用户的口令不过期最多的天数
PASS_MIN_DAYS 0
// 口令修改之间最小的天数
PASS_MIN_LEN 5
// 口令最小长度
PASS_WARN_AGE 7
// 提前多少天警告用户口令将过期
…
UID_MIN 1000
// 创建普通用户的最小 UID 为 1000
UID_MAX 60000
// 创建普通用户的最大 UID 为 60000
SYS_UID_MIN  201
// 创建系统用户的最小 UID 为 201
SYS_UID_MAX   999// 创建系统用户的最大 UID 为 999
GID_MIN 1000
// 创建普通用户时，自动创建的主组的最小 GID 为 1000
GID_MAX 60000
// 创建普通用户时，自动创建的主组的最大 GID 为 60000
SYS_GID_MIN  201
// 创建系统用户时，自动创建的主组的最小 GID 为 201
SYS_GID_MAX   999
// 创建系统用户时，自动创建的主组的最大 GID 为 999
…
CREATE_HOME  yes
// 是否创建用户主目录
USERGROUPS_ENAB  YES
// 是否允许 userdel 删除用户同时删除其主组，如组中没有其他用户存在
ENCRYPT_METHOD  SHA512
// 指定用户密码的加密算法
```

3. 添加用户规则文件 /etc/default/useradd

该文件为通过 useradd 添加用户时的规则文件。其内容如下：

```
//useradd defaults file
GROUP=100
HOME=/home
// 把用户的主目录建在/home 中
INACTIVE=-1
```

```
// 是否启用账号过期停权，-1 表示不启用
EXPIRE=
// 账号终止日期，不设置表示不启用
SHELL=/bin/bash
// 所用 Shell 的类型
SKEL=/etc/skel
// 默认用户模板所在目录位置；当使用 adduser 添加用户时，用户主目录下的文件都是从该目录复制的
CREATE_MAIL_SPOOL=yes
// 创建用户邮箱
```

4.2 用户与组账号管理命令

本节介绍在命令行方式下用户和组账号的创建、删除、属性修改、用户身份的切换等基本操作。

完成本节学习，将能够：
- 用 Shell 命令创建和删除用户与组账号，进行用户与组账号的属性修改。
- 切换用户身份。

4.2.1 用户账号管理

1. 创建新用户

在 Linux 中，创建或添加新用户用 useradd 命令来实现，其使用格式为：

```
useradd [选项] 用户名
```

该命令只能由 root 用户使用。选项用于设置用户账号参数，主要选项如表 4-2 所示。

表 4-2 useradd 主要选项说明

选项	说明
-c 注释	设置对用户的注释信息，该信息被加入到 /etc/passwd 文件的备注栏中
-d 主目录	指定用户的主目录。系统默认的用户主目录为 "/home/ 用户名"
-e 有效期限	指定用户账号过期日期。日期格式为 MM/DD/YY
-f 缓冲天数	指定口令过期后多久将关闭此账号
-g 组 ID 或组名	指定用户所属的主要组。系统默认创建一个与用户同名的私有用户组
-G 组 ID 或组名	指定用户所属的附加组，多个附加组之间用逗号分隔
-s 登录 Shell	指定用户登录后所使用的 Shell。系统默认为 /bin/bash
-u 用户 ID	指定用户的 UID

【例 4.1】以系统默认值创建用户 teacher。

```
[root@rhel8 ~]# useradd teacher
```

当不选用任何选项时，Linux 将按照系统默认值创建新用户。系统将在 /home 目录中新建与用户同名的子目录作为该用户的主目录，并且将 /etc/skel 中的所有文件复制到这个新的主目录，这些文件通常是各种程序的初始化命令，包括 Shell 配置文件，如 .bashrc 和 .bash_profile 等。系统还将新建一个与用户同名的私有用户组作为该用户的主要组。该用户的登录 Shell 为 /bin/bash，用户 ID 由系统从 1 000 开始依次指定。

【例 4.2】创建一个名为 student 的用户，主目录放在 /var/ 目录中，并指定登录 Shell 为 /sbin/nologin。

```
[root@rhel8 ~]# useradd -d /var/student -s /sbin/nologin student
```

使用 useradd 命令创建新用户账号时，将在 /etc/passwd 和 /etc/shadow 文件中增加新用户的记录。如果同时新建了私有组，那么还将在 /etc/group 和 /etc/gshadow 文件中增加记录。

注意：Linux 中新建用户还可使用 adduser 命令。实际上，adduser 命令是 useradd 命令的一个链接，所以它们两者的功能完全相同。

2. 设置或修改用户口令

在 Linux 中，对于新创建的用户，在没有设置口令的情况下，账户是处于锁定状态的，此时用户账户将无法登录系统。用户口令管理包括用户口令的设置、修改、删除、锁定、解锁等操作，可使用 passwd 命令来实现。其用法为：

```
passwd [选项] [用户名]
```

该命令按指定的选项设置或修改指定用户的口令属性。如果省略用户名，则修改当前用户的口令属性。命令的主要选项如表 4-3 所示。

表 4-3 passwd 命令的主要选项

选项	说明
省略	设置指定用户的口令
-d	删除用户的口令。只有 root 用户有权执行
-l	暂时锁定指定的用户账号。只有 root 用户有权执行
-u	解除指定用户的口令锁定。只有 root 用户有权执行
-S	显示指定用户的口令状态

【例 4.3】为 student 用户设置初始口令。

```
[root@rhel8 ~]#passwd student
Changing password for user student:
New password:                                              //输入口令
Retype new UNIX password:                                  //重输口令
passwd: all authentication tokens updated successfully.
```

Linux 对用户口令的安全性要求很高，如果口令长度少于 5 位（默认值取决于 /etc/login.defs 文件）、字符过于规则、字符重复性太高或者是字典单词，系统都将出现提示信息，提醒用户这样的口令不安全。

用户账号登录口令设置后，该账号就可登录系统了。切换到其他虚拟控制台，然后利用 student 账号登录，以检验能否登录。

注意：root 用户可以为所有用户设置口令，但普通用户只能修改自己的口令，不能修改其他用户的口令。因此，作为系统管理员，在为用户设置或修改口令后，应注意树立网络安全意识，为用户做好保密工作。

【例 4.4】锁定用户 student 的口令。

```
[root@rhel8 ~]#passwd -l student
Locking password for user student.
passwd:Success
```

在 Linux 中，除了用户账户可被锁定外，用户口令也可被锁定，任何一方被锁定后，都将导致该账户无法登录系统。用户口令一旦被锁定，必须用带 -u 选项的 passwd 命令解除其锁定后才能使用。

```
[root@rhel8 ~]#passwd -u student
Unlocking password for user student.
passwd:Success
```

【例 4.5】删除用户 student 的口令。

```
[root@rhel8 ~]#passwd -d student
Removing password for user student.
passwd:Success
```

如果用户的口令被删除，那么登录系统时将不需要输入口令。此时如查看 /etc/shadow 文件，会发现该用户账号所在行的口令字段为空白。

3. 设置用户账号属性

对于已创建好的账户，可使用 usermod 命令来设置和修改账户的各项属性，包括登录名、主目录、用户组、登录 Shell 等信息。usermod 命令的用法为：

```
usermod [选项] 用户名
```

该命令只能由 root 用户使用。命令的选项及功能大部分与新建用户时所使用的选项相同，另外新增的选项主要有：

-l 新用户名　指定用户的新名称。
-L　　　　　锁定用户账户。
-U　　　　　解除用户账户锁定。

【例 4.6】将 teacher 用户改名为 tom。

```
[root@rhel8 ~]# usermod -l tom teacher
```

查看 /etc/passwd 文件可知，用户 teacher 已被改名为 tom，但用户的其他信息没有发生改变，即主目录仍为 /home/teacher，UID、GID、登录 Shell 等均未改变。

【例 4.7】将 tom 用户账户锁定。

```
[root@rhel8 ~]# usermod -L tom
```

查看 /etc/shadow 文件可知，tom 用户的口令字段前加上 "!" 表明该用户账户被锁定。用户账户被锁定后，将不能用于登录系统，除非用 -U 命令选项解除对账户的锁定。

4. 删除用户账户

要删除指定的用户账户，可使用 userdel 命令来实现，其用法为：

```
userdel [-r] 用户名
```

该命令只能由 root 用户使用。若使用 -r 选项，则在删除该账户的同时，一并删除该账户对应的主目录，否则只删除此用户账户。

【例 4.8】删除 tom 用户账户及其主目录。

```
[root@rhel8 ~]# userdel -r tom
```

如果在新建该用户时创建了私有组，而该私有组当前没有其他用户，那么在删除用户的同时也将删除这一私有组。正在使用系统的用户不能被删除，必须先终止该用户所有的进程才能删除该用户。

5. 切换用户身份

为了保证系统安全，Linux 系统管理员通常以普通用户身份登录系统，当要执行必须有 root 用户权限的操作时，再切换为 root 用户。要进行用户身份的切换，可使用 su 命令来实现，其用法为：

```
su [-] [用户名]
```

如果省略用户名，则切换到 root 用户，否则切换到指定用户（该用户必须是系统中已存在的用户）。root 用户切换为普通用户时不需要输入口令，普通用户切换到其他用户时需要输入被转换用户的口令，切换之后就拥有该用户的权限。使用 exit 命令可返回到原来的用户身份。

如果使用 "-" 选项，则用户切换为新用户的同时使用新用户的环境变量，一个主要的变化在于命令提示符中当前工作目录被切换为新用户的主目录，这是由新用户的环境文件所决定的。

【例 4.9】用普通用户 student 登录系统，然后切换为 root 用户，并使用 root 用户的环境变量。

```
rhel8 login: student
Password:                    //输入用户 student 的口令
[student@rhel8 ~]$ su -      //当前用户是 student，~表示用户主目录 /home/student
password:                    //输入用户 root 的口令
[root@rhel8 ~]#              //当前用户是 root，~表示用户主目录 /root
```

【例 4.10】由普通用户 student 切换为 lenovo。

```
[student@rhel8 ~]$ su lenovo
Password:
[lenovo@rhel8 student]$pwd
/home/student
[lenovo@rhel8 student]$
```

本例中未使用 "-" 选项，因此从 Shell 命令提示符及 pwd 命令可知，虽然当前的用户身份是 lenovo，但是当前的工作目录仍然是 home/student。

6. 查看用户账号信息

查看用户账号的相关信息可以使用 id 命令，其使用基本方法为：

```
id [用户名]
```

id 命令将显示指定用户的 UID、GID 和用户所属组的信息。省略用户名时显示当前用户的相关信息。

【例 4.11】查看用户 student 的主目录及登录相关信息。

```
[root@rhel8 ~]#id student
uid=1000(student) gid=1000(student) groups=1000(student)
```

4.2.2 组账号管理

用户组是用户的集合，通常将用户进行分类归组，以便于进行访问控制。用户与用户组属于多对多的关系，一个用户可以同时属于多个用户组，一个用户组可以包含多个不同的用户。

1. 创建用户组

使用 useradd 命令创建新用户时,如不指定 -g 选项,将会同时创建一个同名的用户组,并将新用户归入该用户组中。如果要创建其他用户组,可以使用 groupadd 命令,其使用方法为:

```
groupadd  [选项]  用户组名
```

该命令只能由 root 用户使用。其中的主要选项有:

-g 组 ID　　用指定的 GID 号创建用户组。

【例 4.12】新建一个名为 staff 的用户组,GID 号为 1020。

```
[root@rhel8 ~]# groupadd -g 1020 staff
```

利用 groupadd 命令新建用户组时,如果不指定 GID,则其 GID 由系统指定。groupadd 命令的执行结果将在 /etc/group 文件和 /etc/gshadow 文件中增加一行该用户组的记录。

2. 修改用户组的属性

用户组创建后,根据需要可对用户组的相关属性进行修改,主要包括对用户组的名称和 GID 的修改。用户组属性的修改可使用 groupmod 命令来实现,其使用方法为:

```
groupmod  [选项]  用户组名
```

该命令只能由 root 用户使用。主要选项有:

-g 组 ID　　指定用户组的 GID 号。

-n 组名　　指定用户组的名称。

【例 4.13】将 staff 用户组改名为 worker,GID 改为 1030。

```
[root@rhel8 ~]# groupmod -n worker -g 1030 staff
```

注意:用户组的名称及其 GID 在修改时不能与已有的用户组名称或 GID 重复;对 GID 进行修改,不会改变用户组的名称,同样对用户组名称的修改也不会改变用户组的 GID。

3. 删除用户组

删除用户组可使用 groupdel 命令来实现,其使用方法为:

```
groupdel  用户组名
```

该命令只能由 root 用户使用。在删除指定用户组之前必须保证该用户组不是任何用户的主要组,否则需要首先删除那些以此用户组为主要组的用户才能删除这个用户组。

【例 4.14】删除 worker 用户组。

```
[root@rhel8 ~]# groupdel worker
```

4. 用户组中的用户管理

如果要将用户添加到指定的组,使其成为该用户组的成员或从用户组中移除某用户,可以使用 gpasswd 命令,其使用方法为:

```
gpasswd  [选项]  用户名  用户组名
```

该命令只能由 root 用户使用。主要选项有:

-a　　添加用户到用户组。

-d　　从用户组中移除用户。

第 4 章 用户与组账号管理

【例 4.15】创建一个名为 ftpusers 的用户组，然后将 student 用户添加到 ftpusers 用户组中。

```
[root@rhel8 ~]# groupadd ftpusers
[root@rhel8 ~]# gpasswd  -a student ftpusers
Adding user student to group ftpusers
[root@rhel8 ~]# groups student        //查看 student 用户所属的用户组
student : student ftpusers
```

本章小结

Linux 系统中的用户包括三种类型：超级用户、系统用户和普通用户。用户的账号信息通过用户配置文件 /etc/passwd 和用户口令文件 /etc/shadow 来保存。Linux 用户组可分为两种类型：系统组和私有组。用户组的账号信息通过用户组配置文件 /etc/group 和用户组口令文件 /etc/gshadow 来保存。

/etc/skel 目录存放用来初始化用户主目录的配置文件。/etc/login.defs 文件用于在创建用户时进行规划，如是否需要创建用户主目录、用户的 UID 和 GID 的范围、用户的期限，等等。

useradd 命令用于创建新用户，passwd 命令用于管理用户口令，usermod 命令用于设置用户账号属性，userdel 命令用于删除用户账号，id 命令用于查看用户账号信息。

groupadd 命令用于创建新用户组，groupmod 命令用于修改用户组的属性，groupdel 命令用于删除用户组账号。

项目实训 4 用户和组管理

一、情境描述

在 Linux 操作系统平台的管理与优化工作中，对系统用户和组的管理与维护是一项重要的内容。系统管理员需要熟悉 Linux 系统中用户和组账号对应的相关文件,在命令行或图形界面中创建、管理本地用户和组账号。本项目要求在一台 RHEL 服务器上完成用户和组账号相关文件查看，创建用户账号并设置密码，创建组账号，验证、设置及删除用户账号及组账号，在不同用户之间切换等操作。

二、项目分解

分析上述情境，我们需要完成下列任务：
（1）在 Linux 系统中进行用户账号的管理。
（2）在 Linux 系统中进行组账号的管理。

三、学习目标

1. 技能目标
- 掌握用户与用户组账号的创建与管理。
2. 素质目标
- 具备网络信息安全意识和诚实守信的工作态度。

用户账号管理

四、项目准备

一台已安装 RHEL/CentOS 8 操作系统的虚拟机,计算机默认登录界面为命令行界面。

五、预估时间

90 min。

六、项目实施

【任务 1】用户账号管理。

(1) 用 root 用户登录系统,查看用户账号文件 /etc/passwd 和口令文件 /etc/shadow 的内容,注意观察其存储格式、各账户所使用的 Shell、UID、GID 等属性信息。

(2) 创建一个名为 frank 的用户账号,然后查看新建账户在 passwd 文件中的存储内容,注意查看该账户对应的主目录。查看 /home 目录,是否自动创建了一个与用户名相同的目录,该目录即为该用户的主目录,当用户登录系统后,当前目录即为该目录。

查看 /etc/group 文件内容是否也创建了一个名为 frank 的用户组。若在创建用户时不创建该用户组,则应使用什么命令选项?

(3) 设置 frank 用户的口令为"frank12345#",并在 /etc/shadow 文件中查看口令存储字段的内容。然后切换到另一虚拟终端,用 frank 账号登录系统,看能否正常登录,并观察提示符为"#"还是"$",最后返回 root 用户登录的虚拟终端。

用户组账号管理

(4) 增加用户 radar,指定其主目录为 /home/radar2;增加用户 john,指定其 UID 为 1050,属于 frank 组;修改 radar,使其 UID 为 1030。

(5) 给用户 radar 设置一个口令,然后在另一虚拟终端上进行登录,并进行如下操作:

① 返回原终端,锁定 radar 用户口令,观察 /etc/shadow 文件内容,然后在另一虚拟终端上进行登录。

② 返回原终端,对 radar 用户口令解锁,观察 /etc/shadow 文件内容,然后在另一虚拟终端上进行登录。

③ 返回原终端,删除 radar 用户口令,观察 /etc/shadow 文件内容,然后在另一虚拟终端上进行登录。

用户身份切换、用户账号及组账号删除

【任务 2】组账号管理。

(1) 创建一个名为 ftpmanager 的普通用户组,然后创建一个名为 webftp 的用户,并将该用户添加到 ftpmanager 用户组中。用 groups webftp 命令查看 webftp 所隶属的用户组。

(2) 将 ftpmanager 组改名为 mygroup,然后将 frank 用户添加到 mygroup 用户组中。用 groups frank 命令查看 frank 所隶属的用户组。

【任务 3】用户身份切换、用户账号及组账号删除

(1) 在当前终端上分别使用 su 和 su - 命令进行用户身份切换,观察系统提示符的变化。

(2) 删除本次实训所创建的新用户和用户组账号,并同时删除用户账户的主目录。

七、项目考评

项目完成后,请对完成情况进行评价,在表格相应栏中打"√",并在评分栏进行评分。

序号	考核点	评价标准	标准分	评价结果			评分
				操作熟练	能做出来	完全不会	
1	用户账号管理	使用命令查看用户账户对应文件、创建用户账户、为用户账户设置密码、使用创建的账户登录系统	20				
2	组账号管理	使用命令查看组账号对应文件、创建组账号、使用命令查看组账号信息、修改组账号名称、将指定用户加入到指定组中	20				
3	用户身份切换	使用 su、su - 命令切换用户身份,能区分两个命令的不同	20				
4	用户账号及组账号删除	使用命令按需删除用户账号、使用命令按需删除组账号	20				
5	职业素养	实训过程:纪律、卫生、安全等	10				
		网络安全意识、诚实守信、互助协作等	10				
		总评分	100				

习题 4

一、选择题

1. 以下( )文件保存用户账号的信息。
   A. /etc/users　　B. /etc/gshadow　　C. /etc/passwd　　D. /etc/fstab
2. /etc/passwd 每行有( )个字段。
   A. 3　　B. 7　　C. 最多可有 32 个　　D. 每个用户一个
   E. 取决于有多少 : 符号
3. 下列用在用户名里的字符是( )。
   A. 只有 0 到 9 的数字
   B. 任何非元字符的字符
   C. 除了 : 以外的任何可打印字符
   D. 只有字母和数字
   E. 只有小写字母、数字和下画线
4. 以下对 Linux 用户账户的描述,正确的是( )。
   A. Linux 的用户账户和对应的口令均存放在 passwd 文件中
   B. passwd 文件只有系统管理员才有权存取
   C. Linux 的用户账户必须设置了口令后才能登录系统
   D. Linux 的用户口令存放在 shadow 文件中,每个用户对它有读的权限
5. RHEL 一般用户的默认登录 Shell 是( )。
   A. /etc/passwd　　B. /sbin/nologin　　C. /bin/bash　　D. /bin/csh
   E. /etc/Shells

6. 为了临时让 tom 用户登录系统,可采用如下( )方法。
   A. 修改 tom 用户的登录 Shell 环境
   B. 删除 tom 用户的主目录
   C. 修改 tom 用户的账号到期日期
   D. 将文件 /etc/passwd 中用户名 tom 的一行前加入"#"
7. 新建用户使用 useradd 命令,如果要指定用户的主目录,需要使用( )选项。
   A. -g   B. -d   C. -u   D. -s
8. useradd 的 -c 选项通常提供( )。
   A. 用户的个人备注   B. 用户全名
   C. 行式打印机参数   D. 登录 Shell 命令
   E. 元字符
9. 使用 useradd 添加新用户时,假设希望每个用户都能拥有一份名为 .blog.prefs 的文件,则应该将原文件放在( )。
   A. /etc   B. /etc/profile   C. /etc/profile.d   D. /home/skel
   E. /etc/skel
10. /etc/passwd 文件和 /etc/shadow 文件中的行联系的方式是( )。
    A. 有关同一个用户的行以同样的用户名开头
    B. 系统维护在夜间进行
    C. 匹配 groupid
    D. 根据冒号的数目
    E. 对比备注字段的内容
11. usermod 命令无法实现的操作是( )。
    A. 账户重命名   B. 删除指定的账户和对应的主目录
    C. 加锁与解锁用户账户   D. 对用户口令进行加锁或解锁
12. 为了保证系统的安全,现在的 Linux 系统一般将 /etc/passwd 密码文件加密后,保存为( )文件。
    A. /etc/group   B. /etc/netgroup   C. /etc/libsafe.notify   D. /etc/shadow
13. 当用 root 登录时,( )命令可以改变用户 larry 的密码。
    A. Su larry   B. change password larry
    C. password larry   D. passwd larry
14. 所有用户登录的默认配置文件是( )。
    A. /etc/profile   B. /etc/login.defs   C. /etc/.login   D. /etc/.logout
15. 如果刚刚为系统添加了一个名为 kara 的用户,则在默认的情况下,kara 所属的用户组是( )。
    A. user   B. group   C. kara   D. root
16. 以下关于用户组的描述,不正确的是( )。
    A. 要删除一个用户的私有用户组,必须先删除该用户账号
    B. 可以将用户添加到指定的用户组,也可以将用户从某用户组中移除

C. 用户组管理员可以进行用户账户的创建、设置或修改账户密码等一切与用户和组相关的操作

D. 只有 root 用户才有权创建用户和用户组

17. /etc/group 文件每行有（　　）个字段。

　　A. 2　　　　　　　B. 4　　　　　　　C. 7　　　　　　　D. 31

18. id 命令用于显示（　　）。

　　A. root 的 userid

　　B. 系统用户的 userid

　　C. 所有登录用户的 userid

　　D. 系统上所有进程的 userid

　　E. 当前用户的 userid、用户名和组信息

二、简答题

1. Linux 中的用户可分为哪几种类型？有何特点？
2. 在命令行下手工建立一个新账号，要编辑哪些文件？
3. Linux 用哪些属性信息来说明一个用户账号？
4. 如何锁定和解锁一个用户账号？

三、综合题

创建下列用户、组和组成员资格：

1. 名为 system 的组。
2. 用户 student，作为次要组从属于 system。
3. 用户 teacher，用户 ID 为 2 021，作为次要组从属于 system。
4. 用户 staff，无权访问系统上的交互式 Shell 且不是 system 的成员。
5. student、teacher 和 staff 的密码都是 huawei。

第 5 章

Linux 运行级别与进程管理

运行级别是 Linux 的一个重要概念，在不同的运行级别下 Linux 会启动不同的服务和进程。系统管理员还可以设置系统在某个时间执行特定的命令或进程，即进行任务调度。本章介绍 Linux 的运行级别、Linux 的进程管理和任务调度方法，以及 Linux 系统日志管理问题。

完成本章学习，将能够：
- 控制和管理 Linux 的运行级别。
- 描述 Linux 进程的基本概念。
- 在命令行界面下管理进程。
- 在命令行界面下进行任务调度。
- 管理系统日志。
- 养成严谨细致、实事求是的工作作风和创新精神。

5.1 Linux 的启动过程和运行级别

本节介绍 Linux 的启动过程和运行级别，重点讨论 Linux 运行级别及其配置方法。

完成本节学习，将能够：
- 描述 Linux 的启动过程。
- 理解 Linux 运行级别的概念。
- 设置 Linux 的运行级别。

5.1.1 Linux 的启动过程

对于一个系统管理员来说，了解系统的启动和初始化过程对于管理 Linux 进程和服务十分有益。RHEL/CentOS 8 系统的初始化包含内核部分和 systemd 进程两部分，内核部分主要完成对系统硬件的检测和初始化工作，systemd 进程部分则主要完成对系统的各项配置。

RHEL/CentOS 8 的启动过程由以下几个阶段组成：

1. 执行 GRUB 引导装载程序

开启电源后，计算机首先加载 BIOS，并且检查基本的硬件信息，例如内存数量、处理器以及硬盘容量等。然后会根据 BIOS 中的系统引导顺序，依次查找系统引导设备，读取并执行其 MBR 上的操作系统引导装载程序。RHEL/CentOS 8 中默认使用 GRUB2 作为引导装载程序，它引导系统使用的分区位于 /boot 中。/boot 中保存的文件主要是 Linux 内核、内存映像文件等，GRUB2 就是通过这些文件建立最初的内核运行环境的，其配置文件是 /boot/grub2/grub.cfg。

2. 加载 Linux 内核

如果选择启动 Linux，系统就会从 /boot 分区读取并加载 Linux 内核程序，从此时开始正式进入 Linux 的控制，从而建立一个 Linux 内核运行环境。Linux 首先会搜索系统中的所有硬件设备并驱动它们，同时这些硬件设备信息也会在屏幕上显示出来，用户可以借此了解硬件设备是否都成功驱动。也可以在开机后，打开 /var/log/boot.log 文件来查看所有的开机信息。

3. 执行 /usr/lib/systemd/systemd

在系统加载 Linux 内核之后，紧接着会调用 /usr/lib/systemd/systemd 程序，以启动系统的 systemd 守护进程。该进程是 Linux 系统中的第一个进程，其进程号（PID）始终为 1，它的职责就是启动、停止和监控所有其他进程，是其他进程的父进程。只要系统运行，systemd 程序就会一直运行，它是最后一个终止的进程。

4. 读取并执行 /etc/systemd/system/default.target

systemd 进程首先读取文件 /etc/systemd/system/default.target，根据该文件的内容设置系统的运行级别，进而决定启动哪些服务。

5. 执行 /bin/login 登录程序

如以上步骤都正确无误，系统会依照指定的运行级别打开图形或字符的登录界面，提示用户输入账号及口令，并进行验证。如果验证通过，系统就会为用户进行环境的初始化，然后将控制权交给 Shell。

5.1.2 Linux 的运行级别

1. Linux 运行级别的相关说明

在 RHEL/CentOS 7 之前的 Linux 系统中共有七个运行级别，分别用数字 0～6 来表示，通过设定不同的运行级别（runlevel）以启动不同的服务。从 RHEL/CentOS 7 开始，由于使用 systemd 替代 SysV init 管理系统服务，它引进目标单元（target unit）的概念而不再使用运行级别的概念，但为了兼容，仍对运行级别提供有限支持，它用目标单元直接映射到这些运行级别。各个运行级别及对应的目标定义如表 5-1 所示。

表 5-1 运行级别的七种模式

运行级别	目标	别名	说明
0	poweroff.target	runlevel0.target	关闭系统（halt）
1	rescue.target	runlevel1.target	进入单用户模式，设置救援 Shell
2	multi-user.target	runlevel2.target	多用户模式，无网络支持
3	multi-user.target	runlevel3.target	完全的多用户模式，有网络支持，文本界面
4	multi-user.target	runlevel4.target	未使用，为保留的运行级别
5	graphical.target	runlevel5.target	完全的多用户模式，有网络支持和 X11 图形接口登录
6	reboot.target	runlevel6.target	重启系统（reboot），一般不推荐设置此级别

注意：虽然许多 Linux 系统对运行级别 2、3、4 的定义不同，但是在 RHEL/CentOS 8 中都统一设置成了多用户模式（multi-user.target）。另外，以上目标名称还可以别名来表示，分别为 runlevel0.target ~ runlevel6.target。

2. 设置 Linux 的运行级别

如果要设置系统启动时的默认运行级别，可使用 systemctl set-default 命令。例如，要设置系统启动时为图形登录界面，可执行如下命令：

```
[root@rhel8 ~]# systemctl set-default graphical.target
    Removed /etc/systemd/system/default.target.
    Created symlink /etc/systemd/system/default.target → /usr/lib/systemd/system/graphical.target.
```

该命令对 /etc/systemd/system/default.target 文件进行修改，实际上是创建了一个新的指向 /usr/lib/systemd/system/graphical.target 的符号链接，该文件指定了 graphical.target 的运行模式，这样下次系统启动就会自动进入 X Window 图形界面。

要查看当前用户所处的运行级别，可以使用 systemctl get-default 命令或者使用 runlevel 命令。

```
[root@rhel8 ~]systemctl get-default
multi-user.target
[root@rhel8 ~]#runlevel
N 3
```

其中，N 表示上次所处的运行级别，3 表示当前系统的运行级别。由于系统开机就进入运行级别 3，因此上一次的运行级别没有，用 N 表示。

在系统运行过程中，可以使用 systemctl isolate 命令将系统切换到指定的运行级别（或目标）。例如，要使系统进入多用户文本模式，可使用以下命令：

```
[root@rhel8 ~]#systemctl isolate multi-user.target
```

还可以使用 init 命令使系统进入到指定的运行级别。

```
[root@rhel8 ~]# init   <runlevel>
```

其中，runlevel 为指定的运行级别，取值为 0 ~ 6。例如，以下命令将使系统进入运行级别 5，即进入 X Window 图形界面。

```
[root@rhel8 ~]# init   5
```

而下列命令将使系统重新启动：

```
[root@rhel8 ~]# init   6
```

5.2 进程和作业

本节介绍 Linux 进程和作业的基本知识。
完成本节学习，将能够：
- 描述进程状态、类型和优先级的概念。

- 理解进程与程序、进程与作业的区别与联系。
- 描述进程的启动方法。

5.2.1 进程

1. 进程的概念

Linux 是一个多用户多任务的操作系统,在同一时间允许有许多用户向操作系统发出各种操作命令。每当运行一个命令时,系统就会同时启动一个进程。进程(Processes)是指具有独立功能的程序的一次运行过程,也是系统资源分配和调度的基本单位。

进程由程序产生,是一个运行着的、要占用系统资源的程序。但进程并不等于程序,进程是动态的,而程序是静态的文件,多个进程可以并发调用同一个程序,一个程序可以启动多个进程。当程序被系统调入内存以后,系统会给程序分配一定的资源(如内存、设备等),然后进行一系列的复杂操作,使程序变成进程以供系统调用。为了区分不同的进程,系统给每一个进程分配了一个唯一的进程标识符(PID)或进程号。

RHEL/CentOS 8 系统在刚刚启动时,运行于内核方式,此时只有一个初始化进程在运行,该进程名为 systemd。它是系统的第一个进程,进程号为 1,以后的所有进程都是初始化进程的子进程。在 Shell 下执行程序时启动的进程就是 Shell 进程的子进程。一般情况下,只有子进程结束后,才能继续父进程,若是从后台启动的,则不用等待子进程结束。

2. 进程的状态

为了充分利用系统资源,Linux 系统将进程分为以下几种状态:

(1) 运行状态:进程正在使用 CPU 运行的状态。处于运行态的进程又称当前进程(Current Process)。

(2) 就绪状态:进程已获得除 CPU 外运行所需的全部资源,一旦系统把 CPU 分配给它之后即可投入运行。

(3) 等待状态:又称睡眠状态,进程正在等待某个事件或某个资源。

(4) 暂停状态:又称挂起状态,进程需要接受某种特殊处理而暂时停止运行。

(5) 休眠状态:进程主动暂时停止运行。

(6) 僵死状态:进程的运行已经结束,但它的控制信息仍在系统中。

(7) 终止状态:进程已经结束,系统正在回收资源。

3. 进程的类型

Linux 系统的进程大体可分为交互进程、批处理进程和守护进程三种。

(1) 交互进程:由 Shell 通过执行程序所产生的进程,可以工作在前后台。

(2) 批处理进程:不需要与终端相关,是一个进程序列。

(3) 守护进程:Linux 系统自动启动,工作在后台,用于监视特定服务。

4. 进程的优先级

在 Linux 操作系统中,进程之间是竞争资源(如 CPU 和内存的占用)的关系。Linux 内核采用优先数调度算法来为进程分配 CPU。每个进程都有两个优先级值:静态值和动态值。静态优先级也称 Niceness,除非用户指定,否则不会改变;而动态优先级也称 Priority,它以静态优先级为基础,决定了 CPU 处理进程的顺序,Linux 内核会根据需要调整该数值的大小。通常讨论的优先级是指静态优先级,这是因为无法控制动态优先级。

若用户因为某种原因希望尽快完成某个进程的运行,可以通过修改进程的 nice 值来改变其优先级,从而得以尽快运行。nice 值是进程可被执行的优先级的修正数值,是取值范围为 -20 ～ 19 之间的整数,取值越高,优先级越低,默认值为 0。启动进程的用户或超级用户可以修改进程的优先级,但普通用户只能降低进程优先级。

5.2.2 作业

正在执行的一个或多个相关进程称为作业。一个作业可以包含一个或多个进程,比如当使用了管道和重定向命令时,该作业就包含了多个进程。例如:

```
[root@rhel8 ~]# cat file | wc -l
```

在这个命令中,作业 cat file|wc -l 就同时启动了两个进程,它们分别是 cat 和 wc。

作业可以分为两类:前台作业和后台作业。前台作业运行于前台,与用户进行交互操作;后台作业运行于后台,不直接与用户交互,但可以输出执行结果。在同一时刻,每个用户只能有一个前台作业。

5.2.3 进程的启动

进程的启动方式分为手工启动和调度启动两种。

1. 手工启动

手工启动即由用户在 Shell 命令行下输入要执行的程序来启动一个进程。手工启动又可以分为前台启动和后台启动。用户输入 Shell 命令后直接按【Enter】键,则启动前台进程;如果在输入 Shell 命令后加上 "&" 符号再按【Enter】键,则启动后台进程,此时进程在后台运行,Shell 可继续运行和处理其他程序。

2. 调度启动

调度启动是指系统按照用户的事先设置,在特定的时间或者周期性地执行指定的进程。在对 Linux 系统进行维护和管理的过程中,有时需要进行一些比较费时而且占用资源较多的操作,为了不影响正常的服务,通常将其安排在深夜或其他空闲时间由系统自动运行。此时就可以采用调度启动方式,事先设置好任务运行的时间,到时系统就会自动完成指定的操作。在 Linux 中可以实现 at 调度、batch 调度和 cron 调度。

5.3 Linux 的进程管理

本节介绍 Linux 系统在命令行界面下管理进程和作业的方法。

完成本节学习,将能够:

- 通过命令行对 Linux 进程和作业进行管理。

1. 查看系统的进程

Linux 系统中每个运行着的程序都是系统中的一个进程,要查看系统当前的进程及其执行的状态,可以使用 ps 和 top 命令来实现。

1) ps 命令

格式:`ps [选项]`

功能：显示系统中当前的进程及其状态。
常用选项：
-a 显示终端上所有用户的进程。
-l 显示进程的详细信息，包括父进程号、登录的终端号、进程优先级等。
-u 以用户的格式显示进程的详细信息，包括CPU、内存的使用率等。
-x 显示没有控制台的进程及后台进程。

【例5.1】查看当前用户在当前控制台上启动的进程。

```
[root@rhel8 ~]# ps
  PID TTY          TIME CMD
 2135 tty1     00:00:00 bash
 3178 tty1     00:00:00 ps
```

显示信息分为四个字段，其中：
- PID：表示进程号，系统根据这个编号处理相应的进程。
- TTY：表示登录的终端号，桌面环境或远程登录的终端号表示为pts/n（n为终端编号，从0开始依次编号），字符界面的终端号表示为tty1～tty6，没有控制台的进程显示为"?"。
- TIME：表示该进程消耗的CPU时间。
- CMD：表示正在执行的命令或者进程。

【例5.2】查看当前控制台上进程的详细信息。

```
[root@rhel8 ~]# ps -l
F S   UID    PID   PPID  C PRI  NI ADDR SZ WCHAN  TTY          TIME CMD
0 S     0   3240   3239  0  80   0 -  6882 -      pts/0    00:00:00 bash
0 R     0   3276   3240  0  80   0 - 11361 -      pts/0    00:00:00 ps
```

该命令使用"-l"参数，它除了显示ps命令的四个基本字段外，另外还有十个附加信息可供查看。其主要输出项说明如下：
- F：该进程状态的标记。
- S：进程状态代码。主要状态有以下几种：
  D：不可中断的休眠状态，常用于设备I/O。
  R：运行状态。
  S：休眠状态。
  T：终止状态。
  Z：僵死状态。
  W：进入内存交换（从内核2.6开始无效）。
  ＜：高优先级的进程。
  N：低优先级的进程。
- UID：进程执行者的ID号。
- PPID：父进程的标识符。
- PRI：进程执行的动态优先级。
- NI：进程执行的静态优先级。
- SZ：进程占用内存空间的大小，以KB为单位。

【例 5.3】 查看系统中每位用户的全部进程。

```
[root@rhel8 ~]# ps -aux
USER       PID %CPU %MEM    VSZ   RSS TTY      STAT START   TIME COMMAND
root         1  0.0  0.3 179956 14228 ?        Ss   11:28   0:01 /usr/lib/systemd/
systemd --switched-root --syst
root         2  0.0  0.0      0     0 ?        S    11:28   0:00 [kthreadd]
root         3  0.0  0.0      0     0 ?        I<   11:28   0:00 [rcu_gp]
root         4  0.0  0.0      0     0 ?        I<   11:28   0:00 [rcu_par_gp]
root        10  0.0  0.0      0     0 ?        S    11:28   0:00 [ksoftirqd/0]
root        11  0.0  0.0      0     0 ?        I    11:28   0:05 [rcu_sched]
...
root      3338  0.0  0.1  61608  3976 pts/0    R+   14:31   0:00 ps -aux
```

该命令显示系统中所有用户执行的进程，包括没有控制台的进程及后台进程。

主要输出项说明：

- %CPU：CPU 使用率百分比。
- %MEM：内存使用率百分比。
- VSZ：占用的虚拟内存大小。
- RSS：占用的物理内存大小。
- STAT：进程的状态。
- START：进程的开始时间。

注意：虽然 -aux 参数可以提供最详尽的信息，但是有时并不是很容易找出所需的信息，因此，系统管理员常常配合 grep 命令的使用，以缩小查看的范围。以下的范例是找出与用户 tom 有关的进程及其内容：

```
[root@rhel8 ~]# ps -aux | grep tom
tom       2728  0.4  0.7   5164  1380 pts/0    S    08:18   0:00 -bash
root      2806  0.0  0.3   4444   644 pts/0    S    08:18   0:00 grep tom
```

2）top 命令

top 命令与 ps 命令相似，都是用来显示目前系统正在执行的进程。与 ps 命令最大的不同是，top 命令在执行后会以指定的时间间隔来更新显示的信息，因此 top 命令可以动态地监控系统性能。

在 Shell 命令行上直接输入 top 命令，屏幕上会动态显示系统中的进程信息，包括已开机的时间、目前登录的用户数、系统目前存在的进程个数，以及每个进程的详细信息等，如图 5-1 所示。

top 命令默认按进程的 CPU 利用率多少对进程进行排序。按【M】键将按内存使用率排列所有进程，按【T】键将按进程的执行时间排列所有进程，而按【P】键将恢复按照 CPU 使用率排列所有进程。最后按【Ctrl+C】组合键或者【Q】键结束 top 命令。

2. 查看系统的作业

可以使用 jobs 命令查看系统当前的所有作业。

格式：jobs ［选项］

常用选项：

-p　　仅显示进程号。

-l　　同时显示进程号和作业号。

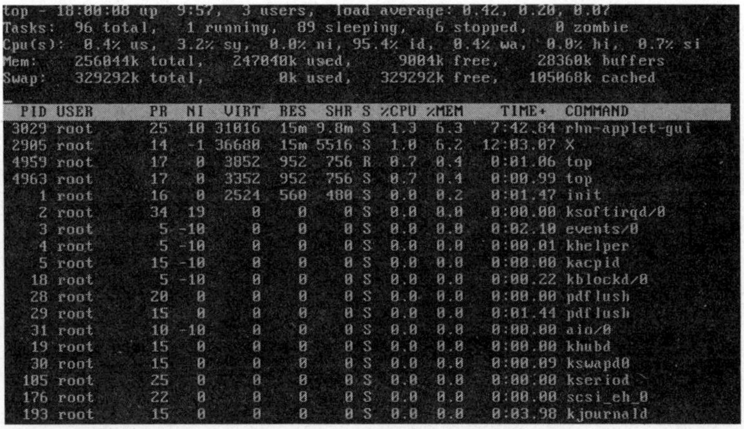

```
top - 18:00:08 up  9:57,  3 users,  load average: 0.42, 0.20, 0.07
Tasks:  96 total,   1 running,  89 sleeping,   6 stopped,   0 zombie
Cpu(s):  0.4% us,  3.2% sy,  0.0% ni, 95.4% id,  0.4% wa,  0.0% hi,  0.7% si
Mem:    256044k total,   247040k used,     9004k free,    28360k buffers
Swap:   329292k total,        0k used,   329292k free,   105068k cached

  PID USER      PR  NI  VIRT  RES  SHR S %CPU %MEM    TIME+  COMMAND
 3029 root      25  10 31016  15m 9.8m S  1.3  6.3   7:42.84 rhn-applet-gui
 2905 root      14  -1 36680  15m 5516 S  1.0  6.2  12:03.07 X
 4959 root      17   0  3852  952  756 R  0.7  0.4   0:01.06 top
 4963 root      17   0  3352  952  756 S  0.7  0.4   0:00.99 top
    1 root      16   0  2524  560  480 S  0.0  0.2   0:01.47 init
    2 root      34  19     0    0    0 S  0.0  0.0   0:00.00 ksoftirqd/0
    3 root       5 -10     0    0    0 S  0.0  0.0   0:02.10 events/0
    4 root       5 -10     0    0    0 S  0.0  0.0   0:00.01 khelper
    5 root      15 -10     0    0    0 S  0.0  0.0   0:00.00 kacpid
   18 root       5 -10     0    0    0 S  0.0  0.0   0:00.22 kblockd/0
   28 root      20   0     0    0    0 S  0.0  0.0   0:00.00 pdflush
   29 root      15   0     0    0    0 S  0.0  0.0   0:01.44 pdflush
   31 root      10 -10     0    0    0 S  0.0  0.0   0:00.00 aio/0
   19 root      15   0     0    0    0 S  0.0  0.0   0:00.00 khubd
   30 root      15   0     0    0    0 S  0.0  0.0   0:00.09 kswapd0
  105 root      25   0     0    0    0 S  0.0  0.0   0:00.00 kseriod
  176 root      22   0     0    0    0 S  0.0  0.0   0:00.00 scsi_eh_0
  193 root      15   0     0    0    0 S  0.0  0.0   0:03.98 kjournald
```

图 5-1　执行 top 命令

【例 5.4】显示所有的作业，同时显示其进程号。

```
[root@rhel8 ~]# jobs  -l
[1]-  1468  stop             cat >A1
[2]+  1788  stop             vi  A1
```

命令执行的结果分别显示作业号、进程号、工作状态、作业产生的命令。

3. 作业的前后台切换

利用 bg 命令和 fg 命令可实现前台作业和后台作业之间的相互转换。

1）bg 命令

格式：bg　[作业号]

功能：使用 bg 命令可以将挂起的前台作业切换到后台运行。若未指定作业号，则将挂起的作业队列中的第一个作业切换到后台。

【例 5.5】使用 vi 编辑 file 文件，然后按【Ctrl+Z】组合键挂起 vi 进程，再切换到后台。

```
[root@rhel8 ~]# vi  file
< Ctrl+Z >
[1]+ Stopped
[root@rhel8 ~]# bg 1
[1]+ vi  file &
```

注意：将正在运行的前台作业切换到后台，功能上与在 Shell 命令结尾加上“&”符号相似。

2）fg 命令

格式：fg　[作业号]

功能：使用 fg 命令可以把后台作业调入前台运行。

【例 5.6】将例 6.5 中作业号为 1 的作业切换到前台继续执行。

```
[root@rhel8 ~]# fg  1
```

4. 调整进程的优先级

在 Linux 中，每个进程在执行时都会被赋予使用 CPU 的优先等级，对于等级越高者，系统会提供较多的 CPU 使用时间，以缩短执行的时间，反之则需要较长的执行时间。因此，如有特殊的需求，可以使用 nice 和 renice 命令来调整进程执行的优先级。

1) nice 命令

格式：nice [-n nice 值] 命令

功能：用指定的优先级来启动指定进程。

nice 命令是一个前缀命令，其作用是调整一个进程的调度优先级。nice 的取值范围为 -20 ~ 19，数值越小 PRI 优先级越高。nice 值为 -20 ~ -1 只有超级用户可以设置，若是进程执行时没有使用 nice 命令，则默认的 nice 值为 0；如果使用 nice 命令，而没有指定 nice 值，则默认的 nice 值为 10。

【例 5.7】以下通过六个不同优先等级的命令来说明 nice 命令的使用方法。

```
[root@rhel8 ~]# vi &
// 以 nice 值为 0 在后台执行 vi 程序
[root@rhel8 ~]# nice vi &
// 以 nice 值为 10（优先级降低 10）在后台执行 vi 程序
[root@rhel8 ~]# nice -n 50 vi &
// 以 nice 值为 19（优先级降低 19）在后台执行 vi 程序
[root@rhel8 ~]# nice -n 18 vi &
// 以 nice 值为 18（优先级降低 18）在后台执行 vi 程序
[root@rhel8 ~]# nice -n -18 vi &
// 以 nice 值为 -18（优先级提高 18）在后台执行 vi 程序
[root@rhel8 ~]# nice -n -50 vi &
// 以 nice 值为 -20（优先级提高 20）在后台执行 vi 程序
```

可以使用 ps 命令来验证上述命令使用的正确性。例如：

```
[root@rhel8 ~]# ps -l
F S   UID   PID  PPID  C PRI  NI ADDR SZ WCHAN  TTY          TIME CMD
4 S     0  4704  4701  0  75   0 -  1374 wait   pts/1    00:00:00 bash
0 T     0  4721  4704  0  77   0 -  2758 finish pts/1    00:00:00 vim
0 T     0  4722  4704  0  86  10 -  1495 finish pts/1    00:00:00 vi
0 T     0  4723  4704  0  99  19 -  1469 finish pts/1    00:00:00 vi
0 T     0  4724  4704  0  98  18 -  1740 finish pts/1    00:00:00 vi
4 T     0  4725  4704  0  60 -18 -  1334 finish pts/1    00:00:00 vi
4 T     0  4738  4704  0  60 -20 -  1666 finish pts/1    00:00:00 vi
4 R     0  4739  4704  0  77   0 -   851 -      pts/1    00:00:00 ps
```

2) renice 命令

格式：renice nice 数值 参数

功能：修改正在运行的进程的 nice 数值，设定指定用户或组的进程优先级。

常用参数：

-p 进程号   修改指定进程的优先级，-p 可以缺省。
-u 用户名   修改指定用户所启动进程的默认优先级。
-g 组 ID 号 修改指定组中所有用户所启动进程的默认优先级。

【例 5.8】将 PID 为 2564 的进程的 nice 值变更为 "-15"。

```
[root@rhel8 ~]# renice -15 2564
```

【例 5.9】将 student 用户组的进程的 nice 值修改为 "-6"。

```
[root@rhel8 ~]# renice -6 -g student
```

5. 终止进程

在 Linux 系统的运行过程中，有时某个进程由于异常情况，对系统停止了反应，此时就需要停止该进程的运行。另外，当发现一些不安全的异常进程时，也需要强行终止该进程的运行，为此，Linux 提供了 kill 和 killall 命令来终止进程的运行。

（1）kill 命令

格式：`kill [信号代码] PID`

功能：向指定 PID 的进程发送终止运行的信号，进程在收到信号后，会自动结束本进程，并处理好结束前的相关事务。默认信号代码时会直接终止进程。超级用户可终止所有的进程，普通用户只能终止自己启动的进程。

主要信号代码说明：

-9　　发送 SIGKILL 信号。当无选项的 kill 命令不能终止进程时，可强制终止指定进程。
-15　　发送 SIGTERM 信号。一般在使用 -9 选项无效的情况下使用。

该命令使用进程号来结束指定进程的运行。可使用 ps 命令获得该进程的进程号，然后再使用 kill 命令将该进程终止。例如，要查看 xinetd 进程对应的进程号，则实现命令为：

```
[root@rhel8 ~]# ps -aux|grep xinetd
root      5017  0.0  0.3  3052   840 ?     Ss  18:33   0:00 xinetd
root      5028  0.0  0.2  5100   656 tty3  R+  18:40   0:00 grep xinetd
```

从其输出信息中，可知该进程的进程号为 5017。若要强制终止该进程，则可执行下列命令：

```
[root@rhel8 ~]# kill -9 5017
```

（2）killall 命令

格式：`killall [信号代码] 进程名`

功能：使用进程名来结束指定进程的运行。若系统存在同名的多个进程，则这些进程将全部结束运行。该命令使用的信号代码与 kill 命令相同。

例如，要结束系统中所有的 vi 进程，则可执行下列命令：

```
[root@rhel8 ~]# killall -9 vi
```

5.4 任务调度

Linux 允许用户根据需要在指定的时间自动运行指定的进程，也允许用户将非常消耗资源和时间的进程（如数据备份、扫描病毒等）安排到系统比较空闲的时间由系统自动执行。这种让系统在特定的时间执行指定任务的方法，称为任务调度。用户可采用以下方法实现任务调度：一是对于只运行一次的进程，采用 at 或 batch 调度；二是对于特定时间重复运行的进程采用 cron 调度。

本节介绍 at、batch 和 cron 调度的方法，重点介绍使用 crontab 配置文件进行调度的命令。

完成本节学习，将能够：

- 理解 Linux 任务调度。
- 使用 at、batch 和 crontab 命令进行任务调度。

5.4.1 at 调度和 batch 调度

at 调度用来在一个特定时间运行一个命令或脚本,这个命令或脚本只运行一次。其使用格式为:

```
at  [选项]  [时间]
```

主要选项说明:

-f 文件名 从指定文件而非标准输入设备获取将要执行的命令序列。若省略该选项,执行 at 命令后,将出现"at>"提示符,此时用户可在该提示符下,输入所要执行的命令,每行为一个命令,所有命令序列输入完毕后,按【Ctrl+D】组合键结束输入。

-l 显示等待执行的调度作业。

-d 删除指定的调度作业。

时间参数用于指定任务执行的时间,可包含日期信息,其表达方式可采用绝对时间表达法,也可采用相对时间表达法。

1. 绝对时间表达法

绝对时间表达分为"hh:mm"和"hh:mm 日期"两种形式。其中时间一般采用 24 小时制,也可采用 12 小时制,然后再加上 am(上午)或 pm(下午)来说明是上午还是下午;日期的格式可表达为"month day"、"mmddyy"、"mm/dd/yy"或"dd.mm.yy"等几种形式,但应注意日期必须放在时间之后。另外,还可用 today 代表今天的日期,tomorrow 代表明天的日期等。

例如,若表达 2021-5-1 下午 5:30 的时间,可以采用如下表达形式:

```
5:30pm 5/1/21
17:30 1.5.21
17:30 05012021
```

2. 相对时间表达法

相对时间表达法以某一具体时间(当前时间用 now 表示)为基准,然后递增若干时间单位,其时间单位可以是 minutes(分钟)、hours(小时)、days(天)、weeks(星期),表达格式为"指定时间+时间间隔"。

例如:

```
now+1 hour         //表示从现在起 1 小时后
4:30pm+2 days      //表示 2 天后的 4: 30pm
```

【例 5.10】设置 at 调度,要求在 2021 年 5 月 31 日 23 时 59 分向登录在系统上的所有用户发送 Happy New Year! 信息。

```
[root@rhel8 ~]# at  23:59  5/31/2021
at>who
at>wall Happy  New  Year!
at>(按【Ctrl+D】键)
job 1 at  2021-5-31  23:59
```

输入 at 命令后,系统将出现"at>"提示符,等待用户输入将执行的命令。输入完成后按【Ctrl+D】组合键结束,屏幕将显示 at 调度的执行时间。

batch 调度同 at 调度一样,也是在以后某个时间运行一个命令或脚本,而且这个命令或脚本也只运行一次。但 batch 调度只在系统负载情况允许时才执行任务,因此 batch 调度不需要指定任务执行的时间。

```
[root@rhel8 ~]#batch
```

输入命令序列后，按【Ctrl+D】组合键，系统就会在空闲的时候执行指定的任务。

5.4.2 cron 调度

at 和 batch 调度中指定的命令只能执行一次。但在实际的系统管理中有些命令需要在指定的日期和时间重复执行，即具有周期性执行的特点，例如，每天例行的数据备份工作。cron 调度可以满足这种需要。

1. crond 守护进程

crond 守护进程每隔 1 min 就检测一次所有注册用户的 crontab 配置文件，并按照其设置内容，定期重复执行指定的 cron 调度工作。在 RHEL/CentOS 8 系统中，crond 守护进程由 crond 服务管理，因此，该守护进程可以用 systemctl 或 service 命令启动、停止或查看（systemctl 和 service 命令的用法在第 9 章中有详细介绍）。

```
[root@rhel8 ~]# systemctl status crond
或
//[root@rhel8 ~]# service crond status
Redirecting to /bin/systemctl status crond.service
■ crond.service - Command Scheduler
   Loaded: loaded (/usr/lib/systemd/system/crond.service; enabled; vendor preset: enabled)
   Active: active (running) since Thu 2021-07-08 11:36:53 CST; 5h 42min ago
 Main PID: 1116 (crond)
    Tasks: 1 (limit: 23373)
   Memory: 872.0K
   CGroup: /system.slice/crond.service
...
```

2. crontab 配置文件

crontab 配置文件用于存放任务调度的时间和要启动的进程等信息。crond 进程维护着一个缓冲池（spool）目录来保持 crontab 文件。通常这个目录是 /var/spool/cron，每个有调度工作的用户在该目录中都有一个与用户同名的 crontab 文件。另外，在 /etc 目录下还有一个全局的 /etc/crontab 配置文件。

crontab 文件包含六个字段，依次为分钟、小时、日期、月份、星期和命令名称，具体的说明如表 5-2 所示。

表 5-2 crontab 文件中字段的说明

字 段 名 称	提 供 信 息	取 值 范 围
分钟	每个小时第几分钟执行	0 ~ 59
小时	每天第几小时执行	0 ~ 23
日期	每月第几天执行	01 ~ 31
月份	每年第几月执行	01 ~ 12
星期	每周星期几执行	0 ~ 6，0 代表星期天
命令名称	执行的 Shell 命令	可以执行的 Shell 命令

在配置 crontab 文件时有以下几点需要说明：
- 所有字段不能为空，字段之间用空格分开。
- 如果不指定字段内容，需要输入"*"通配符，它表示"全部"。例如，在"分钟"字段中输入"*"符号，则表示在每小时的每分钟都执行进程或者命令。
- 可以使用"-"符号表示一段时间。例如，在"月份"字段中输入"3-12"，则表示在每年的 3 ～ 12 月都要执行指定的进程或者命令。
- 可以使用","符号来表示特定的一些时间。例如，在"日期"字段中输入"3,5,10"，则表示每个月的 3、5、10 日执行指定的进程或者命令。
- 可以使用"*/"后跟一个数字表示增量，当实际的数值是该数字的倍数时就表示匹配。
- 对于一个被启动的进程，每一个时间字段都必须与当前时间相匹配，但日期和星期例外，这两个字段只要有一个匹配就可以了。
- 如果执行的命令没有使用输出重定向，系统会把执行的结果以电子邮件的方式发送给执行进程或命令的用户。

下面是一个 crontab 文件的例子：

```
0 * * * * echo "Runs  at the top of ervery hour."
#每个整点时都运行事件
0  1,2 * * * echo "Runs at 1am and 2am."
#每天早上1点、2点整时运行事件
13 2 1 * * echo  "Runs at 2:13am on the 1st of the month."
#每月的1号早上2:13运行事件
9 17 * * 1-5 echo  "Runs at 5:09pm every weekday."
#每周星期1－5下午5:09运行事件
0 0 1 1 * echo"Happy  New  Year!"
#新年到来时运行事件
0 6 */2 * * echo "Runs at 6am on even-numbered days."
#双号的早晨6:00运行事件
0 0 3 * 6 echo "Runs at 3th of the month or every saturday"
#每月3号或每周星期六运行事件
```

3. crontab 命令

crontab 命令的功能是管理用户的 crontab 配置文件。

格式：crontab [选项]

常用选项：

-e   创建、编辑配置文件。

-l   显示配置文件的内容。

-r   删除配置文件。

【例 5.11】tom 用户设置 cron 调度，要求每周的星期二、星期四、星期六早上 5 点将 /home/tom/ data 目录中的所有文件归档并压缩为 /backup 目录中的 tom-data.tar.gz 文件。

首先以 tom 账号登录系统，然后进行如下设置：

```
[tom@rhel8 tom]$ crontab -e
```

输入 crontab –e 命令后，系统自动启动 vi 编辑器，用户输入以下配置内容后，存盘退出：

```
0  5  *  *  2,4,6  tar  -czf  /backup/tom-data.tar.gz  /home/tom/data
```

观察 /var/spool/cron 目录，该目录下会出现一个名为 tom 的文件，文件内容同上。设置该文件后，系统将根据设置的时间执行指定命令，并将运行时的输出结果用内部 mail 形式返回给 tom 用户。tom 用户可以登录到系统中，用 mail 命令查看邮件的内容。

5.5 系统日志管理

Linux 中的日志系统时刻记录着系统中的一切活动，如服务启动与停止、用户登录等事件。这些事件会按照分类存放在不同的文件中，以便系统出现问题时管理员能随时查阅并解决问题。本节介绍 Linux 的日志系统及管理方法。

完成本节学习，将能够：
- 理解 Linux 的日志记录服务及常用日志文件记录的信息。
- 使用工具查看系统日志文件。

5.5.1 rsyslogd 日志服务

Linux 是一个多用户多任务的系统，每时每刻都在发生变化，需要完备的日志系统记录系统运行过程中内核产生的各种信息，并分别将它们存放到不同的日志文件中，以便系统管理员进行故障排除、异常跟踪等。RHEL/CentOS 8 中使用 rsyslogd 作为日志服务程序，该程序一般随系统开机自启动。系统中的绝大多数日志文件是由 rsyslogd 服务来统一管理的，只要各个进程将信息给予这个服务，它就会自动地把日志按照特定的格式记录到不同的日志文件中。

rsyslog 默认配置文件为 /etc/rsyslog.conf，它定义了系统中需要监听的事件和对应的日志文件的保存位置。日志文件是重要的系统信息文件，其中记录了许多重要的系统事件，包括用户的登录信息、系统的启动信息、系统的安全信息、邮件相关信息、各种服务相关信息等。作为系统管理员，需要经常查看系统的日志，了解系统运行的状态，及时解决系统中出现的问题。日志对于安全来说非常重要，它记录了系统每天发生的事情，管理员可以通过它来检查错误发生的原因，或者受到攻击时攻击者留下的痕迹。Linux 的系统日志文件保存在 /var/log 目录中，重要的日志文件如表 5-3 所示。

表 5-3 重要的日志文件

日志文件	功能	日志文件	功能
boot.log	记录系统引导的信息	secure	记录验证和授权方面的信息，如系统登录、ssh 登录、su 切换用户等
cron	记录 cron 调度的执行情况	maillog	记录邮件服务器的相关信息
messages	记录系统运行过程的相关信息，包括为 I/O、网络等	lastlog	记录最近几次成功登录事件和最后一次不成功登录。该文件用 lastlog 命令查看
btmp	记录错误登录的日志，该文件要使用 lastb 命令查看	wtmp	永久记录所有用户的登录、注销信息，同时记录系统的启动、重启、关机事件。该文件要使用 last 命令查看

5.5.2 日志分析工具

系统管理员每天的重要工作就是分析和查看服务器的日志文件，判断服务器的健康状态。日志分析工具可以帮助管理员详细地查看日志，同时分析这些日志，并且把分析的结果通过邮件的方式发送给 root 用户。

RHEL/CentOS 8 自带了一个日志分析工具 logwatch。从系统安装盘安装此工具后，需要手工生成 logwatch 配置文件，默认的配置文件是 /etc/logwatch/conf/logwatch.conf，不过这个配置文件是空的，需要把模板配置文件复制过来。命令如下：

```
[root@rhel8 ~]# cp /usr/share/logwatch/default.conf/logwatch.conf /etc/logwatch/conf/logwatch.conf
```

该配置文件基本不需要修改就可使用。如果要进行日志分析，可以执行如下命令：

```
[root@rhel8 ~]logwatch
```

本章小结

Linux 系统不同的运行级别可以启动不同的服务，共有七个运行级别。RHEL/CentOS 8 中默认启动的运行级别由 /etc/systemd/system/default.target 文件指定，该文件与其他相配套的文件一起，用于指定系统启动时和正常运行时将要运行哪些服务。

进程是 Linux 系统资源分配和调度的基本单位。每个进程都具有进程号（PID），并以此区别不同的进程。正在执行的一个或多个相关进程形成一个作业。进程或作业既可以在前台运行也可以在后台运行，但在同一时刻，每个用户只能有一个前台作业。

启动进程的用户可以修改进程的优先级，但普通用户只能调低优先级，而超级用户既可调低优先级也可以调高优先级。Linux 中调整进程优先级的取值范围是 -20 ~ 19 之间的整数，取值越高，优先级越低，默认优先级为 0。

用户既可以手工启动进程与作业，也可以调度启动进程和作业。at 调度可指定命令执行的时间，但只能执行一次。cron 调度用于执行需要周期性重复执行的命令，可设置命令重复执行的时间。cron 调度与 crond 进程、crontab 配置文件和 crontab 命令有关，其中用户 crontab 配置文件保存于 /var/spool/cron 目录中，其文件名与用户名相同。

系统日志记录着系统运行的详细信息，都保存于 /var/log 目录中。日志分析工具 logwatch 可以帮助系统管理员进行日志的查看和分析。

项目实训 5　Linux 进程管理

一、情境描述

对 Linux 系统进行启动和进程管理以及任务调度是系统管理员日常工作的一部分。启动管理的主要内容是设置或修改 Linux 的运行级别；进程管理的主要内容是检查系统中正在运行的有哪些进程，运行状态如何，有哪些是不必要的、需要关掉的进程；任务调度的主要内容是设置计划任务以帮助管理员完成一些周期性的任务。执行本项目有助于加强系统管理员对操作系统的认识和了解，提高系统管理的效率。

二、项目分解

分析上述情境描述，我们需要完成下列任务：

（1）管理 Linux 系统的运行级别。

（2）管理 Linux 系统的进程和作业。

（3）根据需要配置计划任务调度。

三、学习目标

1. 技能目标

- 熟悉 RHEL/CentOS8 的启动过程。
- 设置或修改 Linux 的运行级别（目标）。
- 运用 Shell 命令管理进程。
- 配置 cron 任务调度。

2. 素质目标

- 具有严谨细致的工作作风和强烈的信息安全意识。

四、项目准备

一台安装 RHEL/CentOS 8 操作系统的虚拟机。该系统除了 root 账号外，至少还有一个普通账号。

五、预估时间

60 min。

六、项目实施

【任务 1】管理 Linux 系统的运行级别。

（1）观察并描述系统初始化及运行的全过程。

（2）分别用 systemctl get-default、runlevel 命令查看系统当前的运行级别。

（3）用 systemctl set-default 命令分别设置系统的运行级别为 multi-user.target 和 graphical.target，并重启系统验证。

Linux运行级别管理

【任务 2】进程和作业的基本管理。

（1）在前台启动 vi 编辑器打开文件 A1，挂起后在后台启动一个 wc 作业，显示文件 A1 的字节数。

① 启动计算机，以超级用户身份登录到字符界面。

② 输入命令 vi A1，在前台启动文本编辑器 vi 打开 A1 文件，并输入若干字符。

③ 按【Ctrl+Z】组合键，挂起 vi A1 作业，屏幕显示该作业的作业号。

④ 输入 wc -c A1 >A2& 命令，启动一个后台作业。

⑤ 查看 A2 文件的内容。

（2）查看当前作业和进程信息。

① 输入命令 jobs，查看当前系统中的所有作业。根据命令执行的结果可知 vi A1 的作业号是 1，已经停止。wc -c A1 >A2& 的作业号是 2，已经完成。

进程和作业的基本管理

② 输入命令 fg 1 将 vi A1 作业切换到前台。

③ 输入命令 jobs，根据命令执行的结果可以发现当前系统中没有正在执行的作业。

④ 输入命令 ps 查看系统进程的信息。

视　频

计划任务调度

(3) 进程的优先级管理。

① 参照例 5.7，用不同的 nice 值在后台运行程序 crontab -e，然后用 ps -l 命令查看。

② 用 renice 命令修改其中的某个进程的 nice 值，然后用 ps -l 命令查看。

(4) 查看系统中占用 CPU 时间最多的进程。

【任务 3】管理系统中的计划任务调度。

设置一个 crontab 调度，使系统每隔 2 min 执行一次 echo"please save your data!">>/tmp.file.txt，并在下课时自动关闭。

(1) 用超级用户登录系统，输入命令 crontab -e，建立一个 crontab 配置文件。

(2) 在出现的 vi 编辑器中按【i】键，进入文本编辑模式，输入调度内容。

(3) 按【Esc】键退出文本编辑模式，按【:】键进入末行模式，输入 wq 保存文件并退出 vi。

(4) 输入命令 mail，在 mail 提示符"&"后输入邮件的编号，选择相关的邮件，查看 cron 调度的执行结果。

(5) 在 mail 提示符"&"后输入 q 退出 mail 工具。

七、项目考评

项目完成后，请对完成情况进行评价，在表格相应栏中打"√"，并在评分栏进行评分。

序号	考核点	评价标准	标准分	评价结果			评分
				操作熟练	能做出来	完全不会	
1	设置 Linux 的运行级别	设置系统运行级别	20				
2	管理 Linux 的进程和作业	进程的查看、切换与终止，进程优先级的设置	30				
3	配置 Linux 的计划任务	设置 cron 任务调度	30				
4	职业素养	实训过程：纪律、卫生、安全等	10				
		严谨细致、认真敬业、团队协作等	10				
	总评分		100				

习题 5

一、选择题

1. Linux 内核启动的第一个进程是（　　）。

  A．usr/lib/systemd/systemd　　　　　　B．BIOS

  C．引导程序　　　　　　　　　　　　　D．/sbin/login

2. 下列用来最初挂载根分区的是（　　）。

  A．Linux 内核　　B．BIOS　　C．引导程序　　D．/sbin/init

3. 下面（　　）是 GRUB 的配置文件。

  A．/boot/grub2/grub.cfg　　　　　　　B．/boot/grub.conf

  C．/etc/sysconfig/grub　　　　　　　　D．/etc/grub2/grub.cfg

  E．以上都不是

4. systemd 进程读取（　　）文件以设置系统的运行级别。

A. /etc/fstab　　　　　　　　　　　　B. /etc/init.conf
C. /etc/systemd/system/default.target　　D. /etc/inittab

5. 以下显示 Linux 系统进程的状态的命令是（　　）。
   A. ps　　　　　B. su　　　　　C. df　　　　　D. ls
6. 当前为多用户文本模式，要切换到 X Window 图形系统，能实现的命令有（　　）。
   A. init 5　　　B. startx　　　C. init 6　　　D. init 3
7. 若要重启 Linux 系统，以下操作命令中不正确的是（　　）。
   A. reboot　　　B. restart　　　C. init 6　　　D. shutdown -r now
8. 正在执行的一个或多个相关（　　）组成一个作业。
   A. 作业　　　B. 进程　　　C. 程序　　　D. 命令
9. 在 Linux 中，（　　）是系统资源分配的基本单位，也是使用 CPU 运行的基本调度单位。
   A. 作业　　　B. 进程　　　C. 程序　　　D. 命令
10. 从后台启动进行，应在命令结尾加上的符号是（　　）。
    A. $　　　　　B. @　　　　　C. #　　　　　D. &
11. Linux 中进程 nice 值的范围为（　　）。
    A. -19 ~ 20　　B. 19 ~ -20　　C. 0 ~ 20　　D. -20 ~ 0
12. 下列说法不正确的是（　　）。
    A. crontab 命令的功能是按照一定的时间间隔调度执行一些命令的执行
    B. at 命令一般是按照指定的时间间隔，反复执行
    C. batch 命令适合于提交一次性运行的作业，作业只运行一次
    D. at 命令适合于提交一次性运行的作业，作业只运行一次
13. 使用命令（　　）可以取消执行任务调度的工作。
    A. crontab　　　B. crontab -r　　　C. crontab -l　　　D. crontab -e
14. 用户活跃的 crontab 文件保存在下列（　　）目录中。
    A. $HOME/.cron/　B. /var/spool/cron　C. /var/tmp/cron　D. /etc/cron.d/
    E. 以上都不是
15. 要了解系统启动信息，应查看（　　）文件的内容。
    A. /var/log/boot.log　B. /var/log/wtmp　C. /var/log/secure　D. /var/log/lastlog

二、简答题

1. 简述 Red Hat Enterprise8 系统的启动过程。
2. Linux 系统的运行级别有哪几种？
3. Linux 系统中进程可以使用哪两种方式启动？
4. Linux 系统中进程有哪几种主要状态？
5. 如何修改 Linux 系统中进程的优先级？
6. crontab 配置文件包含哪几个字段？
7. 简述 at、batch 和 crontab 命令在功能上的异同。

三、综合题

配置 cron 作业：
1. 配置 cron 作业，该作业每周五下午 5:30 执行命令 echo "I Love Linux"。
2. 该 cron 作业以用户 student 身份运行。

第 6 章 软件包管理

在对 Linux 系统进行管理的过程中，安装和卸载软件是经常要做的工作。为便于软件包的安装、更新和卸载，Red Hat Linux 提供了 RPM 软件包管理器，同时支持 YUM 软件包管理器及 TAR 软件包的管理。本章介绍了 RPM 软件包管理器、YUM 软件包管理器和 TAR 软件包的管理方法，包括 RPM 软件包的安装、升级、查询、删除和验证；TAR 软件包的创建、查询、展开以及文件的压缩与解压缩；从源代码编译程序。

完成本章学习，将能够：
- 管理 RPM 软件包。
- 管理 TAR 软件包。
- 使用 yum 命令管理软件包。
- 树立版权意识，自觉维护知识产权。

6.1 RPM 软件包管理

本节介绍 RPM 软件包的基本知识，以及使用 Shell 命令和图形界面工具管理 RPM 软件包的方法。

完成本节学习，将能够：
- 描述 RPM 软件包的名称和特点。
- 使用 RPM 命令和图形界面工具管理 RPM 软件包。

6.1.1 RPM 简介

传统的 Linux 软件包大多是 .tar、.gz 的文件格式，软件在下载后必须经过解压缩和编译后才可进行安装及设置，这对于一般用户而言在使用上极为不便，系统管理也容易出现问题。有鉴于此，Red Hat 公司开发了 RPM（Red Hat Package Manager，红帽软件包管理器）软件包管理系统，用于软件包的安装、查询、升级、校验和卸载，以及生成 .rpm 格式的软件包等，其功能是通过 rpm 命令结合使用不同的命令参数来实现的。由于功能十分丰富，而且是采取 GPL 的公开标准，所以 RPM 已成为目前 Linux 各发行版本中应用最广泛的软件包格式之一，几乎所有的 Linux 发行版本都使用这种形式的软件包管理安装、更新和卸载软件。Red Hat Linux 所提供的安装软件包，默认的打包格式就是 RPM 格式。

RPM 软件包的文件名由四个元素再加上 .rpm 后缀组成，其格式为：

```
name-version-release-architecture.rpm
```

name：是描述软件包内容的一个或多个名称。

version：是原始软件的版本号。

release：是基于该版本的软件包的发行版本，由软件打包商设置，后者不一定是原始软件开发商。

architecture：是编译的软件包运行的处理器架构。

- src 表示这是源代码包，而不是二进制软件包，这类的 RPM 文件适用于所有的平台，但是在安装前必须自行编译。
- noarch 表示此软件包的内容不限定架构，可以在任何硬件平台上运行。
- X86_64 表示 Intel 的 64 位架构。
- aarch64 表示 ARM 的 64 位架构。

使用 RPM 软件包管理系统有以下几个优点：

（1）软件包的安装比较简单。使用 .tar.gz 压缩包文件进行软件安装，用户需要先对其进行解压后才能执行安装的操作，而且使用 .tar.gz 格式的软件安装文件并没有一个统一的安装方法，这常常会使普通用户无法正确安装软件。使用 RPM 软件包进行安装，用户不需要对执行时所需的项目进行设置，能很容易地完成软件的安装。

（2）软件的升级比较方便。使用 RPM 软件包安装好软件后，可以根据需要对软件的个别组件进行升级而不必重新进行安装，而且升级完成后无须进行其他设置。

（3）易于查询软件包的内容。在安装 RPM 软件包时，RPM 软件包管理系统会创建一个有关软件包信息的数据库，如果用户想查询软件包的组件、文件所属的软件包或者操作系统中的所有软件包和文件等信息，可以在这个数据库中查询。

（4）可进行软件包的完整性验证。用户可以通过 RPM 软件包管理系统的软件包内容验证功能，迅速确定软件包内的文件是否完整，有无丢失或者损坏。

需要注意的是，系统管理员通过软件的官方网站或镜像网站上下载的 RPM 软件包，大多数是遵守 GPL 等开源协议的软件，可以免费安装和使用；但也有一些商业软件是闭源的，为了维护软件正版化，保护软件著作权人的合法权益，应当先取得软件许可再安装和使用。

6.1.2 RPM 的使用

RHEL 系统通过使用 rpm 命令可以实现对 RPM 软件包的各种管理和维护。rpm 主要有以下的五大功能：软件包安装、软件包升级、软件包查询、软件包验证、软件包删除。

rpm 命令的参数很多，可以通过 man 命令和 --help 参数获得它的用法提示，其中详细列出了该命令的全部参数选项。

下面将按其功能用途，介绍最常用的几个参数选项。当命令中同时选用多个参数时，这些参数可合并在一起表达。

1. RPM 软件包的安装

安装 RPM 软件包使用 -i 参数，其命令格式为：

```
rpm  -i[选项]   软件包文件全路径名
```

其中，参数 i 表示安装指定的 RPM 软件包。

主要选项：

-v 表示在安装过程中显示比较详细的安装信息。

-h 表示在安装过程中通过显示一系列的"#"反映安装进度。

RPM 软件包安装时首先将检查软件包的依赖关系，如果所关联的软件包不存在，那么安装无法完成。然后将检查软件包的签名信息，如果签名检测失败，安装也无法完成。

例如，要安装 telnet-server-0.17-73.el8_1.1.x86_64.rpm 软件包，可以通过下面的命令实现：

```
[root@rhel8 Packages]# rpm -ivh telnet-server-0.17-73.el8_1.1.x86_64.rpm
warning: telnet-0.17-73.el8_1.1.x86_64.rpm: Header V3 RSA/SHA256 Signature, key ID fd431d51: NOKEY
Verifying…                         ################################# [100%]
Preparing…                         ################################# [100%]
Updating / installing…
   1:telnet-1:0.17-73.el8_1.1       ################################# [100%]
```

在安装 RPM 软件包的时候可能会遇到下面的问题：

（1）重复安装问题。在安装 RPM 软件包时，如果将要安装的软件包中的某些文件已经在安装其他软件包的时候安装了，系统会提示文件无法安装。可以通过 --replacefiles 参数让系统替换属于其他软件包的文件。如果 RPM 软件包发生冲突，可以通过 --replacepkgs 参数强制重新安装。

（2）软件冲突问题。在安装 RPM 软件包时可能会因为软件之间不兼容而产生冲突导致无法安装。可以通过 --replacefiles 参数或者 --force 参数来强制安装，但不能保证一定可以安装完成。

（3）软件关联问题。有时一个软件包的安装可能会依赖其他软件包，只有在所依赖的软件包安装完成后该软件包才能继续安装，可以通过 --nodeps 参数强制安装，但不能保证一定可以安装完成。

2. RPM 软件包的升级

如果要将系统中已经安装的某个软件包升级到较高版本的软件时，可以采用升级安装的方法实现。进行升级安装时会首先卸载旧版本，然后再安装新版本软件包。如果没有旧版本，将直接安装这个版本。实际上，可以在安装软件包时使用升级安装方法，这样即使没有安装旧版本的软件包也能正常工作。

升级安装 RPM 软件包需要使用 U 参数，有时也和 v、h 参数一起使用。其命令格式为：

```
rpm  -U[选项]   软件包文件全路径名
```

例如，要把当前系统中的 telnet-server-0.17-25 升级为 telnet-server-0.17-73，可将 telnet-server-0.17-73.el8_1.1.x86_64.rpm 文件复制到当前目录下，然后执行下列命令：

```
[root@rhel8 ~]# rpm  -Uhv  telnet-server-0.17-73.el8_1.1.x86_64.rpm
```

进行软件升级后,旧版本的文件会以"旧版本软件文件名.rpmsave"名称保存,如果以后需要恢复原来的旧版本文件,可以通过 --oldpackage 参数来强制恢复。

3. RPM 软件包的查询

查询系统已经安装的 RPM 软件包时需要使用 -q 参数,具体使用可以分为下面几种情况。

(1) 查询当前系统中安装的全部的 RPM 软件包。

命令格式为:

```
rpm -qa
```

一般系统安装的软件包较多,为便于浏览,可结合管道操作符和 more(或 less)命令来实现。

```
[root@rhel8 ~]# rpm -qa | more
glusterfs-api-3.12.2-40.2.el8.x86_64
snappy-1.1.7-5.el8.x86_64
xorg-x11-server-Xwayland-1.20.3-5.el8.x86_64
os-prober-1.74-6.el8.x86_64
lohit-bengali-fonts-2.91.5-3.el8.noarch
liberation-fonts-common-2.00.3-4.el8.noarch
python3-policycoreutils-2.8-16.1.el8.noarch
brotli-1.0.6-1.el8.x86_64
sssd-common-pac-2.0.0-43.el8.x86_64
atk-2.28.1-1.el8.x86_64
...
```

(2) 查询特定的 RPM 软件包是否已经安装。

命令格式为:

```
rpm -q 软件包名称列表
```

该命令可以同时查询多个软件包,各软件包名称之间用空格分隔。若指定的软件包已安装,将显示该软件包的完整名称(包含版本号信息);若没有安装,则会提示该软件包没有安装。

例如,要查询 Apache 软件包是否已安装,则操作命令为:

```
[root@rhel8 ~]# rpm -q httpd
httpd-2.4.37-10.module+el8+2764+7127e69e.x86_64
```

有时,要查询包含某关键字的软件包是否已安装,则可结合管道操作符和 grep 命令来实现。命令格式为:

```
rpm -qa | grep 软件包名关键字
```

例如,要在已安装的软件包中查询包含 httpd 关键字的软件包的名称,则操作命令为:

```
[root@rhel8 ~]# rpm -qa | grep httpd
httpd-tools-2.4.37-10.module+el8+2764+7127e69e.x86_64
redhat-logos-httpd-80.7-1.el8.noarch
httpd-filesystem-2.4.37-10.module+el8+2764+7127e69e.noarch
httpd-2.4.37-10.module+el8+2764+7127e69e.x86_64
```

(3) 查询软件包的说明信息。

命令格式为:

```
rpm -qi 软件包名称
```

例如，若要查看 Vsftpd 软件包的描述信息，则操作命令为：

```
[root@rhel8 ~]# rpm -qi vsftpd
Name         : vsftpd
Version      : 3.0.3
Release      : 28.el8
Architecture : x86_64
Install Date : Tue 22 Jun 2021 09:44:57 AM EDT
Group        : System Environment/Daemons
Size         : 364629
License      : GPLv2 with exceptions
Signature    : RSA/SHA256, Fri 14 Dec 2018 08:20:25 PM EST, Key ID 199e2f91fd431d51
Source RPM   : vsftpd-3.0.3-28.el8.src.rpm
Build Date   : Sun 12 Aug 2018 02:49:50 PM EDT
Build Host   : x86-vm-01.build.eng.bos.redhat.com
Relocations  : (not relocatable)
Packager     : Red Hat, Inc. <http://bugzilla.redhat.com/bugzilla>
Vendor       : Red Hat, Inc.
URL          : https://security.appspot.com/vsftpd.html
Summary      : Very Secure Ftp Daemon
Description  :
vsftpd is a Very Secure FTP daemon. It was written completely from scratch.
```

（4）查询软件包内所有包含的文件名称列表。

命令格式为：

```
rpm -ql 软件包名称
```

例如，若要查询 bind 软件包含有哪些文件，以及这些文件都安装在什么位置，则操作命令为：

```
[root@rhel8 ~]# rpm -ql bind
/etc/logrotate.d/named
/etc/named
/etc/named.conf
/etc/named.rfc1912.zones
/etc/named.root.key
/etc/rndc.conf
/etc/rndc.key
/etc/rwtab.d/named
/etc/sysconfig/named
/run/named
/usr/bin/mdig
…
```

（5）查询某个文件属于哪个 RPM 包。

命令格式为：

```
rpm -qf 文件或目录的全路径名
```

例如，要查询 /etc/samba 目录是安装哪个 RPM 包时创建的，可以运用下列命令：

```
[root@rhel8 ~]# rpm -qf /etc/samba
samba-common-4.9.1-8.el8.noarch
```

4. RPM 软件包的验证

所谓软件包的验证，是指检查软件包中的组件是否与原始软件包相同，以保证其正确性。其中检查的项目有很多，主要是比较文件的大小、MD5 校验码、文件权限、类型、属主和用户组等，它通过比较从软件包安装的文件和软件包中原始文件的信息来进行。如果验证没有问题，系统将没有任何输出提示信息；如果没有通过验证，系统将显示相关信息，供用户参考。表 6-1 是常见的校验错误码说明。

表 6-1 常见的校验错误码说明

校验错误码	说明
S	文件大小不同
M	文件权限和文件类型不同
5	MD5 检验码不同
D	设备的标识号不同
L	文件的链接路径不同
U	文件的所有者不同
G	文件的所属组不同
T	文件的修改时间不同

在执行 RPM 软件包验证时需要使用 -V 参数，也可以结合前面介绍的查询 RPM 软件包的相关参数进行验证。命令格式为：

```
rpm -V[选项] RPM软件包名
```

例如，要验证下载的 telnet-server-0.17-73.el8.x86_64.rpm 软件包，可以用下面的命令实现：

```
[root@rhel8 ~]# rpm -Vp telnet-server-0.17-73.el8.x86_64.rpm
```

要验证已经安装的 telnet-server 软件包，可以用下面的命令实现：

```
[root@rhel8 ~]# rpm -V telnet-server
```

要验证所有已经安装的软件包，可以用下面的命令实现：

```
[root@rhel8 ~]# rpm -Va
```

5. RPM 软件包的删除

如果某些已经安装的 RPM 软件包已经不再需要，可以使用 -e 参数删除它们。

命令格式为：

```
rpm -e RPM软件包名
```

例如，要删除 Vsftpd 软件包，可以通过下面的命令实现：

```
[root@rhel8 ~]# rpm -e vsftpd
```

有时在删除软件包时会遇到关联性的问题而无法删除，这时可以通过 --nodeps 参数来强制删除，但不能保证一定可以删除成功。

6.1.3 RPM 图形管理工具

RHEL 系统除了提供 rpm 命令对 RPM 包进行相关的管理外，还提供了图形化的软件包管理

工具。在 GNOME 桌面环境中选择 Activities|Software 命令，系统会打开 Software 窗口，如图 6-1 所示。

从图 6-1 中可以看到，Software 窗口把软件包分为 Audio & Video（声音和视频）、Communication & News（交流和新闻）、Productivity（产品）、Graphics & Photography（图形和图像）、Add-ons（插件）和 Developer Tools（开发工具）六个分类。每一个分类中进一步划分为多个软件包组，每个软件包组又包含多个软件包。

在每个大类里用户都可以选择软件名称前的复选框选择安装或者删除软件。单击对应软件名称就可以查看该软件的详细信息，如图 6-2 所示。

图 6-1　Software 窗口　　　　　图 6-2　查看软件详细信息窗口

选择好需要安装或者删除的软件后，在软件详细信息窗口中单击相应按钮就可以完成软件包和组件的添加或删除。

6.2　TAR 软件包管理

TAR 是一种标准的文件归档格式，常用于数据和文件的备份。利用 tar 命令可将要备份保存的数据打包成一个扩展名为 .tar 的文件，还可以调用 Linux 提供的压缩工具（如 gzip、bzip2 等）对 TAR 软件包进行压缩，以便于保存，需要时再从 .tar 文件中恢复即可。本节介绍 tar 工具的使用方法。

完成本节学习，将能够：
- 利用 tar 工具进行文件的归档和恢复。

严格来说，tar 并不是专为压缩文件而设计的程序，其主要的功能是将许多文件或目录进行归档（打包），生成一个单一的 TAR 包文件，以便于保存，因此，归档后的文件大小和包含的文件及目录容量总和相同。实际工作中，通常再配合其他压缩命令（如 gzip 或 bzip2）来实现对 TAR 包的压缩或解压缩。为方便使用，tar 命令内置了相应的参数选项，可直接调用相应的压缩/解压缩命令，以实现对 TAR 文件的压缩或解压。

tar 命令的使用格式为：

```
tar　选项　归档/压缩文件　　　[文件或目录列表]
```

其中，归档/压缩文件即 TAR 包文件；文件或目录列表是指要归档/压缩的文件或目录，可以有多个，它们之间用空格分隔。

tar 命令的参数很多，可以通过 man 命令和 --help 参数获得它的用法提示。表 7-2 详细列出了 tar 命令的主要参数选项，根据需要可同时选用多个。

表 6-2 tar 命令的主要选项

选　项	说　明
-c	创建归档 / 压缩文件包
-f	指定一个文件名或设备名来存储归档 / 压缩文件，是必需的选项
-r	向归档 / 压缩文件包追加文件或目录
-t	显示归档 / 压缩文件的内容
-x	还原归档 / 压缩文件中的文件和目录
-v	显示命令的执行过程
-z 或 -j	采用 gzip 或 bzip2 格式压缩 / 解压缩归档文件

注意：在使用上述选项时，"-"符号可加也可不加。

下面按功能分别介绍该命令的详细用法。

1. 创建 TAR 包

命令格式为：

```
tar  -cvf  tar 包文件名   要备份的文件或目录列表
```

该命令功能是将指定的文件或目录进行归档，生成一个扩展名为 .tar 的包文件。

例如，要将 /etc 目录下的所有文件归档成 etc.tar 包文件，存放于当前目录，实现的命令为：

```
[root@rhel8 ~]# tar  -cvf  etc.tar  /etc
```

命令执行后，在当前目录（/root）中就会生成一个名为 etc.tar 的文件。

2. 创建压缩的 TAR 包

直接生成的 TAR 包没有压缩，所生成的文件一般较大，为节省磁盘空间，通常需要生成压缩格式的 TAR 包文件。此时可在 tar 命令中增加 -z 或 -j 选项，以调用 gzip 或 bzip2 程序对其进行压缩，压缩后的文件扩展名分别为 .gz、.bz 或 .bz2。

命令格式为：

```
tar  -[ z|j ]cvf   压缩的 TAR 包文件名   要备份的文件或目录名列表
```

例如，要将 /etc 目录下的所有文件归档并压缩成 etc.tar.gz 文件，存放于当前目录，实现的命令为：

```
[root@rhel8 ~]# tar  -zcvf  etc.tar.gz  /etc
```

命令执行后，在当前目录（/root）中就会生成一个 gzip 格式的压缩归档文件 etc.tar.gz。

3. 查询 TAR 包中的文件列表

有时需要了解 TAR 包中的文件目录列表，此时可用带 -t 选项的 tar 命令来实现。若要查看 .gz 压缩包的文件列表，还应增加 -z 选项；要查看 .bz 或 .bz2 格式的压缩包的文件列表，则应增加 -j 选项。

命令格式为：

```
tar  -t[ z|j ]vf    TAR 包文件名
```

例如，要查询 etc.tar 文件中归档的文件目录列表，实现的命令为：

```
[root@rhel8 ~]# tar  -tvf  etc.tar
```

再如，要查询 etc.tar.gz 文件中归档并压缩的文件目录列表，实现的命令为：

```
[root@rhel8 ~]# tar -tzvf etc.tar.gz
```

4. 还原 TAR 包

还原 TAR 包，需要使用带 -x 选项的 tar 命令。若要还原 .gz 格式的 TAR 压缩包，应增加 -z 选项；还原 .bz 或 .bz2 格式的 TAR 压缩包，应增加 -j 选项。

命令格式为：

```
tar [-z | j ]xvf TAR 包文件名
```

例如，要将 etc.tar 包文件中的所有文件和目录还原至当前目录，实现的命令为：

```
[root@rhel8 ~]# tar -xvf etc.tar
```

再如，要将 etc.tar.gz 包文件中的所有文件和目录解压缩并还原到当前目录，实现的命令为：

```
[root@rhel8 ~]# tar -zxvf etc.tar.gz
```

该命令执行时先调用 gzip 程序进行解压缩，然后再用 tar 程序进行展开，因此也可以用下面的两条命令来实现：

```
[root@rhel8 ~]# gzip -d etc.tar.gz
[root@rhel8 ~]# tar xvf etc.tar
```

tar 命令在还原 TAR 包时，将按原备份路径进行释放和恢复。若要将软件包释放到指定的位置，可使用"-C 路径名"作为参数来指定要释放的位置。

例如，要将 etc.tar.gz 包文件中的所有文件和目录解压缩并释放到 /home/test 目录中，实现的命令为：

```
[root@rhel8 ~]# tar -zxvf etc.tar.gz -C /home/test
```

6.3 YUM 软件包管理

本节介绍 YUM 软件包管理器的基本知识，以及使用 yum 命令管理软件包的方法。

完成本节学习，将能够：
- 描述 YUM 软件包的名称和特点。
- 描述 YUM 客户端常用配置文件及文件格式。
- 使用 yum 命令管理软件包。

6.3.1 YUM 简介

YUM（Yellow dog Updater, Modified）是一个在 Fedora 和 RedHat 以及 CentOS 中的 Shell 前端软件包管理器。基于 RPM 包管理，能够从指定的服务器自动下载 RPM 包并且安装，可以自动处理依赖性关系，并且一次安装所有依赖的软件包，无须烦琐地一次次下载、安装。

使用 YUM 安装管理软件包主要有如下特点：

（1）可以同时配置多个资源库（Repository）。
（2）简洁的配置文件（/etc/yum.conf）。

(3) 自动解决增加或删除 RPM 包时遇到的依赖性问题。
(4) 使用方便、快捷。
(5) 保持与 RPM 数据库的一致性。

6.3.2　YUM 客户端配置文件

YUM 客户端常用的配置文件有主配置文件和 REPO 文件。
主配置文件默认有四行内容：

1. 主配置文件 /etc/yum.conf

```
[main]                          // 全局设定部分
gpgcheck=1                      // 是否检查 GPG(GNU Private Guard)，一种密钥方式签名
installonly_limit=3             // 允许保留多少个内核包
clean_requirements_on_remove=True
// 卸载软件包的同时卸载与其相对的依赖软件包
best=True
// 使用最新的可用软件包
```

2. REPO 配置文件

REPO 文件是 YUM 源（软件仓库）的配置文件，通常一个 REPO 文件定义了一个或者多个软件仓库的细节内容，当使用 YUM 安装或者更新软件时，YUM 会读取 REPO 文件，根据文件中的设置访问指定的服务器和目录下载软件包进行安装或者更新。用户可以根据需要创建一个或者多个 REPO 文件来进行软件的安装和更新。

REPO 文件存放在 /etc/yum.repos.d 目录下，RHEL 8 系统安装成功后此目录默认有一个 REPO 文件 redhat.repo，此文件由系统的 Subscription-Management 服务自动生成进行管理。用户也可以自己创建新的 REPO 文件进行配置，典型文件格式如下：

```
[rhel-source]
// 括号中的内容为 serverid，用于区别各个不同的 repository（软件仓库），不能重复
name=Red Hat Enterprise Linux $releasever - $basearch - Source
//name 是对 repository 的描述，支持像 $releasever（发行版的版本）和 $basearch（cpu 的基本
体系组，如 i686 和 athlon 同属 i386）这样的变量
baseurl=ftp://ftp.redhat.com/pub/redhat/linux/enterprise/$releasever/en/os/SRPMS/
//baseurl 是服务器设置中最重要的部分，只有设置正确，才能从上面获取软件，它的格式是：
baseurl=url://server1/path/to/repository/，url 支持的协议有 http:// ftp:// file:// 三种
enabled=0
// 使用 enabled 选项，可以启用或禁用软件仓库，当 enabled=0 时禁用，enabled=1 时启用
gpgcheck=1
// 是否检查 GPG(GNU Private Guard)，一种密钥方式签名，1 表示启用，0 表示禁用
gpgkey=file:///etc/pki/rpm-gpg/RPM-GPG-KEY-redhat-release
// 导入软件仓库的 GPG key，支持 YUM 使用 GPG 对包进行校验，确保下载包的完整性
```

3. 配置 YUM 本地源

由于 redhat 的 YUM 在线更新是收费的，如果没有注册并购买红帽服务是无法连接到官方的 YUM 源的。所以建议使用第三方免费 YUM 源或者配置本地 YUM 源，这里介绍 YUM 本地源的配置方法：

```
[root@rhel8 ~]# mkdir    /mnt/cdrom
[root@rhel8 ~]# mount  -t    iso9660   /dev/cdrom    /mnt/cdrom/
```

// 创建目录并将挂载 RHEL8.0 安装光盘挂载到此目录

在 RHEL 8 中把软件源分成了 BaseOS 和 AppStream 两部分。BaseOS 存储库旨在提供一套核心的底层操作系统的功能,为基础软件安装库;AppStream 存储库中包括额外的用户空间应用程序、运行时语言和数据库,以支持不同的工作负载和用例。这两个软件源均已经存在于光盘相应目录中,但是在 REPO 文件中要分别进行配置:

```
[root@rhel8 ~]# vi /etc/yum.repos.d/rhel-local.repo
// 创建新的 REPO 文件,添加如下内容:
[BaseOS]
name=BaseOS
baseurl=file:///mnt/cdrom/BaseOS
enable=1
gpgcheck=0
[AppStream]
name=AppStream
baseurl=file:///mnt/cdrom/AppStream
enable=1
gpgcheck=0
[root@rhel8 ~]#yum repolist
// 查看本地源配置是否成功
[root@rhel8 ~]#yum -y install httpd
// 从本地 YUM 源安装 httpd 软件包
```

如果命令执行成功,则表示本地 YUM 源已经配置完成。

6.3.3 yum 命令的使用

yum 命令是 RHEL 中可交互式、基于 RPM 的软件包管理工具。配置好 YUM 源后就可以通过 yum 命令对软件包进行查询、安装、删除和更新等操作。

下面将按其功能用途,介绍最常用的几个选项、指令。

1. 查询软件包

查询软件包使用 list 参数,其命令格式为:

```
yum list [参数]
```

例如,要查询服务器上所有软件包,实现的命令为:

```
[root@rhel8 ~]#yum list
```

要查询服务器上可供升级的软件包,实现的命令为:

```
[root@rhel8 ~]#yum list updates
```

要查询已安装的软件包,实现的命令为:

```
[root@rhel8 ~]#yum list installed
```

2. 安装软件包

安装软件包使用 install 参数,其命令格式为:

```
yum install [参数]
```

例如,要安装 httpd 软件包,实现的命令为:

```
[root@rhel8 ~]#yum  install    httpd
```
要安装 MySQL Database 软件包组,实现的命令为:
```
[root@rhel8 ~]#yum  groupinstall    "MySQL Database"
```
3. 升级软件包

升级软件包使用 update 参数,其命令格式为:
```
yum  update  [参数]
```
例如,要更新 samba 软件包,实现的命令为:
```
[root@rhel8 ~]#yum  update   samba
```
要更新 Development Tools 软件包组,实现的命令为:
```
[root@rhel8 ~]#yum  groupupdate   "Development Tools"
```
4. 删除软件包

删除软件包使用 remove 参数,其命令格式为:
```
yum  remove  [参数]
```
例如,要删除 dhcp 软件包,实现的命令为:
```
[root@rhel8 ~]#yum  remove   dhcp
```
要删除 K Desktop Entertainment 软件包组,实现的命令为:
```
[root@rhel8 ~]#yum  groupremove   "K Desktop Entertainment"
```
5. 清除 YUM 缓存

清除 YUM 缓存使用 clean 参数,其命令格式为:
```
yum  clean  [参数]
```
例如,要清除所有缓存数据,实现的命令为:
```
[root@rhel8 ~]# yum  clean  all
```
要清除 RPM 头文件缓存,实现的命令为:
```
[root@rhel8 ~]# yum  clean  headers
```
要清除 RPM 包缓存,实现的命令为:
```
[root@rhel8 ~]# yum  clean  packages
```

本章小结

RPM 是由 Red Hat 公司推出的软件包管理标准,可实现 RPM 软件包的安装、升级、查询、验证和删除功能。RHEL 提供 rpm 命令和图形化的软件包管理工具对 RPM 包进行相关管理。

TAR 是一种标准的文件归档格式,常用于数据和文件的备份。RHEL 可利用 tar 命令和归档管理器对文件进行归档和恢复。

有时候需要从源代码创建并安装软件包。这样做可能是因为没有所需要的程序的二进制软件包，也可能是用户需要在标准二进制软件中增加新特性。学会从源代码创建软件包是成为 Linux 系统管理员的重要一步。

YUM（Yellow dog Updater，Modified）是一个在 Fedora 和 RedHat 以及 CentOS 中的 Shell 前端软件包管理器。基于 RPM 包管理，能够从指定的服务器自动下载 RPM 包并且安装，可以自动处理依赖性关系，并且一次安装所有依赖的软件包，无须烦琐地一次次下载、安装。

项目实训 6　软件包的管理

一、情境描述

某公司新采购了一台基于 RedHat Enterprise Linux（或 CentOS）平台的服务器，系统管理员需要根据业务需求安装相应的软件包。

对 Linux 软件包进行管理是系统管理员日常工作的一部分。Linux 平台下的软件包主要有 RPM 包和 TAR 包，熟练掌握这两种软件包的查询、安装、升级等方法是系统管理员的必备技能。本项目要求分别使用 rpm、tar、yum 命令对不同格式的软件包进行查询、安装、升级、删除等操作。

二、项目分解

分析上述工作情境，我们需要完成下列任务：
(1) 使用 rpm 命令安装软件包并进行管理；
(1) 使用 tar 命令管理软件包；
(3) 使用 yum 命令安装软件包并进行管理。

三、学习目标

1. 技能目标
- 会使用 rpm 命令管理 RPM 软件包。
- 会使用 tar 命令管理 TAR 软件包。
- 会使用 yum 命令管理软件包。

2. 素质目标
- 具备严谨规范的工作意识和团队合作精神。
- 具备知识产权保护意识。

四、项目准备

一台已安装 RHEL/CentOS 8 的计算机，要求操作系统安装光盘已经挂载到 /mnt/cdrom 目录下。

五、预估时间

60 min。

六、项目实施

【任务 1】使用 rpm 命令安装并管理软件包。
(1) 查询了解当前系统中所有已安装的软件包程序。

第 6 章 软件包管理

(2) 查询显示当前所安装的软件包中，包含 telnet 关键字的软件包。
(3) 查询当前系统是否安装 telnet-server 服务器软件包，若未安装，则从系统安装光盘中查找并安装 telnet-server 软件，然后查询 telnet-server 软件包是否安装成功。
(4) 验证 telnet-server 服务器软件包。
(5) 删除 telnet-server 服务器软件包。

rpm命令的使用

【任务 2】tar 命令的使用。
(1) 将整个 /home 目录打包成 myhome.tar 文件，并保存在 /root 目录中。
(2) 将整个 /home 目录打包并压缩成 myhome.tar.gz 文件，并保存在 /root 目录中。
(3) 查询显示 myhome.tar 和 myhome.tar.gz 文件中的文件目录列表。
(4) 还原 myhome.tar.gz 到 /tmp 目录中。
(5) 删除 /root 目录中的 myhome.tar 和 myhome.tar.gz 文件。

tar命令的使用

【任务 3】yum 命令的使用。
(1) 使用 RHEL/CentOS 8 安装光盘配置 YUM 本地源。
(2) 查询当前系统是否安装 vsftpd 软件包，若未安装，则使用 yum install 命令安装。
(3) 确认软件包安装成功。
(4) 删除 vsftpd 软件包。
(5) 清除 YUM 所有缓存数据。

yum命令的使用

七、项目考评

项目完成后，请对完成情况进行评价，在表格相应栏中打"√"，并在评分栏进行评分。

序号	考核点	评价标准	标准分	评价结果			评分
				操作熟练	能做出来	完全不会	
1	rpm 命令的使用	使用 rpm 命令查询、安装、验证、删除 rpm 软件包	25				
2	tar 命令的使用	使用 tar 命令创建 TAR 包、创建压缩的 TAR 包、查询 TAR 包中的文件列表、还原 TAR 包	25				
3	yum 命令的使用	配置 YUM 本地源、使用 yum 命令查询、安装、验证、删除软件包、清除 YUM 缓存	30				
4	职业素养	实训过程：纪律、卫生、安全等	10				
		准确、高效的工作习惯、诚实守信、团队合作、知识产权意识等	10				
总评分			100				

习题 6

一、选择题

1. Red Hat Linux 所提供的安装软件包，默认的打包格式为（　　）。
   A．.tar   B．.tar.gz   C．.rpm   D．.bz2

2. 假定按惯例命名，grep-3.1.6.el8.x86_64.rpm 软件包来自 grep 的（　　）开放源码版本。
   A. el8　　　　B. x86　　　　C. 3.1.6　　　　D. 所给信息不足
3. 对于按惯例命名的软件包文件 yum-4.0.9.2-5.el8.noarch.rpm，术语 noarch 的含义是（　　）。
   A. 该软件包是源代码 RPM，含有源代码，而不是编译代码
   B. 该软件包所含的信息与任何传统上支持的红帽体系结构都不相关
   C. 该软件包没有被红帽公司正式支持
   D. 该软件包所含的信息在任何体系结构上都有效，如文本配置文件或脚本
   E. 以上所有解释都不恰当
4. 若要查询 telnet 软件包在当前的 Linux 系统中是否安装，则实现的命令为（　　）。
   A. rpm -qa　　　　　　　　　　　　B. rpm -q telnet
   C. rpm -i telnet　　　　　　　　　　D. rpm -qi telnet
5. 利用 rpm 安装软件包时，应使用的命令选项为（　　），删除某软件包，应使用（　　），升级某个已安装的软件包，应使用（　　）。
   A. -I　　　　B. -u　　　　C. -e　　　　D. -U
6. 下列（　　）命令会启动 RPM 查询。
   A. rpm -I　　　　B. rpm -r　　　　C. rpm -q　　　　D. rpm -a
7. tar 命令可以进行文件的（　　）。
   A. 压缩、归档和解压缩　　　　　　B. 压缩和解压缩
   C. 压缩和归档　　　　　　　　　　D. 归档和解压缩
8. 若要将当前目录中的 myfile.txt 文件压缩成 myfile.txt.tar.gz，则实现的命令为（　　）。
   A. tar -cvf myfile.txt myfile.txt.tar.gz
   B. tar -zcvf myfile.txt myfile.txt.tar.gz
   C. tar -zcvf myfile.txt.tar.gz myfile.txt
   D. tar cvf myfile.txt.tar.gz myfile.txt
9. YUM 的主配置文件是（　　）。
   A. /usr/yum.conf　　B. /yumconf　　C. /etc/yum.conf　　D. /root/yum.conf
10. yum 命令读取（　　）文件的内容来定位下载软件包的服务器地址。
    A. .rpm　　　　B. .tar　　　　C. .jpg　　　　D. .repo

二、简答题

1. RPM 软件包文件名格式是什么？
2. 简述 RPM 的五大功能。
3. 简述 RHEL/CentOS 8 中常用的归档/压缩文件类型。
4. 简述 RHEL/CentOS 8 中 YUM 的功能。
5. 简述 RHEL/CentOS 8 中 DNF 的功能和 YUM 的区别。

三、综合题

1. 创建名为 /root/devbackup.tar.gz 的归档压缩包，用来压缩 /dev 目录。
2. 创建名为 /root/etcbackup.tar.bz2 的归档压缩包，用来压缩 /etc 目录。

第 7 章
Linux 网络配置与服务管理

正确的网络参数配置，是确保 Linux 主机和网络安全的前提。网络配置通常包括配置主机名、IP 地址、子网掩码、默认网关以及 DNS 服务器地址等方面。本章首先介绍 Linux 的 TCP/IP 网络参数及相关的配置文件，然后详细介绍命令行方式和桌面环境下配置 Linux 网络参数的方法，最后介绍 RHEL/CentOS 8 中 systemd 服务的管理。

完成本章学习，将能够：
- 描述 Linux 中的网络配置参数及与网络配置相关的文件。
- 使用 NetworkManager 的 nmcli 命令行和 nmtui 文本图形界面进行 Linux 的网络参数配置。
- 使用 systemd 管理 Linux 的网络服务。
- 树立网络安全和服务意识，培养求实创新精神。

7.1 Linux 网络配置

TCP/IP 协议是 Internet 的协议标准，也是全球使用最为广泛的网络通信协议，无论 UNIX 系统还是 Windows 系统都全面支持 TCP/IP 协议。Linux 系统默认的网络协议就是 TCP/IP 协议。本节介绍 Linux 的网络配置参数及与网络配置相关的文件。

完成本节学习，将能够：
- 描述 Linux 中的网络配置参数。
- 熟悉与 Linux 网络配置相关的文件和目录。

7.1.1 Linux 中的网络配置参数

Linux 中的 TCP/IP 网络参数主要包括主机名、IP 地址、子网掩码、网关地址和 DNS 服务器地址等，下面分别介绍这些网络配置参数。

1. 主机名

主机名用于标识网络中的一台计算机的名称，在网络中主机名具有唯一性。如果某一台主机在 DNS 服务器上进行过域名注册，那么其主机名和域名通常是相同的。

2. IP 地址与子网掩码

TCP/IP 网络中一台主机要与网络中的其他计算机进行通信，就必须至少拥有一个 IP 地址，该 IP 地址在计算机所连接的网络范围内必须是唯一的，否则在信息传送过程中就无法识别信息的接收方和发送方。

在 IPv4 版本中，IP 地址由 32 位二进制数组成，分为主机号和网络号两部分，为便于记忆，采用四位点分十进制数表示，即"X.X.X.X"形式，其中每个 X 部分的取值范围都是 0 ~ 255。

IP 地址按网络规模大小分为 A、B、C、D 和 E 五类，不同类型的 IP 地址具有不同长度的网络号和主机号。其中，A、B、C 三类地址用于常规 IP 寻址；D 类地址专门用来作为组播地址，不能分配给单独主机使用；E 类地址是 IETF 规定的保留地址，专门用来供研究使用。

形如 127.X.Y.Z 的网络地址保留为本地回环地址（Loopback），如 127.0.0.1。这个地址的目的是提供对本地主机的 TCP/IP 网络配置测试。发送到这个地址的数据包不输出到实体的网络上，而是送给系统的 Loopback 驱动程序来处理。

广播地址主要用于向网络中所有主机发送广播信息，是指对应的主机位全部为 1 的 IP 地址。例如，一个 C 类地址 202.32.15.40，由于它的网络号由前面三个字节组成，主机号仅是最后一个字节，将其主机位全部取 1 得到的地址是 202.32.15.255，这个地址即是这个网络的广播地址。在这个网络中，如果一台主机所发送的数据包所包含的目的地址是 202.32.15.255，那么这个数据分组将会被这个网络中的所有主机同时接收。

网络地址主要用来标识不同的网络，它不是指具体的哪一台主机或设备，而是标识属于同一个网络的主机或网络设备的集合。对任意一个 IP 地址来说，将它的地址结构中的主机位全部设为 0 就得到它所处的网络地址。例如，某个网络所包括的地址范围为 210.28.186.1 ~ 210.28.186.254，共 254 个地址，由于这是一个 C 类地址，它的主机位是其 IP 地址中的最后一个字节，将其全部取为 0，则得到该网络所对应的网络地址为 210.28.186.0。

通过 TCP/IP 协议将网络互连起来，必须为每个网络分配一个不同的网络地址。网络掩码是一个与 IP 地址一一对应的 32 位的二进制数字，用于区分不同的网络。为了保证网络的安全和减轻网络管理的负担，有时会把一个网络划分成多个子网，与之相对应的子网掩码用于区分不同的子网。在配置 IP 地址的同时必须配置其对应的网络掩码，每种类型的 IP 地址均具有默认的网络掩码。网络掩码有时也用网络前缀来表示。网络前缀是与 IP 地址的网络部分相对应的部分的长度，它是一个十进制整数，如网络掩码 255.255.0.0，可以用网络前缀表示为 16。

表 7-1 对 A、B、C 三类地址的特征进行了总结，方便读者进行比较。

表 7-1　A、B、C 类 IP 地址

地 址 类 别	首字节值范围	默认广播地址	默认网络地址	默认的网络掩码	网 络 前 缀
A	1 ~ 126	X.255.255.255	X.0.0.0	255.0.0.0	8
B	128 ~ 191	X.X.255.255	X.X.0.0	255.255.0.0	16
C	192 ~ 223	X.X.X.255	X.X.X.0	255.255.255.0	24

注：表中"X"表示 0 ~ 255 之间的某个数。

3. 网关地址

主机的 IP 地址和子网掩码被设置后，同一网段内的主机就可以相互通信，而处于不同网段的主机则必须通过网关才能进行通信。

网关就是一个网络连接到另一个网络的入口地址，在 TCP/IP 网络中就是一个网络通向其他网络的 IP 地址。例如，有网络 A 和网络 B，网络 A 的 IP 地址范围为 192.168.1.1～192.168.1.254，子网掩码为 255.255.255.0；网络 B 的 IP 地址范围为 192.168.2.1～192.168.2.254，子网掩码为 255.255.255.0。在没有路由器的情况下，两个网络之间是不能进行 TCP/IP 通信的，即使是两个网络连接在同一台交换机（或集线器）上，TCP/IP 也会根据子网掩码判定两个网络中的主机处在不同的网络里。而要实现这两个网络之间的通信，则必须通过网关。如果网络 A 中的主机发现数据包的目的主机不在本地网络中，就把数据包转发给它自己的网关，再由网关转发给网络 B 的网关，网络 B 的网关再转发给网络 B 的某个主机。网络 B 向网络 A 转发数据包的过程也是如此。所以，只有设置好网关的 IP 地址，TCP/IP 才能实现不同网络之间的相互通信。

为了实现与不同网段的主机进行通信，必须为主机设置网关地址，它一定是同网段主机或路由器的 IP 地址。

4. DNS 服务器地址

尽管使用 IP 地址可以访问网络中的主机，但是即使采用点分十进制数表示的 IP 地址仍然难以记忆，因此，通常人们使用字符串形式的域名来访问网络中的主机。为了能够使用域名，需要为网络中的计算机指定至少一个 DNS 服务器，由这个 DNS 服务器来完成域名解析的工作。域名解析包括正向解析（从域名到 IP 地址的映射）和反向解析（从 IP 地址到域名的映射）两方面。

DNS 采用层次化的分布式数据结构，其数据库系统分布在因特网上不同地域的 DNS 服务器上，每个 DNS 服务器只负责其管辖区域中主机域名与 IP 地址的映射表。当用户利用网页浏览器等应用程序访问用域名表示的主机时，会向指定的 DNS 服务器查询其映射的 IP 地址。如果这个 DNS 服务器找不到，则可以向其他 DNS 服务器求助，直到最终找到其对应的 IP 地址，并将 IP 地址信息返回给发出请求的应用程序，应用程序才能获取该 IP 地址的主机的相关服务和信息。

7.1.2 Linux 网络的相关配置文件

在 Linux 系统中，TCP/IP 网络的配置信息分别存储在不同的配置文件中，需要编辑、修改这些配置文件来完成网络配置工作。相关的配置文件主要有 /etc/services、/etc/hosts、/etc/hostname、/etc/resolv.conf、/etc/nsswitch.conf 以及 /etc/sysconfig/network-scripts 目录。

1. /etc/services 文件

/etc/services 文件记录网络服务名和它们对应的端口号及协议。文件中的每一行对应一种服务，它由四个字段组成，分别表示"服务名称"、"使用端口"、"协议名称"以及"别名"。一般不修改此文件的内容。

services 文件中的部分内容如下所示：

```
ftp-data        20/tcp
ftp-data        20/udp
ftp             21/tcp
ftp             21/udp      fsp fspd
ssh             22/tcp                  # SSH Remote Login Protocol
ssh             22/udp                  # SSH Remote Login Protocol
telnet          23/tcp
telnet          23/udp
smtp            25/tcp      mail
smtp            25/udp      mail
```

2. /etc/resolv.conf 文件

/etc/resolv.conf 文件用于配置 DNS 客户，即在 DNS 客户端指定所使用的 DNS 服务器的相关信息。该文件包括 nameserver、search 和 domain 三个设置选项。

(1) nameserver 选项：设置 DNS 服务器的 IP 地址，最多可以设置三个，并且每个 DNS 服务器的记录自成一行。当主机需要进行域名解析时，首先查询第一个 DNS 服务器，如果无法成功解析，则向第二个 DNS 服务器查询。

(2) search 选项：指定 DNS 服务器的域名搜索列表，最多可以设置六个。其作用在于进行域名解析工作时，如果在域名服务器中没有对应所需查询的主机名的条目，系统会将此处设置的网络域名自动加在要查询的主机名之后进行查询，起到域名服务器返回一个成功的回应。通常不设置此项。

(3) domain 选项：定义了可附加在简化了的主机名上的域名，与 search 选项不同的是，这里只能有一个域名，通常指定主机所在的网络域名。当查找某个主机名时，首先会附加此域名，然后再试主机名本身，最后再附加 search 行中找到的任何一个域名。可以不设置此选项。

下面是一个 resolv.conf 文件的示例：

```
nameserver      192.168.1.20
search          linux.net example.com
domain          linux.net
```

3. /etc/hosts 文件

/etc/hosts 文件是早期实现主机名称解析的一种方法，其中包含了 IP 地址和主机名之间的对应关系。进行名称解析时系统会直接读取该文件中设置的 IP 地址和主机名的对应记录。文件中的每一行对应一条记录，它一般由三个字段组成：IP 地址、主机完全域名和别名（可选）。该文件的默认内容如下：

```
#Do not remove the following line,or various programs
#that require network functionality will fail.
127.0.0.1 localhost.localdomain localhost
```

在没有指定域名服务器时，网络程序一般通过查询该文件来获得某个主机对应的 IP 地址。利用该文件，可实现在本机上的域名解析。例如，要将域名为 www.rhel6.com 的主机 IP 地址指向 192.168.1.10，则只需在该文件中添加如下一行内容即可：

```
192.168.1.10 www.rhel6.com Lenovo
```

4. /etc/hostname

/etc/hostname 文件定义了 linux 主机的名称。其内容通常只有一行，即主机的名称，如：rhel8。

5. /etc/nsswitch.conf

/etc/nsswitch.conf 文件定义了网络数据库的搜索顺序，例如主机名称、用户口令、网络协议等网络参数。要设置名称解析的先后顺序，可利用 /etc/nsswitch.conf 配置文件中的 hosts: 选项来指定，其默认解析顺序为 hosts 文件、DNS 服务器。对于 UNIX 系统，还可用 NIS 服务器来进行解析。

下面是该文件的部分默认配置：

```
passwd:files
shadow:files
group:files
hosts:files dns
# 其中的 files 代表用 /etc/hosts 文件来进行名称解析
netmasks:files
networks:files
protocols:files
rpc:files
services:files
```

6. /etc/sysconfig/network

该文件用于对网络服务进行总体配置，如是否开启网络服务功能，是否开启 IP 数据包转发服务等。在没有配置或安装网卡时，也需要设置该文件，以使本机的回环设备（lo）能够正常工作，该设备是 Linux 内部通信的基础。network 文件常用的设置选项及功能如表 7-2 所示。

表 7-2　network 文件常用的设置选项及功能

选项名	功能	设置值示例
NETWORKING	设置系统是否使用网络服务功能。一般应设置为 yes，若设置为 no，则将不能使用网络，而且很多系统服务程序将无法启动	yes|no
FORWARD_IPV4	设置是否开启 IPv4 的包转发功能。在只有一块网卡时，一般设置为 false，若安装有两块网卡，并要开启 IP 数据包的转发功能，则设置为 true	true|false
HOSTNAME	设置本机的主机名，/etc/hosts 中设置的主机名要注意与此处的设置相同	rhel6
DOMAINNAME	设置本机的域名	localdomain
GATEWAY	设置本机的网关 IP 地址	192.168.1.100
GATEWAYDEV	设置与此网关进行通信时，所使用的网卡的名称	eht0

7. /etc/sysconfig/network-scripts 目录

/etc/sysconfig/network-scripts 目录包含网络接口的配置文件。每个网络接口对应一个配置文件，其中包含网卡的设备名、IP 地址、子网掩码以及默认网关等配置信息。配置文件的名称通常具有以下格式：ifcfg- 网卡类型以及网卡的编号，其中网卡类型及编号与网卡的硬件信息及插槽位置等相关，例如，ifcfg-ens33 为 PCI 以太网卡的配置文件 (en 代表以太网接口；s 代表 PCIe 插槽（slot）；33 代表插槽索引号），ifcfg-wlp3s0 为 PCI 无线网卡的配置文件等，这里的 ens33 和 wlp3s0 通常为网络接口的名称。

Linux 内核允许使用 IP 别名的概念，为一块物理网卡分配多个 IP 地址，此时对于每个分配的 IP 地址，需要一个虚拟网卡，该网卡的设备名为"网络接口名 :M"，对应的配置文件名的格式为"ifcfg-网络接口名 :M"，其中 M 为从 0 开始的数字，代表其序号。如以太网卡上绑定的第二块虚拟网卡（设备名为 ens33:1）的配置文件名为 ifcfg-ens33:1。Linux 最多支持 255 个 IP 别名，对应的配置文件可通过复制默认的网络接口配置文件，并通过修改其配置内容来获得。

在网卡的配置文件中，每一行为一个配置项目，左边为项目名称，右边为当前设置值，中间用"="连接。配置文件中各选项的名称与功能如表 7-3 所示。

在 RHEL/CentOS 8 系统安装过程中，可对网卡的 IP 地址、子网掩码、默认网关以及 DNS 服务器等进行指定和配置，这样安装完成后，其网卡已配置并可正常工作。根据需要也可重新对其进行配置和修改。

表 7-3 网卡配置文件各选项的名称与功能

选项名	功能	设置值示例
DEVICE	表示当前网卡设备的设备名	ens33
BOOTPROTO	设置 IP 地址的获得方式，none 代表静态指定 IP 地址，dhcp 为动态分配 IP 地址	none|dhcp
BROADCAST	表示广播地址，可以不指定	192.168.1.255
IPADDR	该网卡的 IP 地址	192.168.1.10
NETMASK	该网卡的子网掩码	255.255.255.0
PREFIX	网络前缀。子网掩码的另一种表示方式	24
PEERDNS	是否允许 DHCP 获得的 DNS 覆盖本地的 DNS。yes 表示允许，no 表示不允许	yes
DNS1/DNS2	第一个 / 第二个 DNS 服务器	8.8.8.8
GATEWAY	网卡的默认网关地址	192.168.1.100
ONBOOT	设置在系统启动时，是否启动该网卡设备。yes 表示启动，no 表示不启动	yes

7.2 配置 TCP/IP 网络

Linux 主机必须获取 TCP/IP 网络配置参数才能与其他主机通信。主机可通过两种途径获得网络配置参数：一是由 DHCP 服务器动态分配；二是用户手工配置。前一种方法将在本书第 11 章中介绍。本节介绍用户手工配置方式，包括在命令行方式下、文本图形界面环境下以及直接编辑网络接口配置文件的 Linux 网络参数的配置方法。

完成本节学习，将能够：
- 用 NetworkManager 自带工具 nmcli 命令行方式配置网络接口参数。
- 用 NetworkManager 自带工具 nmtui 文本图形界面配置网络接口参数。
- 直接用网络接口配置文件配置网络接口参数，通过 NetworkManager 来生效。

7.2.1 通过 NetworkManager 命令行方式进行网络配置

NetworkManager（NM）是 2004 年 Red Hat 启动的项目，旨在能够让 Linux 用户更方便地管理各种网络（有线网卡、无线网卡、动态 IP、静态 IP、以太网、非以太网、物理网卡、虚拟网卡）。NM 是一个提供动态网络管理和配置服务的后台守护进程。NM 软件包中除了 NM 本身，还包括一些用户界面工具，主要有：

（1）nmcli：用于配置网络的命令行工具。
（2）nmtui：用于配置网络的文本图形界面工具。
（3）control-center：GNOME 下的 NM 图形界面工具。
（4）nm-connection-editor：基于 GTK+3 的 NM 图形界面工具。

在 RHEL/CentOS 8 中，由于弃用 network.service，默认情况下不会安装 network-scripts，网络服务只能由 NM 守护进程管理。系统一般会默认安装 NM，可以用以下命令确认系统中是否已经安装 NM：

```
[root@centos8 ~]# yum -q list NetworkManager
Installed Packages
NetworkManager.x86_64         1:1.26.0-8.el8          @anaconda
```

如果没有安装，则需要使用 yum 命令进行安装：

第 7 章　Linux 网络配置与服务管理

```
[root@centos8 ~]# yum -y install NetworkManager
```

NM 的全局配置文件位于 /etc/NetworkManager/NetworkManager.conf 中，其他配置文件位于 /etc/NetworkManager/ 中。在确认 NM 已经安装启动后，就可以用它来配置主机的网络了。

1．配置网络接口参数

主机可通过两种途径获得网卡配置参数：一种是由网络中的 DHCP 服务器动态分配后获得，另一种是用户手工配置。在命令行方式下可以使用 NM 的 nmcli 工具命令查看或设置网卡的 TCP/IP 参数。

需要说明的是，在 NM 里有两个维度：设备（device）和连接（connection），这是一对多的关系。如想给某个网卡配置 IP，首先 NM 要能纳管这个网卡。设备里存在的网卡，就是 NM 纳管的。接着可以为一个设备配置多个连接，每个连接可以理解为一个 ifcfg 配置文件。同一时刻，一个设备只能有一个连接活跃。

下面介绍用 nmcli 命令行工具实现查看当前网络接口的配置情况、设置网卡的 IP 地址、子网掩码、激活或禁用网卡等功能的用法。

1）查看网络接口的设置信息

要查看系统中所有被 NM 纳管网络接口的设置信息，执行如下命令：

```
[root@rhel8 ~]#nmcli
ens33: connected to ens33                       //网络接口及连接名称
    "Intel 82545EM"                             //网卡驱动，型号
    ethernet (e1000), 00:0C:29:D3:13:D0, hw, mtu 1500
                                                //全虚拟化网卡
    ip4 default                                 //默认 IPv4 配置
    inet4 192.168.100.128/24                    //设置的 IP 地址及子网掩码
    route4 0.0.0.0/0                            //网关
    route4 192.168.100.0/24                     //网关
    inet6 fe80::85d8:fdcb:5083:3c36/64          //IPv6 无设置
    route6 fe80::/64                            //IPv6 无设置
    route6 ff00::/8                             //IPv6 无设置
...
DNS configuration:
    servers: 192.168.100.2                      //DNS 服务器地址
    domains: localdomain                        //域名
    interface: ens33                            //网络接口名称
```

要查看网卡设备列表及状态，执行如下命令：

```
[root@rhel8 ~]#nmcli device
```

或：

```
[root@rhel8 ~]#nmcli device status
DEVICE       TYPE      STATE                   CONNECTION
ens33        ethernet  connected               ens33
virbr0       bridge    connected (externally)  virbr0
lo           loopback  unmanaged               --
virbr0-nic   tun       unmanaged               --
```

网卡设备的状态一般有四种：

- connected：已被 NM 纳管，并且当前有活跃的 connection。
- disconnected：已被 NM 纳管，但是当前没有活跃的 connection。

- ummanaged：未被 NM 纳管。
- unavailable：不可用，NM 无法纳管，通常出现于网卡 link 为 down 的时候。

要查看各网卡设备的详细信息，执行如下命令：

```
[root@rhel8 ~]#nmcli device show
GENERAL.DEVICE:          ens33
GENERAL.TYPE:            ethernet
GENERAL.HWADDR:          00:0C:29:D3:13:D0
GENERAL.MTU:             1500
GENERAL.STATE:           100 (connected)
GENERAL.CONNECTION:      ens33
GENERAL.CON-PATH:        /org/freedesktop/NetworkManager/ActiveConnection/4
WIRED-PROPERTIES.CARRIER: on
IP4.ADDRESS[1]:              192.168.100.128/24
…
```

注意：如果要查看具体某个网卡设备的详细信息，可在此命令的后面加上该网卡设备名称。例如：

```
[root@rhel8 ~]#nmcli device show ens33
```

要查看系统中当前所有处于活跃状态的网络连接信息，执行如下命令：

```
[root@rhel8 ~]# nmcli  connection
```

或：

```
[root@rhel8 ~]# nmcli  connection show
NAME    UUID                                   TYPE      DEVICE
ens33   6fb648ed-36cc-4ab1-ab49-98a22d2f188c   ethernet  ens33
virbr0  a683134f-b533-4418-98e8-9cedaad58b1f   bridge    virbr0
```

网卡连接（connction）有两种状态：一种为活跃（以带颜色字体显示），表示当前该 connection 生效；另一种为非活跃（以正常字体显示），表示当前该 connction 不生效。可用下列命令查看具体网卡设备（如 ens33）的详细连接信息：

```
[root@rhel8 ~]# nmcli  connection show ens33
```

注意：nmcli 命令支持命令补全功能，可以借助<【Tab】>键补全命令，以节省操作时间，提高操作效率。

2）设置主机网络接口连接

首先用 nmcli connection add 命令创建一个网卡连接，其格式如下：

```
nmcli connection add type 网络接口类型 con-name 网卡连接名 ifname 网络接口设备名
```

例如：

```
[root@rhel8 ~]# nmcli  connection add type ethernet con-name eth1 ifname ens33
```

该命令在 /etc/sysconfig/network-scripts 目录下自动创建了一个新的网卡配置文件 ifcfg-eth1，并指定了连接的三个属性：一是 type，表示连接类型，值是 ethernet，表示创建的接口是以太网接口；二是 con-name，表示连接的名字，这里是 eth1；三是 ifname，表示该连接绑定的网络接口设备，这里绑定到 ens33 接口上。

第 7 章　Linux 网络配置与服务管理

然后通过 nmcli connection modify 命令来编辑该连接配置参数，其格式如下：

```
nmcli connection modify 网卡连接名 网络参数 值
```

其中的"网络参数　值"与 /etc/sysconfig/network-scripts/ifcfg-* 配置文件中的配置项相对应，如表 7-4 所示。

表 7-4　nmcli connection modify 主要命令参数与网络接口配置文件 ifcfg-* 的对应关系

nmcli connection modify 命令参数	ifcfg-* 中的配置项	nmcli connection modify 命令参数	ifcfg-* 中的配置项
ipv4.method manual	BOOTPROTO=none	ipv4.dns-search example.com	DOMAIN=example.com
ipv4.method auto	BOOTPROTO=dhcp	ipv4.ignore-auto-dns true	PEERDNS=no
ipv4.address X.X.X.X/Y	IPADDR=X.X.X.X PREFIX=Y	connection.autoconnect yes	ONBOOT=yes
iPv4.gateway X.X.X.X	GATEWAY=X.X.X.X	connection.id ethX	NAME=ethX
ipv4.dns X.X.X.X	DNS1=X.X.X.X	connection.interface-name ethX	DEVICE=ethX

例如：

```
[root@rhel8 ~]#nmcli connection modify eth1 connection.autoconnect yes
//设置为自启动网卡（ONBOOT=yes）
[root@rhel8 ~]#nmcli connection modify eth1 ipv4.method manual
//设置 IP 地址的获取方式为静态方式(BOOTPROTO=none)
[root@rhel8 ~]#nmcli connection modify eth1 ipv4.address 192.168.100.130/24
//设置 IP 地址及子网掩码（IPADDR=192.168.100.130 PREFIX=24）
[root@rhel8 ~]#nmcli connection modify eth1 ipv4.gateway 192.168.100.2
//设置默认网关（GATEWAY=192.168.100.2）
[root@rhel8 ~]#nmcli connection modify eth1 ipv4.dns 192.168.1.10
//添加 DNS(DNS1=192.168.1.10)
```

如要删除一个网卡连接，可用 nmcli connection delete 命令，其格式为：

```
nmcli connection delete 网卡连接名
```

例如，要删除网络连接 eth1，可用如下命令：

```
[root@rhel8 ~]#nmcli connection delete eth1
```

该命令将同步删除 ifcfg-eth1 配置文件。

3）启动、停止和重启网卡连接

要启用、停止指定的网络接口连接，可用如下格式的命令：

```
nmcli connection up | down 网卡连接名
```

例如：

```
[root@rhel8 ~]#nmcli connection up   ens33     //启用网络 ens33
[root@rhel8 ~]#nmcli connection down ens33     //禁用网络 ens33
```

要重启所有的网络连接，可用如下命令：

```
[root@rhel8 ~]#nmcli connection reload
```

4) 测试网络连通性

可以用 ping 命令测试是否能够连通网关。

```
[root@rhel8 ~]#ping -c 4 192.168.100.2
PING 192.168.100.2 (192.168.100.2) 56(84) bytes of data.
64 bytes from 192.168.100.2: icmp_seq=1 ttl=128 time=0.337 ms
64 bytes from 192.168.100.2: icmp_seq=2 ttl=128 time=0.173 ms
64 bytes from 192.168.100.2: icmp_seq=3 ttl=128 time=0.569 ms
64 bytes from 192.168.100.2: icmp_seq=4 ttl=128 time=0.589 ms
--- 192.168.100.2 ping statistics ---
4 packets transmitted, 4 received, 0% packet loss, time 81ms
rtt min/avg/max/mdev=0.173/0.417/0.589/0.172 ms
```

如果没有丢包,就表示网络接口已与指定网关连通。

2. 配置主机名

在实际操作中,使用主机名代替 IP 地址来连接服务器有两大便利:一是免去用户记忆 IP 地址;二是如果服务器要修改 IP 地址,不会影响用户的正常使用。

1) 查看主机名

可以用多种方法查看主机名。例如:

```
[root@rhel8 ~]#hostname                          //Linux 自带的命令
[root@rhel8 ~]#hostnamectl                       //Systemd 套件中的命令
[root@rhel8 ~]#nmcli general hostname            //NM 的 nmcli 工具命令
```

2) 设置主机名

同样,也可以用多种方法修改主机名。例如,要将主机名修改成 lenovo,可用以下命令:

```
[root@rhel8 ~]#hostname  lenovo
[root@rhel8 ~]#hostnamectl set-hostname  lenovo
[root@rhel8 ~]#nmcli general hostname  lenovo
```

其中,hostname 仅在内存中修改主机名,不会将新主机名保存到 /etc/hostname 配置文件中,因此重新启动系统后,主机名仍将恢复为配置文件中所设置的主机名。后两条命令会修改 /etc/hostname 文件。

以上三种命令设置了新的主机名后,系统提示符中的主机名还不能同步更改,使用 logout 注销重新登录后,就可以显示出新的主机名了。若要使主机名更改长期生效,也可用 vi 编辑器直接在 /etc/hostname 文件中进行修改,系统启动时,会从该配置文件中获得主机名的信息,并进行主机名的设置。

3. 配置 DNS 客户端参数

与网络接口和网关配置不同,DNS 服务配置为可选项。当一台计算机需要通过域名而不是 IP 地址来访问网络上的其他计算机时,就需要为这台计算机配置 DNS 参数。

配置 DNS 客户端参数的方法是编辑 /etc/resolv.conf 文件,设置其中的 nemeserver、search 和 domain 选项。例如,某主机名为 lenovo.linux.net,域名服务器地址为 192.168.100.2,则可在 /etc/resolv.conf 中进行如下设置:

```
[root@rhel8 ~]#cat /etc/resolv.conf
search linux.net
nameserver  192.168.100.2
```

注意:search 选项是可选的,如果使用这台机器的用户希望经常与 linux.net 域中的机器通信,通常要使用这个选项。

7.2.2 文本图形界面下的网络配置

使用图形界面配置网络是比较方便、简单的一种网络配置方式。RHEL/CentOS 8 主要有两个图形界面工具来配置网络：一是 NetworkManager 中的文本图形界面管理工具 nmtui；二是 GNOME 上自带的网络管理工具。两者的界面和配置项目有所不同，但都是通过修改网卡的配置文件来实现网络配置的。本节介绍 NM 中的文本图形界面工具 nmtui。

登录 Linux 系统后可以在终端窗口输入 nmtui 命令，进入 nmtui 主界面，如图 7-1 所示。

```
[root@rhel8 ~]#nmtui
```

nmtui 主界面有三个选项菜单：Edit a connection、Activate a connection、Set system hostname，分别用于编辑网卡连接、激活网卡连接和设置主机名。可用光标键选择并按【Enter】键进入相应的菜单选项。

首先选择 Edit a connection，进入图 7-2 所示的界面。该界面列出被 nmtui 纳管的所有的网卡连接列表，从中选择需要编辑的网卡连接，如 ens33，进入图 7-3 所示的网卡连接编辑界面。根据需要从该界面选择相应的按钮进入下一个设置界面，如单击 IPv4 CONFIGURATION 后的 Automatic 按钮，从出现的子菜单中选择 Manual，并单击 Show 按钮，进入图 7-4 所示的手工配置网卡连接参数界面，在此界面配置好 IP 地址、网络前缀、网关地址和 DNS 地址等参数信息。

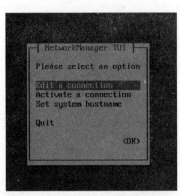

图 7-1　nmtui 主界面

图 7-2　网卡连接列表

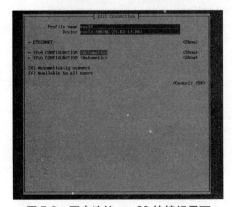

图 7-3　网卡连接 ens33 的编辑界面

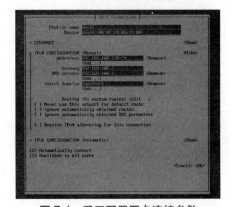

图 7-4　手工配置网卡连接参数

待全部参数配置完成后单击 OK、Back 按钮返回主界面，然后选择 Activate a connection 使网卡连接激活。并用此界面中的 Set system hostname 选项设置主机的名称。

需要注意的是，用 nmtui 工具修改参数后，Linux 网络的参数配置就完成了。可以用 vi 编辑器查看 /etc/sysconfig/network-scripts 中的 ifcfg-* 文件内容，并用 nmcli 命令查看系统中的网卡连接信息。

7.2.3　编辑网络接口配置文件进行网络接口参数配置

如前所述，网络接口的配置文件位于 /etc/sysconfig/network-scripts 目录下，如 ifcfg-ens33 等。通过修改指定的网络接口配置文件，可以实现对该网络接口参数的配置。

例如，要对网卡 ens33 设置一个静态的 IP 地址 192.168.100.128，网络掩码为 255.255.255.0，网关为 192.168.100.2，第一 DNS 服务器为 8.8.8.8，可对接口文件进行编辑，添加下列主体内容，其余部分保持不变。

```
[root@rhel8 ~]#vi /etc/sysconfig/network-scripts/ifcfg-ens33
    DEVICE=ens33
    NAME=ens33
    ONBOOT=yes
    IPADDR=192.168.100.128
    PREFIX=24
    GATEWAY=192.168.100.2
    DNS1=8.8.8.8
```

保存更改后，需要重新加载所有连接配置文件或重新启动 NM 以应用新更改。

```
[root@rhel8 ~]# nmli connection reload
```

或：

```
[root@rhel8 ~]# systemctl restart NetworkManager
```

查看网络配置信息：

```
[root@rhel8 ~]#nmcli device show ens33
    GENERAL.DEVICE:                         ens33
    GENERAL.TYPE:                           ethernet
    GENERAL.HWADDR:                         00:0C:29:D3:13:D0
    GENERAL.MTU:                            1500
    GENERAL.STATE:                          100(connected)
    GENERAL.CONNECTION:                     ens33
    GENERAL.CON-PATH:                       /org/freedesktop/NetworkManager/ActiveConnection/8
    WIRED-PROPERTIES.CARRIER:               on
    IP4.ADDRESS[1]:                         192.168.100.128/24
    IP4.GATEWAY:                            192.168.100.2
    IP4.ROUTE[1]:                           dst=0.0.0.0/0, nh = 192.168.100.2, mt = 100
    IP4.ROUTE[2]:                           dst=192.168.100.0/24, nh = 0.0.0.0, mt = 100
    IP4.DNS[1]:                             192.168.100.2
    IP4.DOMAIN[1]:                          localdomain
    IP6.ADDRESS[1]:                         fe80::85d8:fdcb:5083:3c36/64
    IP6.GATEWAY:                            --
    IP6.ROUTE[1]:                           dst=fe80::/64, nh = ::, mt = 100
    IP6.ROUTE[2]:                           dst=ff00::/8, nh = ::, mt = 256, table=255
```

由上可见，网络接口参数已按要求配置完成。

7.3 Linux 服务管理

Linux 中所有的服务就是一类常驻在内存中的进程，这些进程启动后就在后台持续不断地运行，时刻监听并响应客户端的服务请求，所以这类进程称为服务，又称守护进程（daemon）。Linux 系统的服务非常多，大致分为两类：一类是系统本身所需要的服务（如 crond、atd、rsyslogd 等）；另一类是网络服务（如 Apache、named、Vsftpd 等）。常见的系统服务名称通常以字母 d 结尾。RHEL/CentOS 8 用 systemd 进行系统服务的管理，本节介绍 systemd 服务及其配置与管理方法。

完成本节学习，将能够：
- 描述 systemd 服务的功能和特点。
- 使用 systemctl 命令行管理常用的网络服务。

7.3.1 systemd 服务

systemd 是 system management daemon 的简写，从 RHEL/CentOS 7 开始，systemd 作为默认 init 系统，用于初始化和管理系统服务。它提供很多功能，比如在引导时并行启动系统服务、按需激活守护进程或基于依赖项的服务控制逻辑。

systemd 并不是一个命令，而是一个包括了若干守护进程、库和应用命令的软件套件，涉及系统服务管理的各个方面。其中，systemd 命令守护进程是整个 systemd 套件的核心，是 Linux 内核启动的第一个进程。当内核检测完硬件并组织好内存，就会启动这个进程，它会按指定方式启动系统中的其他进程和服务，这也是 systemd 最主要的功能。

systemd 引进了 systemd 单元（unit）的概念以替代传统的服务脚本，systemd 将启动过程抽象为一个一个的 unit。通常系统中会安装许多单元，这些单元由位于表 7-5 中列出的目录之一的单元配置文件来表示。

表 7-5 systemd 单位文件位置

目录	描述
/usr/lib/sysemd/system	安装的 RPM 软件包中的 systemd 单元文件
/run/systemd/system	在运行时创建的 systemd 单元文件。该目录优先于安装了的服务单元文件的目录
/etc/systemd/system	systemd 单元文件由 systemctl enable 创建，并添加用于扩展服务的单元文件。这个目录优先于带有运行时单元文件的目录

7.3.2 使用 systemctl 管理系统服务

如前所述，Linux 系统中有许多服务，如任务调度服务 cron、日志服务 rsylogd 等。同时，由于 Linux 系统的稳定性和安全性，目前 Internet 上基于 Linux 系统架设的网络服务器越来越多。每种网络服务器软件在安装后通常由运行在后台的守护进程来执行，这些进程又称网络服务，如 Apache 软件的 httpd 服务、Vsftpd 软件的 Vsftpd 服务等。RHEL/CentOS 8 中，使用 systemctl 命令管理系统服务和网络服务，包括执行与不同服务相关的不同任务，如启动、停止、重启、启用和禁用服务、列出服务以及显示系统服务状态等。

systemctl 命令是用户与 systemd 守护进程进行交互的界面，也是 systemd 套件中的主命令。其基本格式为：

```
systemctl  [选项] 命令 [单元]
```
下面介绍如何使用 systemctl 命令管理系统和网络服务。

1. 列出系统中的单元（unit）

要列出当前系统中所有可用单元，可以用如下命令：

```
[root@rhel8 ~]#systemctl list-units
UNIT                            LOAD   ACTIVE SUB       DESCRIPTION
...
sys-module-configfs.device      loaded active plugged   /sys/module/configfs
sys-module-fuse.device          loaded active plugged   /sys/module/fuse
...
multi-user.target               loaded active active    Multi-User System
network-online.target           loaded active active    Network is Online
network-pre.target              loaded active active    Network (Pre)
...
```

其中，UNIT 字段为单元名称。每个单元都有一个用于标识类型的后缀，如 device、target、mount 等，它封装了系统服务、侦听套接字和与 init 系统相关的其他对象。常见的类型及作用如下：

（1）device：此单元封装了一个设备，例如网卡、终端等。

（2）mount：挂载点，systemd 会自动对此挂载点进行监控和管理，通常此类挂载点都是 systemd 通过检测 /etc/fstab 文件后自动配置的。

（3）automount：自动挂载点，通常每一个单元对应一个配置单元。当挂载点被访问时，systemd 自动执行挂载行为。

（4）swap：管理交换分区的挂载。

（5）service：此类单元用于封装一个后台服务进程，如 httpd、mysqld 等。

（6）socket：此类单元用来封装一个系统和服务的套接字，当连接到来时，systemd 会启动与此套接字对应的服务。

（7）target：对其他单元的逻辑分组，便于对单元进行统一的控制。例如，每一个运行级别都是一个 target 分组单元，包含了进入该级别需要运行的单元。

（8）timer：定时器配置单元，用于定时执行任务，可用来替代 cron 和 at 计划任务。

LOAD 字段表示单元的加载状态；ACTIVE 字段表示单元的激活状态；SUB 字段表示单元子状态，它与单元类型有关；DESCRIPTION 字段是对单元的简短说明。

如果要列出指定类型的单元状态，可以加上选项 --type。例如，要列出当前系统载入的所有服务单元以及所有可用服务单元的状态，可用下列命令：

```
[root@rhel8 ~]#systemctl list-units --type service
UNIT                            LOAD   ACTIVE SUB     DESCRIPTION
abrt-ccpp.service               loaded active exited  Install ABRT coredump hook
abrt-oops.service               loaded active running ABRT kernel log watcher
abrtd.service                   loaded active running ABRT Automated Bug Reporting Tool
...
systemd-vconsole-setup.service  loaded active exited  Setup Virtual Console
tog-pegasus.service             loaded active running OpenPegasus CIM Server

LOAD=Reflects whether the unit definition was properly loaded.
```

第 7 章　Linux 网络配置与服务管理

```
ACTIVE=The high-level unit activation state,i.e. generalization of SUB.
SUB=The low-level unit activation state,values depend on unit type.

46 loaded units listed. Pass --all to see loaded but inactive units,too.
To show all installed unit files use 'systemctl list-unit-files'
```

服务单元可以帮助控制系统中的服务和守护进程状态，它以 .service 文件扩展名结尾。默认情况下，systemctl list-units 命令只显示活跃的单元。如果要列出所有载入的服务单元，无论它们的状态如何，都可使用 --all 或 -a 选项。

```
[root@rhel8 ~]#systemctl list-units --type service --all
```

如果要列出所有可用服务单元的状态，可用以下命令：

```
[root@rhel8 ~]#systemctl list-unit-files --type service
UNIT FILE                          STATE
accounts-daemon.service            enabled
alsa-restore.service               static
alsa-state.service                 static
arp-ethers.service                 disabled
atd.service                        enabled
auditd.service                     enabled
...
```

STATE 字段表示服务单元的状态，enabled 表示启用，disabled 表示禁用，static 表示尚未被启用，且不能被启用，通常意味着单只能执行一次性动作或者仅是另一个单元的依赖单元。

2. 显示系统服务状态

可以用 systemctl 命令检查任何服务单元来获取其详细信息，并验证服务的状态，无论它是否启用还是正在运行。其使用格式为：

```
systemctl status <name>.service
```

将 <name> 替换为要检查的服务单元的名称即可。

例如，要显示 NetworkManager 服务的运行时状态信息，及其最近的日志数据，可使用以下命令：

```
[root@rhel8 ~]# systemctl status NetworkManager.service
NetworkManager.service - Network Manager
   Loaded: loaded (/usr/lib/systemd/system/NetworkManager.service; enabled; vendor preset: enabled)
   Active: active (running) since Wed 2021-07-14 13:42:39 CST; 15min ago
     Docs: man:NetworkManager(8)
 Main PID: 891 (NetworkManager)
    Tasks: 3 (limit: 23373)
   Memory: 10.8M
   CGroup: /system.slice/NetworkManager.service
           └─891 /usr/sbin/NetworkManager --no-daemon
Jul 14 13:49:40 lenovo8 NetworkManager[891]: <info>  [1626241780.8574] dhcp4
(ens33): option requested_static_routes => '1'
Jul 14 13:49:40 lenovo8 NetworkManager[891]: <info>  [1626241780.8574] dhcp4
(ens33): option requested_subnet_mask => '1'
...
```

该命令显示所选服务单元的名称，后接其简短描述、可用的服务单信息中描述的一个或多个字段，以及最新的 10 条日志数据。可用的服务单元信息描述的字段如下：
- Loaded：是否载入了服务单元、到这个单元文件的绝对路径，以及是否启用该单位的信息。
- Active：服务单元是否在运行的信息，后面有一个时间戳。
- Main PID：对应系统服务的 PID 及其名称。
- Status：相关系统服务的额外信息。
- Process：有关相关进程的附加信息。
- CGroup：有关相关控制组群 (cgroups) 的附加信息。

要仅验证某个服务单元是否正在运行，可输入以下格式的命令：

```
systemctl is-active <name>.service
```

要确定某个服务单元是否启用，可输入以下格式的命令：

```
Systemctl is-enabled <name>.service
```

例如：

```
[root@rhel8 ~]# systemctl is-active NetworkManager.service
active
[root@rhel8 ~]# systemctl is-enabled NetworkManager.service
Enabled
```

需要说明的是，在 systemctl 命令中使用服务文件名时，可以省略文件扩展名。如上例中的 NetworkManager.service 可以用 NetworkManager 表示。

3. 管理系统服务

管理系统服务的常见动作包括启动（start）、重启（restart）、停止（stop）、屏蔽（mask）、解除屏蔽（unmask）、启用（enable）、禁用（disable）和重载服务配置文件 (reload)。以 NetworkManager 服务为例：

```
[root@rhel8 ~]# systemctl start NetworkManager.service
// 启动 NetworkManager 服务
[root@rhel8 ~]# systemctl stop NetworkManager.service
// 停止 NetworkManager 服务
[root@rhel8 ~]# systemctl restart NetworkManager.service
// 重启 NetworkManager 服务
[root@rhel8 ~]# systemctl enable NetworkManager.service
// 配置 NetworkManager 服务在引导时自动启动
[root@rhel8 ~]# systemctl disable NetworkManager.service
// 配置 NetworkManager 服务在引导时不自动启动
[root@rhel8 ~]# systemctl reload NetworkManager.service
// 重载 NetworkManager 服务的配置文件
[root@rhel8 ~]# systemctl mask NetworkManager.service
// 屏蔽 NetworkManager 服务并防止手动启动或者由其他服务启动
[root@rhel8 ~]# systemctl numask NetworkManager.service
// 取消屏蔽 NetworkManager 服务
```

本章小结

TCP/IP 协议是 Linux 网络的基础，Linux 主机必须获取 TCP/IP 网络配置参数才能与其他主机进行通信。主机可通过两种途径获得网络配置参数：一是由 DHCP 服务器动态分配；二是用户手工配置。用户既可利用 nmcli 等命令行方式进行网络配置，又可利用 nmtui 等图形化配置工具进行网络配置，还可以直接修改网络配置相关的文件。

Linux 的服务分为系统本身所需的服务和网络服务两类。systemd 是 Linux 操作系统的系统和服务管理器，它提供的 systemctl 可以帮助用户管理系统服务。

项目实训 7 网络服务的基本配置

一、情境描述

某公司需要构建一个基于 RedHat Enterprise Linux（或 CentOS）平台的企业服务器群，为公司内部各部门提供网络和数据服务。为此，需要按公司的统一策略为每台服务器配置 TCP/IP 参数和基本的网络服务。本项目要求为一台 Linux 网络服务器配置主机名、IP 地址、子网掩码、DNS 服务器地址和 sshd 服务，并用另一台计算机进行测试。

二、项目分解

分析上述工作情境，我们需要完成下列任务：
(1) 使用 nmcli 命令工具配置一台网络服务器的网络接口参数，并测试其连通性；
(2) 使用 systemctl 命令配置网络服务器的 ssh 远程管理服务，并测试其连通性。

三、学习目标

1. 技能目标
- 正确配置网卡的 TCP/IP 参数。
- 正确配置 ssh 远程管理服务。
- 测试网卡的连通性。

2. 素质目标
- 具备守法和服务意识和团队合作精神。

四、项目准备

两台虚拟机，其中一台安装 RHEL/CentOS 8 系统，该系统除了 root 账号外，至少还有一个普通账号；另一台安装 Windows 7/10 或 RHEL/CentOS 8 系统，系统中安装 ssh 客户端程序。要求两台计算机的 IP 地址为同一网段，可以互相 ping 通。

五、预估时间

60 min。

六、项目实施

【任务 1】配置 RHEL/CentOS 8 计算机的网络接口。

视 频

配置RHEL/CentOS 8计算机的网络接口

(1) 用 nmcli 命令设置网卡的 IP 地址为 192.168.1.10，子网掩码为 255.255.255.0，默认网关为 192.168.1.254。

(2) 用 nmcli 命令查看主机的网络接口连接和设备信息，并理解输出信息的内容。

(3) 用 nmcli 命令重启网卡，然后再用命令查看所有网络接口的状态信息是否发生变化。

(4) 用 nmcli 命令禁用网卡，然后再用命令查看当前活动的网络接口的状态信息。

(5) 利用 vi 编辑器编辑 /etc/sysconfig/network-scripts/ifcfg-* 配置文件（"*"为实际主机网卡名），将网卡的 IP 地址设置成 192.168.1.11，子网掩码为 255.255.255.0，IP 地址的获得方式为 none，网关地址为 192.168.1.250，其余选项为默认，然后保存配置。修改 /etc/resolv.conf 文件内容，设置 DNS 服务器地址为 192.168.1.250，利用 nmcli 命令或 systemctl 重启 Linux 系统的网络服务功能，使更改生效。

视频
用 systemctl 命令管理 sshd 服务

(6) 用 nmcli 命令查看当前网卡的网络参数是否为所更改的参数，并用 ping 命令 ping 另一台 Windows 或 Linux 计算机，观察显示结果。

(7) 运行 nmtui 命令，在图形界面下设置或修改网卡的 IP 地址、子网掩码、网关地址，更改后查看网卡的配置文件内容。最后用 nmcli 命令或 systemctl 命令重启网络服务功能，使配置生效。

【任务 2】用 systemctl 命令管理 sshd 服务。

(1) 在 RHEL/CentOS 8 计算机上，查看 systemd 服务相关的单元文件。

(2) 用 systemctl 命令管理 sshd 服务，分别对该服务进行启动、停止、重启、启用、禁用，再在另一台 Windows 或 Linux 计算机上测试 sshd 服务。

七、项目考评

项目完成后，请对完成情况进行评价，在表格相应栏中打"√"，并在评分栏进行评分。

序号	考核点	评价标准	标准分	评价结果			评分
				操作熟练	能做出来	完全不会	
1	用 nmcli 进行网络接口地址、子网掩码、网关、主机名的配置	使用接口配置文件、命令行或图形工具配置、查看、启用或禁止网络接口地址和掩码	20				
2	用 nmtui 进行网络接口地址、子网掩码、网关、主机名的配置	使用接口配置文件、命令行或图形工具配置、查看网络接口默认网关	20				
3	DNS 客户端的配置	使用配置文件配置、查看客户机上的 DNS 地址参数	15				
4	网络连通性测试	使用 ping 测试网络主机之间的连通性	5				
5	systemctl 命令管理系统服务	使用 systemctl 命令行启动、终止、重启、启用、禁用 ssh 服务	20				
6	职业素养	实训过程：纪律、卫生、安全等	10				
		诚信守法、服务意识、团队协作等	10				
		总评分	100				

习题 7

一、选择题

1. 在 Linux 系统中，主机名保存在（　　）配置文件中。
   A. /etc/hosts　　　　　　　　　　B. /etc/modules.conf
   C. /etc/sysonfig/network　　　　　D. /etc/hostname

2. Linux 系统的以太网卡 ens33 的配置文件全路径名应是（　　）。
   A. /etc/ifcfg-ens33
   B. /etc/sysconfig/ifcfg-ens33
   C. /etc/sysconfig/network/ifcfg-ens33
   D. /etc/sysconfig/network-scripts/ifcfg-ens33

3. 下列（　　）命令可将 Linux 内核的主机名设置为 lenovo，并写入主机名配置文件。
   A. hostname lenovo　　　　　　　B. hostnamectl set-hostname lenovo
   C. ipconfig -h lenovo　　　　　　　D. ipconfig lenovo
   E. 以上都不是

4. 在下列（　　）文件中可定义 Linux 内核的主机名，并使其在启动时被自动设定。
   A. /etc/sysctl.conf　　　　　　　　B. /etc/sysconfig/network-scripts/ifcfg-eth0
   C. /etc/resolv.conf　　　　　　　　D. /etc/hostname
   E. /etc/sysconfig/network

5. 下列（　　）命令可列出所有当前活跃的网络接口。
   A. nmcli　　　　B. lsnet　　　　C. shownet　　　　D. netview
   E. 以上都不是

6. 在接口配置文件中，下列（　　）指定了应该使用 DHCP 配置接口。
   A. DHCP=yes　　　　　　　　　　B. IPADDR=DHCP
   C. ONBOOT=DHCP　　　　　　　D. DHCP=IPADDR
   E. BOOTPROTO=DHCP

7. 使用下面接口配置文件的内容来回答后面的问题。
   DEVICE=eth0
   ADDR=192.168.10.18
   NETMASK=255.255.255.0
   ONBOOT=yes
   网络接口文件中包含的配置错误有（　　）。
   A. 应该使用参数 IPADDR 代替参数 ADDR
   B. 文件中没有 BOOTPROTO 参数
   C. 不应该包含 DEVICE 行，该设备被指定为文件名的一部分
   D. 参数和数值间应该用一个空格分开，而不是用等号分开
   E. 文件配置正确

8. 接口 eth0 的接口配置文件应该在（　　）。
   A. /etc/network/eth0.cfg　　　　　B. /etc/sysconfig/ifcfg-eth0

C. /etc/netcfg/ifcfg-eth0 D. /dev/eth0.cfg
E. 以上都不是

9. 在只将接口 eth0 作为外部网络接口的系统中，在（　　）文件中设置了默认网关。
   A. /etc/sysconfig/gateways B. /etc/services
   C. /etc/ip.conf D. /etc/sysconfig/route
   E. /etc/sysconfig/network-scripts/ifcfg-eth0

10. 在 Linux 系统中，用于设置 DNS 客户的配置文件是（　　）。
    A. /etc/hosts B. /etc/resolv.conf C. /etc/dns.conf D. /etc/nis.conf

11. 若要暂时禁用 eth0 网卡，以下命令中可以实现的是（　　）。
    A. nmcli connection eth0 B. nmcli device eth0
    C. nmcli connection eth0 up D. nmcli connection eth0 down

12. 以下对网卡配置的说法中，正确的是（　　）。
    A. 可以利用 nmtui 命令来设置或修改网卡的 IP 地址、默认网关和域名服务器，该方法所设置的 IP 地址会立即生效
    B. 可以利用 vi 编辑器，直接修改网卡对应的配置文件，从而设置或修改网卡的名称、IP 地址以及默认网关等内容
    C. 利用 vi 编辑器修改网卡配置文件后，必须重新启动 Linux 系统，新的设置才会生效
    D. 在 Linux 系统中，多块网卡可共用同一个配置文件

13. 要重新启动 Linux 的 NetworkManager 服务，以下命令中正确的是（　　）。
    A. server NetworkManager restart B. systemctl NetworkManager restart
    C. systemctl restart NetworkManager D. service NetworkManager restart

14. 要设置自动启动 telnet 服务，以下命令中正确的是（　　）。
    A. service telnet start B. server telnet start
    C. systemctl enable telnet D. chkconfig telnet reset

15. 下列（　　）没有存放 Linuxsystemd 服务的单元文件。
    A. /etc/systemd/system B. /usr/lib/systemd/system
    C. /run/systemd/system D. /etc/system

二、简答题

1. Linux 中与网络配置相关的配置文件主要有哪些？
2. 如何利用 nmcli 工具禁用和重启网络接口？
3. 如何设置本机的 DNS 服务器地址？
4. 如何显示系统中所有的服务单元的状态？
5. 如何设置 NetworkManager 服务的启动状态？

三、综合题

配置网络环境：
1. 主机名：rhel8.test.example.com。
2. IP 地址：192.168.0.10。
3. 子网掩码：255.255.255.192。
4. 默认网关：192.168.0.254。
5. DNS 服务器：192.168.0.1。

第 8 章

DNS 服务器配置与管理

域名系统（Domain Name System，DNS）是互联网上最重要的网络基础服务之一，它用于将域名解析为 IP 地址。承担 DNS 解析任务的网络主机被称为 DNS 服务器，其配置的正确性直接关系到网络和信息安全。本章详细介绍 DNS 服务的基本知识、DNS 服务器的安装、配置及其测试与管理方法。

完成本章学习，将能够：
- 描述 DNS 服务的功能、组成和类型。
- 安装、启动和关闭 DNS 服务。
- 配置主 DNS、辅助 DNS 和子域 DNS 服务器。
- 增强团队合作意识、质量意识和严谨认真的工作态度。

8.1 DNS 服务概述

本节介绍 DNS 系统的功能、组成和查询过程，以及 DNS 服务器的类型。

完成本节学习，将能够：
- 描述 DNS 服务的工作原理。
- 区分 DNS 服务器的类型。

8.1.1 DNS 的功能

在 Internet 早期，应用程序是通过一个本地文件进行主机名到网络地址或网络地址到主机名的转换的，在 UNIX 系统中，该文件为 /etc/hosts。这种机制在一个主机数不多的小型网络中是可行的，但随着网络规模的扩大，这种机制在网络主机名的唯一性、/etc/hosts 文件的维护以及服务器和网络负载等方面的弊端就暴露出来了。

DNS 的设计解决了这些问题，它通过在网络中创建不同的区域（一个区域代表该网络中要命名资源的管理集合），并采用一个分布式数据库系统进行主机名和地址的查询。当在客户机的浏览器中输入要访问的主机名时,就会触发一个 IP 地址的查询请求,该请求会自动发送到默认的 DNS 服务器,DNS 服务器就会从数据库中查询该主机名所对应的 IP 地址,并将找到的 IP 地址作为查询结果返回。浏览器获得 IP 地址后,就根据 IP 地址在 Internet 中定位所要访问的资源。

8.1.2 DNS 的组成

DNS 采用层次化的分布式数据结构,其数据库系统分布在因特网上不同地域的 DNS 服务器上,每个 DNS 服务器只负责整个域名数据库中的一部分信息。整个 DNS 系统主要由三部分组成:

① 域名空间:指定结构化的域名层次结构和相应的数据。

② 域名服务器:服务器端用于管理区域(zone)内的域名或资源记录,并负责其控制范围内所有主机的域名解析请求的程序。

③ 解析器:客户端向域名服务器提交解析请求的程序。

整个 Internet 的域名系统采用树状层次结构,由许多域(domain)组成,从上到下依次为根域、顶级域、二级域及三级域等,如图 8-1 所示。

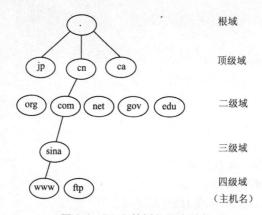

图 8-1 DNS 的树状层次结构

每个域至少有一个域名服务器,该服务器只需存储其管辖域内的域名及 IP 地址信息,同时向上级域的 DNS 服务器注册,即根域服务器仅负责管理一级域的相关信息,一级域名服务器则仅为其管辖范围内的各个二级域提供服务,二级域名服务器也仅为由其所辖的各个三级域提供服务,三级域以下的各子域则由各个入网单位自己管理。三级域的域名一般由各个国家的网络管理中心统一分配和管理。

8.1.3 DNS 的查询过程

按照 DNS 查询区域的类型,DNS 的区域可分为正向查询区域和反向查询区域。正向查询是 DNS 服务器要实现的主要功能,它根据计算机的域名,解析出相应的 IP 地址;而反向查询则是根据计算机的 IP 地址解析出它的域名。

下面以查询 www.sina.com.cn 对应的 IP 地址为例,描述 DNS 的正向查询过程。

(1) 客户端解析器发送一个请求到它本地的 DNS 服务器(解析器通过查询本地的配置文件 /etc/resolv.conf 来决定和哪个 DNS 服务器对话)。查询请求会指定所要查询的域(www.sina.com.cn)和要查询的信息(对应的 IP 地址记录)。

(2) 本地的 DNS 服务器首先检查该域名是否在它的缓存文档中,如果没有,它会发送一个对

www.sina.com.cn 的请求到根服务器（.）。根服务器也没有此记录，然而它知道和这个域较近的服务器，所以它把这个服务器的地址作为回应。

（3）本地的 DNS 服务器发送一个对 www.sina.com.cn 解析的请求到一台授权管理 .cn 域的服务器。这台服务器也找不到答案，它也会推荐管理 com.cn 域的一台服务器来提供服务。

（4）本地的 DNS 服务器发送一个对 www.sina.com.cn 解析的请求到一台授权管理 .com.cn 的服务器。这台服务器也找不到答案，它也会推荐管理 sina.com.cn 域的一台服务器来提供服务。

（5）本地的 DNS 服务器发送一个对 www.sina.com.cn 解析的请求到一台授权管理 sina.com.cn 的服务器。这台服务器确实存储所需的 IP 地址记录，此服务器就返回要查询的结果。

（6）本地的 DNS 服务器就回应给客户端解析器相应结果。

反向查询的过程与正向查询的过程相似，不同的是它根据一个 IP 地址查询其对应的主机域名。

8.1.4　DNS 服务器的类型

目前，Linux 系统中使用的 DNS 服务器软件是 BIND（Berkeley Internet Name Domain，伯克利 Internet 域名系统）。利用 BIND 软件，可建立如下几种类型的 DNS 服务器：

1. 主域名服务器（Master Server）

主域名服务器是特定域中所有信息的授权来源，它从管理员创建的区域数据库文件中加载域信息。配置主域名服务器时需要一整套配置文件，其中包括主配置文件、正向域的区域文件、反向域的区域文件、缓存文件和本地主机反向解析文件等。一个域中只能有一个主域名服务器，有时为了分解域名解析任务，还可以创建一个或多个辅助域名服务器。

2. 辅助域名服务器（Slave Server）

辅助域名服务器是主域名服务器的备份，有时又称备份域名服务器，它具有主服务器的绝大部分功能。配置辅助域名服务器时只需要配置主配置文件、缓存文件和本地反向解析文件，而不需要配置区域数据库文件，因为区域数据库文件的记录是从主域名服务器定时更新的，当主域名服务器出现故障时，由辅助域名服务器负责域名解析工作。

3. 缓存域名服务器（Caching Only Server）

缓存域名服务器记录每一个从远程服务器传到域名服务器的查询结果，然后保存在缓存中以备将来对同一信息的查询。由于缓存域名服务器本身不管理任何域，因此配置缓存服务器时只需要缓存文件，无须创建区域或区域数据库文件。默认情况下，只需将 DNS 服务器启动即可，启动完成后，缓存域名服务器即架设成功。

4. 转发服务器（Forwarder Server）

转发服务器可以将要解析的 DNS 请求发送到该网络以外的服务器上。它可以保持局域网上的其他服务器对 Internet 的隐藏。

8.2　bind 的安装与启动

bind 由美国加州大学 Berkeley 分校开发，是一款开源的 DNS 服务器软件，也是目前世界上使用最广泛的 DNS 服务器软件之一，支持各种 UNIX/Linux 和 Windows 平台。在 RHEL8 中，其版本为 bind-9.11.20，支持 IPv6 等新技术，功能有了很大的改善和提高。

本节介绍安装 DNS 服务器的两种途径，以及图形界面与命令行界面下启动、关闭和重启 DNS 服务器的方法。

完成本节学习，将能够：
- 安装 DNS 服务器。
- 启动、关闭、重启 DNS 服务。

8.2.1 bind 的安装

在 RHEL 中安装 bind 可以通过两种途径：一是在系统安装阶段选中 DNS 软件；二是在系统安装完毕后再单独安装 bind 软件包。下列命令可以查询 DNS 是否已安装：

```
[root@rhel8 ~]# rpm -qa | grep bind
```

如果系统没有安装 bind，可按如下步骤安装 bind。

① 首先挂载安装盘，并制作用于安装的 YUM 源文件。

```
[root@rhel8 ~]#mkdir /mnt/cdrom                         // 在 /mnt 目录下创建 cdrom 子目录
[root@rhel8 ~]#mount /dev/cdrom /mnt/cdrom              // 将安装光盘挂载到 /mnt/cdrom 目录
[root@rhel8 ~]#vi /etc/yum.repos.d/local.repo           // 创建本地 repo 文件，内容如下
[BaseOS]
name=BaseOS
baseurl=file:///mnt/cdrom/BaseOS
enabled=1
gpgcheck=0

[AppStream]
name=AppStream
baseurl=file:///mnt/cdrom/AppStream
enabled=1
gpgcheck=0
[root@rhel8 ~]#yum clean all                            // 清除 yum 缓存
```

② 使用 yum 命令安装 bind 服务。

```
[root@rhel8 ~]# yum install bind* -y
```

③ 安装完成后再次查询安装的 bind 软件。

```
[root@rhel8 ~]# rpm -qa | grep bind
bind-9.11.20-5.el8.x86_64
bind-chroot-9.11.20-5.el8.x86_64
...
```

8.2.2 DNS 的启动、关闭和重启

配置好 DNS 服务器后，需要启动才能使用。每次修改 DNS 服务的配置文件后也需要重启才能生效。

可以利用 systemctl 命令来管理 DNS 服务。例如，下列命令可以启动 DNS 服务：

```
[root@rhel8 ~]# systemctl start named
```

将上述命令中的 start 参数变换为 stop、restart、status，可以分别实现 DNS 服务的关闭、重启和状态的查看。

另外，可用以下命令将 DNS 服务设定为开机自启动：

```
[root@rhel8 ~]# systemctl enable named
```

8.3 DNS 服务器的配置文件

配置一台 Internet 域名服务器时需要一组配置文件，如表 8-1 所示。其中最关键的是主配置文件 /etc/named.conf 和 /etc/named.rfc1912.zones。named 守护进程运行时首先从 named.conf 文件获取其他配置文件的信息，然后按照各区域文件的设置内容提供域名解析服务。

表 8-1 域名服务器的主要配置文件

文件	文件名	说明
主配置文件	/etc/named.conf	用来设置 DNS 服务器的全局参数，并指定区域类型、区域文件名及其保存路径
定义区域的文件	/etc/named.rfc1912.zones	定义区域数据库文件路径。可视为主配置文件的一部分
根域配置文件	/var/named/named.ca	记录全球根域服务器的 IP 地址和域名，用户可以定期对此文件进行更新
正向区域数据库文件	由 named.conf 文件指定	用于实现区域内主机名到 IP 地址的正向解析
反向区域数据库文件	由 named.conf 文件指定	用于实现区域内 IP 地址到主机名的反向解析
本机正向区域文件	/var/named/named.localhost	用于将本地主机名 localhost 解析为本地回送 IP 地址（127.0.0.1）
本机反向区域文件	/var/named/named.loopback	用于将本地回送 IP 地址（127.0.0.1）解析为 localhost

此外，与域名解析相关的文件还有 /etc/hosts、/etc/host.conf 和 /etc/resolv.conf 等文件。本节分别介绍各种 DNS 服务器的配置文件以及与 DNS 解析相关的文件的语法结构。

完成本节学习，将能够：
- 描述 DNS 服务器的配置文件的结构及其语法。
- 描述与 DNS 解析相关的文件的内容。

8.3.1 主配置文件 named.conf

bind 软件安装时会自动创建一个包含默认配置的主配置文件 /etc/named.conf，其用户和属组分别为 root 和 named。该文件主体部分及其说明如下：

```
options {
listen-on port 53 { 127.0.0.1; };        #设置BIND监听的地址和端口
    listen-on-v6 port 53 { ::1; };
directory        "/var/named";
#设置区域数据库文件的存储目录。由于安装了bind-chroot，其实际的工作目录为 #/var/named/
chroot/var/named
    dump-file  "/var/named/data/cache_dump.db";    #设置缓存dump数据库文件 statistics-
file "/var/named/data/named_stats.txt";#设置BIND服务状态文件
    memstatistics-file "/var/named/data/named_mem_stats.txt";
#设置内存状态文件
    secroots-file    "/var/named/data/named.secroots";
#设置服务器dump安全根到文件的路径
    recursing-file   "/var/named/data/named.recursing";
#设置服务器dump正在执行的递归查询的文件路径
    allow-query     { localhost; };        #允许查询的主机，默认只允许本机查询
    recursion yes;                          #可以递归查询
```

```
        dnssec-enable yes;                          # 返回 DNSSEC
        dnssec-validation yes;                      # 使用 DNSSEC 做认证
        managed-keys-directory "/var/named/dynamic";
    # 跟踪被管理的 DESSEC 密钥的文件的路径
        pid-file "/run/named/named.pid";            # 设置 named 服务的进程 PID 文件
        session-keyfile "/run/named/session.key";
    #named 生成的 TSIG session key 写入文件的路径
        /*https://fedoraproject.org/wiki/Changes/CryptoPolicy*/
        include "/etc/crypto-policies/back-ends/bind.config";
};

logging {                                           # 日志配置
        channel default_debug {                     # 配置日志通道
                file "data/named.run";
                severity dynamic;
        };
};
zone "." IN {                                       # 定义 "."（根）区域
        type hint;                                  # 定义区域类型为提示类型
            file "named.ca";                        # 指定该区域的数据库文件为 named.ca
};
include "/etc/named.rfc1912.zones";                 # 包含区域解析文件列表
include "/etc/named.root.key";                      # 包含 /etc/named.root.key 文件
```

/etc/named.rfc1912.zones 实际上也是 BIND 服务主配置文件的一部分，用户可以在此文件中设置域名正向解析、反向解析等，默认情况下，named.rfc1912.zones 中包含本机域名/IP 解析的 zone 定义，其内容如下：

```
zone "localhost.localdomain" IN {
# 定义一个名为 localhost.localdomain 的正向区域
        type master;                                # 定义区域类型为主要类型
            file "named.localhost";
# 指定该区域的数据库文件为 localdomain.zone
        allow-update { none; };                     # 不允许更新
};
zone "localhost" IN {
# 定义一个名为 localhost（代表本机）的正向区域
        type master;
        file "named.localhost";
        allow-update { none; };
};
zone "0.0.0.0.0.0.0.0.0.0.0.0.0.0.0.0.0.0.0.0.0.0.0.0.0.0.0.0.0.0.0.0.ip6.arpa" IN {
# 定义以 IPv6 地址表示的反向区域
        type master;
        file "named.loopback";
        allow-update { none; };
};
zone "0.0.127.in-addr.arpa" IN {
# 定义一个 IP 地址为 127.0.0.X（代表本机）的反向区域
        type master;
        file "named.loopback";
        allow-update { none; };
};
```

```
zone "0.in-addr.arpa" IN {                    #定义一个零区域
    type master;
    file "named.empty";
    allow-update { none; };
};
```

/etc/named.conf 和 /etc/named.rfc1912.zones 配置文件说明 DNS 服务器的全局参数，由多个 BIND 配置命令组成，每个配置命令后是参数和用大括号括起来的配置子句块，各配置子句也包含相应的参数，并以分号结束，其语法类似于 C 语言。主配置文件中最常用的配置语句有两个：options 语句和 zone 语句。

1）options 语句

option 语句定义全局配置选项，在 named.conf 文件中只能使用一次。其基本格式为：

```
options {
    配置子句;
};
```

在 BIND 文档中有完整的 options 配置选项清单，可使用以下命令进行查看：

```
[root@rhel8 ~]# man named.conf
```

2）zone 语句

zone 语句用于定义 DNS 服务器所服务的区域，其中包括区域名、区域类型和区域文件名等信息。默认配置的 DNS 服务器没有自定义任何区域，主要靠根提示类型的区域来找到 Internet 根服务器，并将查询的结果缓存到本地，进而用缓存中的数据来响应其他相同的查询请求，因此采用默认配置的 DNS 服务器就被称为 Caching-only DNS Server——只缓存域名服务器。

zone 语句的基本格式为：

```
zone   "区域名" IN {
    type  子句;
    file  子句;
    其他配置子句;
};
```

- 区域名：根域名用"."表示，除根域名以外，通常每个区域都要指定正向区域名和反向区域名。正向区域名形如 test.net，为合法的 Internet 域名；反向区域名形如 1.168.192.in-addr.arpa，由网段 IP 地址（192.168.1.0/24）的逆序形式加 in-addr.arpa 扩展名而成，其中 arpa 是反向域名空间的顶级域名，in-addr 是 arpa 的一个下级域名。
- type 子句：说明区域的类型，区域类型可以从 master、slave、stub、forward 和 hint 中选择，各类型及其说明如表 8-2 所示。

表 8-2 DNS BIND 区域类型

类型	说明
master	主 DNS 区域，指明该区域保存主 DNS 服务器信息
slave	辅助 DNS 区域，指明需要从主 DNS 服务器定期更新数据
stub	存根区域，与辅助 DNS 区域类似，但只保留 DNS 服务器的名称
forward	转发区域，将任何 DNS 查询请求重定向到转发语句所定义的转发服务器
hint	提示区域，提示 Internet 根域名服务器的名称及其对应的 IP 地址

- file 子句：指定区域数据库文件的名称，应在文件名两边使用双引号。
- allow-update 子句：指定了这个 zone 是否可以自动更新对应的解析文件。

注意：以上每条配置语句均以"；"结束。

8.3.2 区域数据库文件

DNS 服务器针对除根域以外的每个区域使用两个区域数据库文件：正向区域数据库文件和反向区域数据库文件。区域数据库文件定义一个区的域名和 IP 地址信息，主要由若干资源记录组成。区域数据库文件的名称由 named.rfc1912.zones 文件的 zone 语句指定，它可以是任意的，但通常使用域名作为区域数据库文件名，以方便管理。例如，test.net 域有一个名为 test.net 的区域数据库文件。本地主机正向、反向区域数据库文件也可以采用任意名称，但通常使用 named.localhost 和 named.loopback。

由 named.conf 文件的 options 段中的指令 directory "/var/named" 可知，区域数据库文件应该位于该目录下。但是，在 RHEL 中为了实现更安全的 DNS 服务，安装了 bind-chroot 包，以 chroot 模式启动的 DNS 服务器的工作目录（有时称虚根目录）为 /var/named/chroot，区域文件的实际存放位置应该是在 /var/named/chroot/var/named 目录下，所有查询请示只能访问 /var/named/chroot 目录下的内容，而不能访问根目录下的内容，这样一来，即便 /var/named/chroot 目录下的程序和文件被他人非法控制，所具有的权限也相当有限，从而对系统不会造成太大的危害。值得注意的是，这个虚根目录仅在 DNS 服务运行时才起作用，且仅针对 DNS 服务有效。

1. 正向区域数据库文件

正向区域数据库文件实现区域内主机名到 IP 地址的正向解析，包含若干条资源记录。下面是一个典型的正向区域数据库文件内容（假定区域名为 test.net）：

```
$TTL 86400
@           IN      SOA     x.test.net.     root.x.test.net. (
                            2006032601      ;serial
                            3600            ;refresh
                            1800            ;retry
                            36000           ;expiry
                            3600 )          ;minmum
            IN      NS      x.test.net.
            IN      MX      10      x.test.net.
x           IN      A       192.168.1.1
ftp         IN      CNAME   x.test.net.
www         IN      A       192.168.1.2
mail        IN      A       192.168.1.1
```

$TTL 就是客户端查询 DNS 服务器后，DNS 服务器将解析数据记录在本地的缓存时间，单位为秒，通常所有的区域数据库文件都相同。

该区域文件中包含 SOA、NS、MX、A、CNAME 等资源记录类型。

1) SOA 记录

区域数据库文件通常以被称为"授权记录开始"（Start of Authority，SOA）的资源记录开始，此记录用来表示某区域的授权服务器的相关参数，其基本格式为：

```
域名        IN      SOA     DNS主机名       管理员电子邮件地址 (
                                            序列号
                                            刷新时间
                                            重试时间
                                            过期时间
                                            最小生存期)
```

SOA 记录首先需要指定区域名称，通常使用"@"表示 named.rfc11912.zones 文件中 zone 语句定义的域名，上面文件中的"@"表示"test.net"。由于"@"在区域文件中的特殊含义，管理员的电子邮件地址中不能使用"@"符号，而使用"."符号代替。

IN 代表 Internet 类，SOA 是起始授权类型。必须注意其后所跟的授权域名服务器采用的是完全标识域名（FQDN）形式，它以点号结尾，管理员的电子邮件地址也一样。BIND 规定：在区域数据库文件中，任何没有以点号结尾的主机名或域名都会自动追加"@"的值，即追加区域名来构成 FQDN。

序列号也称版本号，用来表示该区域数据库的版本大小，它可以是任何数字，只要它随着区域中记录修改不断增加即可。常见的序列号格式为"年 - 月 - 日 - 当天修改次数"，如"2021032601"表示 2021 年 3 月 26 日第 1 次修改。每次修改完数据库的内容应该同时手工修改版本号，要注意新版本号应该比旧版本号大，后面介绍辅助 DNS 服务器还要用到此参数。

刷新时间：指定辅助 DNS 服务器根据主 DNS 服务器更新区域数据库文件的时间间隔。
重试时间：指定辅助 DNS 服务器如果更新区域文件时出现通信故障，多长时间后重试。
过期时间：指定辅助 DNS 服务器无法更新区域文件时，多长时间后所有资源记录无效。
最小生存时间：指定资源记录信息存放在缓存中的时间。
以上时间的表示方式有两种：

- 数字形式：用数字表示，默认单位为秒，如 3 600。
- 时间形式：可以指定单位为分钟（M）、小时（H）、天（D）、周（W）等，如 3H,表示 3 小时。

2) NS 记录

NS 记录用来指明该区域中 DNS 服务器的主机名或 IP 地址，是区域数据库文件中不可缺少的资源记录。如果有一个以上的 DNS 服务器，可以在 NS 记录中将它们一一列出，这些记录通常放在 SOA 记录后面。由于其作用于与 SOA 记录相同的域，所以可以不写出域名，以继承 SOA 记录中"@"指定的服务器域名。假设域名为 test.net，则以下两个语句的功能相同：

```
              IN    NS    x.test.net.
test.net.     IN    NS    x.test.net.
```

注意：以上语句中 test.net. 和 x.test.net. 均以"."结束。

3) MX 记录

MX 记录仅用于正向区域文件，它用来指定本区域内的邮件服务器主机名，这是 Sendmail 要用到的。其中的邮件服务器主机名可用 FQDN 形式表示，也可用 IP 地址表示。MX 记录中可指定邮件服务器的优先级别，当区域内有多个邮件服务器时，根据其优先级别决定邮件路由的先后顺序，数字越小，级别越高。上面的文件中指定邮件服务器名为 x.test.net，表明任何发送到该区域的邮件（邮件地址的主机部分是 @ 值）会被路由到该邮件服务器，然后再发送给具体的计算机。

4) A 记录

A 记录指明区域内的主机域名与 IP 地址的对应关系，仅用于正向区域文件。A 记录是正向区域文件中的基础数据，任何其他类型的记录都要直接或间接地利用相应的 A 记录。这里的主机域名通常仅用其完整标识域名的主机名部分表示，如前所述，系统对任何没有使用点号结束的主机名会自动追加域名，因此上面的文件中的语句：

```
x         IN    A     192.168.1.1
```

等价于

```
x.test.net.      IN    A    192.168.1.1
```

5) CNAME 记录

CNAME 记录用于为区域内的主机建立别名，仅用于正向区域文件。别名通常用于一个 IP 地址对应多个不同类型服务器的情况。上面的文件中，ftp.test.net 是主机 x.test.net 的别名。

注意：别名不能用在 NS 或 MX 记录中。

利用 A 记录也可以实现别名功能，可以让多个主机名对应相同的 IP 地址。例如，为使 www.test.net 成为 x.test.net 的别名，只要为它增加一个地址记录，使其具有与 x.test.net 相同的 IP 地址即可：

```
x        IN    A    192.168.1.2
www      IN    A    192.168.1.2
```

总之，正向区域数据库文件都由 SOA 记录开始，可以包括 NS 记录、A 记录、MX 记录、CNAME 记录等。

2. 反向区域数据库文件

反向区域数据库文件用于实现区域内主机 IP 地址到域名的映射。请看下面这个区域名为 1.168.192.in-addr.arpa 的反向区域数据库文件：

```
@        IN    SOA   x.test.net.   root.x.test.net. (
                     2006032601    ;serial
                     3600          ;refresh
                     1800          ;retry
                     36000         ;expiry
                     3600 )        ;minmum
         IN    NS    x.test.net.
1        IN    PTR   x.test.net.
         IN    PTR   ftp.test.net.
         IN    PTR   mail.test.net.
2        IN    PTR   www.test.net.
```

将该文件与前面的正向区域数据库文件进行对照可以发现，它们的前两条记录 SOA 与 NS 记录是相同的。所不同的是，反向区域数据库文件中并没有 A 记录、MX 记录和 CNAME 记录，而是定义了新的记录类型——PTR 类型。

PTR 记录类型又称指针类型，它用于实现 IP 地址与域名的逆向映射，仅用于反向区域文件。需要注意的是，该记录最左边的数字不以"."结尾，系统将会自动在该数字的后面补上 @ 的值，即补上区域名称来构成 FQDN。因此，上述文件中的第一条 PTR 记录等价于：

```
1.1.168.192.in-addr.arpa.        IN    PTR    x.test.net.
```

接下来的两条记录省略了第一列（前面超过两个空格），所以也会继承上一条记录同列的值，即 1。

一般情况下，反向区域数据库文件中除了 SOA 和 NS 记录外，绝大多数都是 PTR 类型的记录，其第一项是逆序的 IP 地址，最后一项必须是一个主机的完全标识域名，后面一定有一个点"."。

3. 本机反向区域文件

本机反向区域文件可以为地址是 127.0.0.1 的本地回环接口（localhost）实现反向解析，反向区域名为 0.0.127.in-addr.arpa。其文件名可以任意，通常是 named.loopback。文件的内容如下：

```
@           IN      SOA     x.test.net.    root.x.test.net. (
                            2021032601      ;serial
                            3600            ;refresh
                            1800            ;retry
                            36000           ;expiry
                            3600 )          ;minmum
            IN      NS      x.test.net.
1           IN      PTR     localhost.
```

该文件除了包含与前面所述的区域文件相同的 SOA 和 NS 记录外，只有一条 PTR 记录，它将 IP 地址 127.0.0.1 映射为本地主机名 localhost。

4. 根域数据库文件

该文件的默认文件名为 named.ca，它提供了根域服务器的指向，用于递推查询。它由系统自动创建，平时不用手工修改，可以到 FTP 站点 ftp://ftp.rs.internic.net/domain 上匿名下载 named.boot 文件，将其改名为 named.ca 即可。

8.3.3 与域名解析相关的文件

1. /etc/hosts

/etc/hosts 是本地主机数据库文件，也是 DNS 服务器软件的雏形。在 DNS 出现以前，应用程序通过 hosts 文件来进行主机名到网络地址或网络地址到主机名的转换。利用 hosts 文件通信的主机都应该包含相同的记录，即所有主机都应该包含相同的 hosts 文件。随着网络中主机数量的不断增加，对其维护也非常烦琐，因此，hosts 文件只适合于主机数量很小的网络。目前，在系统中仍然可以看到 hosts 文件，但一般也仅限于本机解析回环地址使用，或少数几台主机通信。下面是 hosts 文件的主要内容：

```
127.0.0.1  localhost localhost.localdomain localhost4
localhost4.localdomain4
::1         localhost localhost.localdomain localhost6
localhost6.localdomain6
```

一般情况下，hosts 文件中只包含这两条记录。需要注意的是，不要删除该记录，因为有的网络服务要用到该条记录，删除它会导致某些网络服务不能正常运行。

2. /etc/host.conf

/etc/host.conf 是解析器配置文件，用于指定使用解析库的方式，一般情况下包含如下一条指令：

```
order       hosts,bind
```

关键字 order 用来指明主机域名的查询顺序，本例为先在 /etc/hosts 文件中查询，如果未找到，再利用 DNS 查询。

3. /etc/resolv.conf

/etc/resolv.conf 是 DNS 客户端的配置文件，主要用来指定所采用的 DNS 服务器的 IP 地址和本机的域名后缀。典型的 resolv.conf 文件内容如下：

```
search      test.net
nameserver  192.168.1.1
nameserver  192.168.1.2
```

关键字 search 表示指定的搜索域名，若 DNS 客户端位于 test.net 域，则可以将 search test.net 写到 DNS 客户端文件中；nameserver 用来指定 DNS 服务器的 IP 地址，可以同时设置多个 nameserver 指令，但只有前三个 nameserver 会生效。

8.4 主 DNS 服务器配置实例

本节通过一个实例来具体说明主域名服务器的配置文件、区域数据库文件的配置方法，以及 DNS 服务器的测试过程。

完成本节学习，将能够：

- 配置主 DNS 服务器。
- 测试 DNS 服务器。

假设需要配置一个符合下列条件的主域名服务器：

① 域名为 linux.net，网段地址为 192.168.10.0/24。

② 主域名服务器的 IP 地址为 192.168.10.10，主机名为 dns.linux.net。

③ 需要解析的服务器包括 www.linux.net（192.168.10.11）、ftp.linux.net（192.168.10.12）、mail.linux.net（192.168.10.13）。

配置过程如下：

1. 编辑主配置文件 /etc/named.conf 和 /etc/named.rfc1912.zones

在 DNS 服务器上编辑 /etc/named.conf 文件，其主体内容如下：

```
options {
    listen-on port 53 {192.168.10.10;}     #将127.0.0.1修改本机的IP地址或any
    directory "/var/named";                #指定区域数据库文件存放的位置
    allow-query    {any;};                 #允许任何IP地址查询
    ...
};
zone "." IN {                              #定义根区域
    type hint;
    file "named.ca";
};
```

然后编辑 /etc/named.rfc1912.zones 文件，其主体内容如下：

```
zone "linux.net" IN {                      #定义一个名为linux.net的正向区域
    type master;                           #类型为主域名服务器
    file "linux.net";                      #指定该区域的数据库文件为linux.net
};
zone "10.168.192.in-addr.arpa" IN {
#定义一个名为10.168.192.in-addr.arpa的反向区域
    type master;
    file "db.10.168.192";                  #指定该区域的数据库文件为db.10.168.192
};
zone "0.0.127.in-addr.arpa" IN {           #定义本机反向区域
    type master;
    file "named.local";                    #指定本机反向区域的数据库文件为named.local
};
```

说明：实际配置时只需将上述部分内容添加到 /etc/named.conf 和 /etc/named.rfc1912.zones 文件中，确保文件包含根、linux.net、10.168.192.in-addr.arpa 和 0.0.127.in-addr.arpa 这四个域的定义即可。该文件的其余内容可以不作改变。

2. 配置正向区域数据库文件

创建如下内容的 linux.net 文件，保存于 /var/named/chroot/var/named 目录。

```
@           IN      SOA     dns.linux.net.      root.dns.linux.net. (
                            2021032601          ;serial
                            3600                ;refresh
                            1800                ;retry
                            36000               ;expiry
                            3600 )              ;minmum
            IN      NS      dns.linux.net.
            IN      MX      10      mail.linux.net.
dns         IN      A       192.168.10.10
www         IN      A       192.168.10.11
ftp         IN      A       192.168.10.12
mail        IN      A       192.168.10.13
```

注意：在区域数据库文件中，所有记录都必须顶行写，前面不能有空格。如果前面出现了两个以上（含两个）空格，则该记录会自动继承上一条记录中的区域名，从而出现错误的资源记录。

3. 配置反向区域数据库文件

创建如下内容的 db.10.168.192 文件，保存于 /var/named/chroot/var/named 目录。

```
@           IN      SOA     dns.linux.net.      root.dns.linux.net. (
                            2021032601          ;serial
                            3600                ;refresh
                            1800                ;retry
                            36000               ;expiry
                            3600 )              ;minmum
            IN      NS      dns.linux.net.
10          IN      PTR     dns.linux.net.
11          IN      PTR     www.linux.net.
12          IN      PTR     ftp.linux.net.
13          IN      PTR     mail.linux.net.
```

说明：该文件与正向区域数据库文件具有相同的 SOA 记录和 NS 记录，只是这里的 @ 与正向区域文件中的 @ 具有不同的值。

4. 配置本机反向区域文件

创建如下内容的 named.local 文件，保存于 /var/named/chroot/var/named 目录。

```
@           IN      SOA     dns.linux.net.      root.dns.linux.net. (
                            2008032601          ;serial
                            3600                ;refresh
                            1800                ;retry
                            36000               ;expiry
                            3600 )              ;minmum
            IN      NS      dns.linux.net.
1           IN      PTR     localhost.
```

说明：该文件的内容是特定的，在不同的域的域名服务器上，该文件要修改的只是 SOA 记录和 NS 记录。

5. 启动 DNS 服务

到目前为止，针对 DNS 服务器端的配置已经基本结束，接下来就可以启动 DNS 服务了。按照 10.2.2 节所介绍的方法来启动 named 守护进程即可。

```
[root@rhel8 ~]#systemctl restart named
```

可以用 ps 命令来查看 DNS 服务器进程是否已经正常运行。

```
[root@rhel8 ~]# ps aux|grep named
named     2939  1.6  4.6  37336  2728 ?     Ssl  12:57  0:00 /usr/sbin/named -u
named -c /etc/named.conf
```

很明显，named 守护进程已经正常启动，但是 DNS 服务器可能仍然存在问题。为了进一步了解 DNS 服务是否成功运行，可以查看 /var/log/messages 日志文件，若发现错误问题可及时改正。

6. 测试 DNS 服务

对 DNS 服务器的测试是在客户端进行的，因此，接下来需要进行 DNS 客户端配置。为了简化测试环境，可以在 DNS 服务器上进行客户端配置。

用 vi 编辑器打开 /etc/resolv.conf 文件，输入内容如下：

```
search    linux.net
nameserver    192.168.10.10
```

该文件指明本机域名后缀为 linux.net，首选 DNS 服务器为 192.168.10.10。

BIND 软件包为 DNS 服务的测试提供了三种工具：nslookup、dig 和 host，其中最常用的是 nslookup。

1）nslookup 命令

使用 nslookup 命令可以直接查询指定的域名或 IP 地址，还可以交互方式查询任何资源记录类型，并对域名解析过程进行跟踪。

【示例】

```
[root@rhel8  ~]# nslookup  www.linux.net    //查询 www.linux.net 对应的 IP 地址
Server:         192.168.10.10
Address:        192.168.10.10#53
Name:    www.linux.net
Address:  192.168.10.11
[root@rhel8  ~]# nslookup              //使用交互方式查询
>server                                //查看当前采用哪个 DNS 服务器来解析
Default  server:192.168.10.10
Address:192.168.10.10#53
>dns.linux.net                         //测试正向资源记录，输入域名
Server:         192.168.10.10

Address:        192.168.10.10#53
Name:    dns.linux.net
Address:  192.168.10.10               //显示查询结果
>192.168.10.12                        //测试反向资源记录，输入 IP 地址
Server:         192.168.10.10
Address:        192.168.10.10#53
12.10.168.192.in-addr.arpa     name=ftp.linux.net.    //显示查询结果
>set  type=mx                         //设定要查询的资源记录类型
>linux.net
```

```
Server:          192.168.10.10
Address:         192.168.10.10#53
linux.net        mail  exchanger=10  mail.linux.net.
>set  debug                                    // 打开调试开关,将显示详细的查询信息
>mail.linux.net
Server:          192.168.10.10
Address:         192.168.10.10#53
--------------
    QUESTIONS:                                 // 查询的内容
        mail.linux.net,type=A,class=IN
    ANSWERS:                                   // 回答的内容
    ->    mail.linux.net
          internet address=192.168.10.13
    AUTHORITY  RECORDS:                        // 授权记录
    ->    linux.net
          nameserver=dns.linux.net.
    ADDITIONAL  RECORDS:                       // 附加记录
    ->    dns.linux.net
internet  address=192.168.10.10
--------------
Name:     mail.linux.net
Address:  192.168.10.13
>set  nodebug                                  // 关闭调试开关
>exit                                          // 退出 nslookup
```

在交互方式查询中,可以用 set type 命令来指定任何资源记录类型,包括 SOA、MX、NS、PTR 等。查询命令中的字符大小写无关。如果发现错误,就需要修改相应文件,然后重新启动 DNS 进程进行测试。

2) host 命令

host 命令可以用来作简单的主机名的信息查询。

【示例】

```
[root@rhel8 ~]# host  www.linux.net            // 测试正向资源记录
www.linux.net  has  adderss  192.168.10.11
[root@rhel8 ~]# host  192.168.10.12            // 测试反向资源记录
12.10.168.192.in-addr.arpa  domain  name  pointer  ftp.linux.net.
[root@rhel8 ~]# host  -a  mail.linux.net       // 显示详细的查询信息
Trying  "mail.linux.net"
;; ->>HEADER<<- opcode: QUERY, status: NOERROR, id: 15503
;; flags: qr aa rd ra; QUERY: 1, ANSWER: 1, AUTHORITY: 1, ADDITIONAL: 1
;; QUESTION SECTION:                           // 查询段

;mail.linux.net.                     IN      ANY
;; ANSWER SECTION:                             // 回答段
mail.linux.net.         3600    IN      A       192.168.10.13
;; AUTHORITY SECTION:                          // 授权段
linux.net.              3600    IN      NS      dns.linux.net.
;; ADDITIONAL SECTION:                         // 附加段
dns.linux.net.          3600    IN      A       192.168.10.10
Received 82 bytes from 192.168.10.10#53 in 5 ms
```

说明:host 命令的 -a 参数与 nslookup 中的 set debug 类似,增加了详细信息的输出。

3）dig 命令

dig 是一个非常灵活的命令行方式的域名信息查询命令，其用法与 host 相似，不同的是默认情况下 dig 执行正向查询，如要进行反向查询需要加上 -x 参数。

【示例】

```
[root@rhel8 ~]# dig mail.linux.net                      //正向查询
; <<>> DiG 9.2.4 <<>> mail.linux.net
...
;; QUESTION SECTION:                                    //查询段
;mail.linux.net.                        IN      A
;; ANSWER SECTION:                                      //回答段
mail.linux.net.         3600    IN      A       192.168.10.13
;; AUTHORITY SECTION:                                   //授权段
linux.net.              3600    IN      NS      dns.linux.net.
;; ADDITIONAL SECTION:                                  //附加段
dns.linux.net.          3600    IN      A       192.168.10.10
...
[root@rhel8 ~]# dig -x 192.168.10.13                    //反向查询（结果从略）
```

8.5 辅助 DNS 服务器配置

本节介绍辅助 DNS 服务器的功能及其配置方法。

完成本节学习，将能够：

- 描述辅助 DNS 服务器的功能。
- 配置和测试辅助 DNS 服务器。

8.5.1 辅助 DNS 服务器的概念

主 DNS 服务器是特定域中所有信息的授权来源，它是实现域间通信所必需的。为了防止主 DNS 服务器由于各种软硬件故障导致停止 DNS 服务，有时会在同一个网络中部署两台或两台以上的 DNS 服务器，其中一台作为主 DNS 服务器，其余作为辅助 DNS 服务器。主 DNS 服务器保存的是网络区域信息的主要版本，可以在该服务器上直接修改区域数据库文件的内容。而辅助 DNS 服务器保存的则是区域信息的辅助版本，它只能提供查询服务而不能在该服务器上修改该区域信息的内容。

辅助 DNS 服务器有两个用途：一是作为主 DNS 服务器的备份；二是分担主 DNS 服务器的负载。当主 DNS 服务器正常运行时，辅助 DNS 服务器只起备份作用；当主 DNS 服务器发生故障后，辅助 DNS 服务器立即启动承担 DNS 解析服务。辅助 DNS 服务器中的数据可以来源于一台主 DNS 服务器（primary），也可以来源于另一台辅助 DNS 服务器（secondary），因此辅助 DNS 服务器有一级、二级……之分。充当数据源的 DNS 服务器有时称为 master DNS 服务器。

辅助 DNS 服务器自动从其他 DNS 服务器中复制数据的过程称为区域传输。启动区域传输的机制有以下三种：一是辅助 DNS 服务器刚启动；二是 SOA 记录中的刷新间隔到达；三是 master DNS 设置了主动通知辅助 DNS 数据有变化。以上三种情况之一发生后，辅助 DNS 服务器会主动与 master DNS 服务器进行数据同步。

需要指出的是，主、辅 DNS 服务器是针对某个区域而言的，一台 DNS 服务器上可以定义多个区域，它可能是 A 区域的主 DNS 服务器，同时又是 B 区域的辅助 DNS 服务器。当然，出于安全性的考虑，建议将主 DNS 服务器与辅助 DNS 服务器配置在不同的计算机上。

8.5.2 辅助 DNS 服务器的配置

辅助 DNS 服务器的配置相对简单，因为它的区域数据库文件是定期从 master DNS 服务器复制过来的，所以无须手工建立。因此，配置辅助 DNS 服务器只需要编辑 DNS 的主配置文件 /etc/named.conf 和 /etc/named.rfc1912.zones 即可。

假设需要配置符合以下条件的主域名服务器和辅助域名服务器：

(1) 域名为 linux.net，网段地址为 192.168.10.0/24。

(2) 主域名服务器的 IP 地址为 192.168.10.10，主机名为 dns.linux.net。

(3) 需要解析的服务器包括 www.linux.net（192.168.10.11）、ftp.linux.net（192.168.10.12）、mail.linux.net（192.168.10.13）。

(4) 辅助域名服务器的 IP 地址为 192.168.10.20，主机名为 slavedns.linux.net。

配置过程如下：

(1) 配置主域名服务器的主配置文件 /etc/named.conf。在 options 选项中添加以下内容：

```
allow-transfer {192.168.10.20;}        //192.168.10.20 为辅助域名服务器的 IP 地址
```

/etc/named.rfc1912.zones 文件内容与 10.4 节相同。

(2) 编辑主域名服务器的正向区域数据库文件 /var/named/chroot/var/named/linux.net，加入辅助 DNS 服务器的 NS 记录和 A 记录，内容如下：

```
@            IN     SOA     dns.linux.net.    root.dns.linux.net. (
                            2008032601        ;serial
                            3600              ;refresh
                            1800              ;retry
                            36000             ;expiry
                            3600 )            ;minmum
             IN     NS      dns.linux.net.
             IN     NS      slavedns.linux.net.
             IN     MX  10  mail.linux.net.
dns          IN     A       192.168.10.10
www          IN     A       192.168.10.11
ftp          IN     A       192.168.10.12
mail         IN     A       192.168.10.13
slavedns     IN     A       192.168.10.20
```

(3) 编辑主域名服务器的反向区域数据库文件 /var/named/chroot/var/named/db.10.168.192，加入辅助 DNS 服务器的 NS 记录和 PTR 记录，内容如下：

```
@            IN     SOA     dns.linux.net.    root.dns.linux.net. (
                            2008032601        ;serial
                            3600              ;refresh
                            1800              ;retry
                            36000             ;expiry
                            3600 )            ;minmum
             IN     NS      dns.linux.net.
             IN     NS      slavedns.linux.net.
10           IN     PTR     dns.linux.net.
11           IN     PTR     www.linux.net.
```

```
12        IN    PTR    ftp.linux.net.
13        IN    PTR    mail.linux.net.
20        IN    PTR    slavedns.linux.net.
```

（4）编辑辅助域名服务器的主配置文件 /etc/named.rfc1912.zones，添加如下内容：

```
zone "linux.net" IN {                        #定义正向区域linux.net
    type slave;                              #设置为辅助类型
    file "slaves/linux.net";                 #指定复制的区域数据库文件名及存放位置
    masters {192.168.10.10;};                #指定master DNS服务器的IP地址
};
zone "10.168.192.in-addr.arpa" IN {
#定义一个名为"10.168.192.in-addr.arpa"的反向区域
    type slave;
    file "slaves/db.10.168.192";
    masters {192.168.10.10;};                #指定master DNS服务器的IP地址

};
```

说明：在 /etc/named.rfc1912.zones 中定义了两个区域，这两个区域的名称应该与 master DNS 服务器中区域的名称一致。关键字 master 指明 master DNS 服务器的 IP 地址列表，要以 ";" 隔开每个地址，注意即便只有一个 IP 地址，末尾也要有 ";"。另外，file 关键字指定的文件名之前要加上一个目录 slaves，这是 RHEL 中辅助 DNS 配置的要求。

8.5.3　辅助 DNS 服务器的测试

在辅助 DNS 服务器上启动 DNS 进程（方法同主 DNS 服务器）后，会自动将 master DNS 服务器上的区域数据库文件复制过来，读者可以自行查看辅助 DNS 服务器中区域数据库文件的内容，并与 master DNS 上的数据库进行对比。

在辅助 DNS 服务器上进行测试，要对其客户端文件 /etc/resolv.conf 进行修改，其内容如下：

```
search    linux.net
nameserver   192.168.10.20                   //首选DNS指向自己的IP
```

辅助 DNS 服务器的测试与主 DNS 服务器一样，可以通过 nslookup、host 和 dig 等命令来进行。

```
[root@rhel8 ~]# nslookup
>server                                      //使用交互方式查询
Default  server:192.168.10.20                //查看当前采用哪个DNS服务器来解析
Address:192.168.10.20#53
>www.linux.net                               //测试正向资源记录，输入域名
Server:192.168.10.20
Address:192.168.10.20#53
Name:www.linux.net
Address:192.168.10.11                        //显示查询结果
```

从测试结果来看，辅助 DNS 已经正常工作。

本章小结

域名系统用于将易于记忆的域名和不易记忆的 IP 地址进行转换。它采用层次化的分布式数据

结构，将数据库系统分布在互联网上不同地域的 DNS 服务器上，每个 DNS 服务器只负责整个域名数据库中的一部分信息。整个 DNS 系统主要由域名空间、域名服务器和解析器三部分组成。DNS 服务器分为主域名服务器、辅助域名服务器、缓存域名服务器和转发服务器等类型。

Linux 系统中使用的 DNS 服务器软件是 bind。利用 bind 软件可架设不同类型的 DNS 服务器。对于主域名服务器而言，必须配置主配置文件 /etc/named.conf 和 /etc/named.rfc1912.zones、正向区域数据库文件和反向区域数据库文件。named.conf 文件定义域名服务器的基本信息，/etc/named.rfc1912.zones 文件定义区域文件的文件名和保存路径。区域文件定义域名与 IP 地址的相互映射关系，主要由多个资源记录组成。区域文件总由 SOA 记录开始，并一定包含 NS 记录。正向区域文件可能包括 A 记录、MX 记录、CNAME 记录，而反向区域文件包括 PTR 记录。

配置辅助 DNS 服务器只需要编辑 DNS 的主配置文件 /etc/named.conf 和 /etc/named.rfc1912.zones，其区域数据库文件定期从 master DNS 服务器复制过来，无须手工建立。

bind 具有将一个域名空间分隔成多个子域进行管理的功能，不同子域的名字可以不同，但一般用主域名作为其共同的后缀。将一个大的区域分成若干小的区域，可以使多个 DNS 服务器之间分配通信量负载，提高 DNS 域名解析性能。

DNS 服务器的测试通常采用 nslookup、host 或 dig 命令来进行。

项目实训 8　DNS 服务器的配置

一、情境描述

某公司注册域名为 rhel.net.cn，其 Intranet 网上有网站、邮件等多台服务器主机。以前公司员工都是直接使用 IP 地址来访问，但是大家都觉得记忆 IP 地址相对比较麻烦。现在公司拟构建一个由两台服务器组成的主、辅域服务器系统，使系统可以通过域名来访问。

二、项目分解

分析上述工作情境，我们需要完成下列任务：
(1) 配置一台主 DNS 服务器，通过测试能实现对内网服务器的解析。
(2) 配置一台辅助 DNS 服务器，通过测试能同时实现对内网服务器的解析。

三、学习目标

1. 技能目标
- 能正确配置和管理主 DNS、辅助 DNS 服务器。
- 会用 nslookup 命令测试 DNS 服务器配置的正确性。
2. 素质目标
- 具备团队合作意识和严谨认真的工作态度。

视　频

配置一台主
DNS服务器

四、项目准备

两台虚拟机，已安装 RHEL/CentOS 8 操作系统，并已安装了 bind 服务器软件。用于测试的客户端为 Windows 7/10 或 RHEL/CentOS 8。

五、预估时间

180min。

六、项目实施

配置一台辅助DNS服务器

【任务1】假设已注册的域名为rhel.net.cn,主DNS服务器的IP地址为192.168.200.2,主机名为dns.rhel.net.cn。邮件服务器的IP地址为192.168.200.5,WWW服务器的IP地址为192.168.200.6。

要求:配置主DNS服务器,通过测试能实现对WWW和邮件服务器的解析。

(1) 编辑主DNS服务器主机的网络接口配置文件,设置网络接口参数并重启网络连接。

注意:这里的IP地址段要与Windows宿主机的虚拟网卡vnet8的地址段以及虚拟机的vnet8的地址段一致。如果不一致,需要通过虚拟网络编辑器修改vnet8子网地址,或根据现有的子网地址段调整主机的网络接口地址。

(2) 编辑DNS的主配置文件/etc/named.conf,修改文件options段中listen-on port 53和allow-query参数配置。

(3) 编辑另一个主配置文件/etc/named.rfc1912.zones,添加正向区域、反向区域和本机反向区域数据库文件参数。

(4) 编辑正向、反向和本机反向三个区域数据库文件,添加域名解析记录。

(5) 重启主DNS服务器主机的named服务。

(6) 设置DNS客户端参数,使其指向主DNS服务器地址。

(7) 用nslookup命令进行正向和反向解析测试。

【任务2】在任务1基础上,部署一台辅助DNS服务器,IP地址为192.168.200.135,主机名为dns2.rhel.net.cn。

要求:编辑主DNS服务器和辅助DNS服务器配置文件,在辅助DNS服务器上通过测试能实现对WWW和邮件服务器的解析。

(1) 配置辅助DNS服务器的网络接口参数。

(2) 编辑主DNS服务器主配置文件/etc/named.conf。

在options段添加如下一行内容:

```
allow-transfer  { 192.168.200.135; };
```

(3) 编辑主DNS服务器上的正向区域和反向区域数据库文件,添加辅助DNS服务器dns2.rhel.net.cn(IP地址为192.168.200.135)相应的解析记录。然后重启主DNS服务器named服务。

(4) 编辑辅助DNS服务器主配置文件/etc/named.rfc1912.zones。

在该主配置文件中添加与主DNS服务器对应的zone区域(参照8.5.2),并在其中修改或添加type、masters配置参数,指定服务器类型为slave,主DNS服务器IP地址为192.168.200.2。

(5) 重启辅助DNS服务器的named服务。

(6) 设置DNS客户端参数,使其指向辅助DNS服务器地址。

(7) 用nslookup命令进行正向和反向解析测试。

七、项目考评

项目完成后,请对完成情况进行评价,在表格相应栏中打"√",并在评分栏进行评分。

序号	考核点	评价标准	标准分	评价结果			评分
				操作熟练	能做出来	完全不会	
1	主 DNS 服务器的配置	DNS 主配置文件、正向区域数据库文件、反向区域数据库文件、本机反向区域文件的配置	20				
2	辅助 DNS 服务器的配置	DNS 主配置文件的配置	20				
3	DNS 服务器的启动/重启/关闭	使用命令行工具启动、重启或关闭 DNS 服务器	20				
4	DNS 服务的测试	使用 nslookup 命令测试 DNS 服务器	20				
5	职业素养	实训过程：纪律、卫生、安全等	10				
		严谨细致、团队协作、网络安全等	10				
	总评分		100				

习题 8

一、选择题

1. 下列（　　）文件包含了 bind 软件的配置信息。
   A. /etc/bind.conf B. /etc/named.conf
   C. /etc/dns.conf D. /var/named/bind.conf
   E. /var/named.conf

2. 若需检查当前 Linux 系统是否已安装了 DNS 服务，以下命令正确的是（　　）。
   A. rpm -q dns B. rpm -q bind
   C. rpm -aux|grep bind D. rpm ps aux |grep dns

3. 启动 DNS 服务的命令是（　　）。
   A. service bind restart B. service bind start
   C. systemctl named start D. systemctl start named

4. 以下对 DNS 服务的描述正确的是（　　）。
   A. DNS 服务的主要配置文件是 /etc/named/dns.conf
   B. 配置 DNS 服务，只需配置 /etc/named.conf 即可
   C. 配置 DNS 服务，通常需要配置 /etc/named.conf、/etc/named.rfc1912.zones 和相应的区域文件
   D. 配置 DNS 服务时，正向和反向区域文件都必须配置才行

5. 以下（　　）MX 记录书写正确。
   A. MX 10.mail.domain.com B. MX mail.domain.com.
   C. MX 10 mail.domain.com D. MX 10 mail.domain.com.

6. 检验 DNS 服务器配置是否成功，解析是否正确，最好采用（　　）命令来实现。
   A. ping B. netstat C. ps -aux |bind D. nslookup

7. 以下（   ）目录中包含了 DNS 的区域数据文件。
   A. /etc/bind   B. /etc/named
   C. /etc/bind.d   D. /var/named
   E. /var/bind.d
8. 在 DNS 服务器配置文件中 A 类资源记录的意思是（   ）。
   A. IP 地址到名字的映射   B. 官文信息
   C. 名字到 IP 地址的映射   D. 一个 NAME SERVER 的规范

二、简答题
1. Linux 中的 DNS 服务器主要有哪几种类型？
2. 如何启动、关闭和重启 DNS 服务？
3. bind 服务器的配置文件主要有哪些？每个文件的作用是什么？
4. 测试 DNS 服务器的配置是否正确主要有哪几种方法？
5. 正向区域文件和反向区域文件分别由哪些记录组成？

第 9 章

DHCP 服务器配置与管理

在计算机网络中，每台计算机都有自己的 IP 地址，IP 地址是它们的唯一标识。如果同一网络中的计算机过多，网络管理人员为每台计算机单独指定 IP 地址，这样的工作量非常大，而且可能会出现 IP 地址重复的现象，此时就可借助于服务器的 DHCP 服务功能。通过使用 DHCP 服务器，不再需要手工设置网络配置信息，从而为网络中集中管理不同的系统带来了方便。因此，DHCP 服务在 Internet、校园网及企业网中得到了非常广泛的应用。本章介绍 DHCP 服务的基本工作原理以及 DHCP 服务器的配置方法。

完成本章学习，将能够：
- 描述 DHCP 的工作原理。
- 安装和启动 DHCP 服务器。
- 配置 DHCP 服务器和客户端。
- 树立公平竞争意识，增强国家安全观念。

9.1 DHCP 概述

DHCP 是 Dynamic Host Configuration Protocol（动态主机配置协议）的简写。它是网络管理中非常重要的一项服务，可以为连接到 TCP/IP 网络的系统提供网络配置信息，包括 IP 地址、子网掩码、网关、DNS 服务器地址等网络参数。本节介绍 DHCP 服务的工作原理，以及 DHCP 服务器的安装与启动方法。

完成本节学习，将能够：
- 描述 DHCP 服务的工作过程。
- 安装和启动 DHCP 服务器。

9.1.1 DHCP 的工作原理

DHCP 服务采用 UDP 协议，其中 DHCP 服务器采用 67 号端口，DHCP 客户机采用 68 号端口。

DHCP 客户机获得 IP 地址的过程又称 DHCP 租借过程。下面通过图 9-1 说明 DHCP 服务的工作原理。

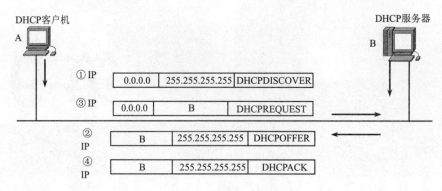

图 9-1 DHCP 工作原理

1. DHCP 发送

DHCP 客户机开机或登录网络后，会强制发送一个目的地址为 255.255.255.255 的 DHCPDISCOVER 广播包，这样的广播包会被同一网段的所有主机收到。

2. DHCP 提供

收到 DHCPDISCOVER 广播包的客户机会忽略该信息，而 DHCP 服务器会从自己的 IP 地址池中找出一个未分配的 IP 地址，连同子网掩码等参数，回应给客户端一个 DHCPOFFER 广播包。需要注意的是，可能有多台 DHCP 服务器都给出响应。

3. DHCP 请求

DHCP 客户机收到网络上多台 DHCP 服务器的响应后，会挑选其中一个 DHCPOFFER（通常是最先抵达的那个），并且会向网络发送一个 DHCPREQUEST 广播包，告诉所有 DHCP 服务器它将接收哪一台服务器提供的 IP 地址信息。之所以要以广播方式回答，是为了通知所有的 DHCP 服务器，它将选择某台 DHCP 服务器所提供的 IP 地址，以便其他 DHCP 服务器及时收回自己的 IP 地址。

4. DHCP 确认

当 DHCP 服务器收到 DHCP 客户机回答的 DHCPREQUEST 请求信息之后，它便向 DHCP 客户机发送一个包含它所提供的 IP 地址和其他设置的 DHCPACK 确认信息，告诉 DHCP 客户机可以使用它所提供的 IP 地址。

当客户机收到 DHCPACK 广播包后，DHCP 的租借过程就完成了，此时 DHCP 客户机就可以将 TCP/IP 参数与网卡绑定。以后 DHCP 客户机每次重新登录网络时，就不需要再发送 DHCPDISCOVER 发现信息了，而是直接发送包含前一次所分配的 IP 地址的 DHCPREQUEST 请求信息。当 DHCP 服务器收到这一信息后，它会尝试让 DHCP 客户机继续使用原来的 IP 地址，并回答一个 DHCPACK 确认信息。如果此 IP 地址已无法再分配给原来的 DHCP 客户机使用时（例如此 IP 地址已分配给其他 DHCP 客户机使用），则 DHCP 服务器给 DHCP 客户机回答一个 DHCPNACK 否认信息。当原来的 DHCP 客户机收到此信息后，它就必须重新发送 DHCPDISCOVER 发现信息来请求新的 IP 地址。

DHCP 服务器向 DHCP 客户机分配的 IP 地址一般都有一个租借期限，期满后 DHCP 服务器便会收回出租的 IP 地址。因此，客户机只能在租期范围内使用获得的 IP 地址参数。为了能够及时延长租期，DHCP 服务制定了 DHCP 租期更新机制。

（1）RENEW 更新。DHCP 客户机在 IP 租约期限过一半时，会自动向 DHCP 服务器发送 DHCPREQUEST 数据包，向 DHCP 服务器请求续租。如果收到 DHCP 服务器的响应，则续租成功；否则，进入下一个更新阶段。

（2）REBIND 更新。如果此时得不到 DHCP 服务器的确认，客户还可以继续使用该 IP，直到 87.5% 租期时刻，DHCP 客户发出 DHCPREQUEST 数据包，如果收到原 DHCP 服务器的响应，则续租成功；如果收到其他 DHCP 服务器的响应，则在用完剩下 12.5% 的租期后重新开始获得租约进程。

9.1.2 DHCP 服务的安装与启动

1. 安装 DHCP 服务器软件

目前，流行的 Linux 发行版本安装的 DHCP 软件包都是由 ISC（Internet Systems Consortium）开发的。一般来说，只要在安装 RHEL/CentOS 系统时选择了完全安装，则一定会安装 DHCP 服务器和客户端软件。可以使用如下命令进行查看：

```
[root@rhel8 ~]# rpm  -qa|grep  dhcp
dhcp-common-4.3.6-41.el8.noarch
dhcp-client-4.3.6-41.el8.x86_64
dhcp-libs-4.3.6-41.el8.x86_64
```

显示表明系统已经安装了 DHCP 服务器软件。如果系统没有安装 DHCP 服务器软件，那么在挂载安装光盘并制作好 YUM 源文件后，在命令行界面下采用以下命令来安装：

```
[root@rhel8 ~]# yum  install dhcp*  -y
```

2. 启动 DHCP 服务器

配置好 DHCP 服务器后，需要启动才能使用，而且每次修改 DHCP 服务的配置文件后也需要重启才能生效。

在命令行界面下可以利用 systemctl 来管理 DHCP 服务。例如，下列命令可以启动 DHCP 服务：

```
[root@rhel8 ~]#systemctl  start  dhcpd
```

将上述命令中的 start 参数变换为 stop、restart、status，可以分别实现 DHCP 服务的关闭、重启和状态的查看。

另外，可以利用 systemctl 将 DHCP 服务设置为开机自启动。

```
[root@rhel8 ~]# systemctl  enable  dhcpd
```

9.2 配置 DHCP 服务器

本节首先介绍 DHCP 服务器的配置文件，然后通过一个实例说明 DHCP 服务器的配置过程。
完成本节学习，将能够：
- 配置 DHCP 服务器，实现基本的 DHCP 服务。

9.2.1 DHCP 配置文件

DHCP 服务器的配置文件存放在 /etc/dhcpd 目录中，主要的配置文件是 dhcpd.conf。默认情况下，该文件里没有任何配置内容。但是，系统提供了一个模板文件 /usr/share/doc/dhcp-server/dhcpd.conf.example，在具体的 DHCP 服务器配置中，可以先把该文件内容复制到 /etc/dhcp/dhcpd.conf，然后根据需要进行编辑。下面是这个文件的主体内容：

```
    option domain-name "example.org";
    # 设置 DNS 域名后缀
    option domain-name-servers ns1.example.org, ns2.example.org;
    # 指定 DNS 服务器的域名（或 IP 地址）

    default-lease-time 600;
    # 指定默认租期（以秒为单位）
    max-lease-time 7200;
    # 指定最大租期（以秒为单位）
    ddns-update-style none;
    # 设置 DDNS 的更新方案，这里的设定值有三种：ad-hoc、interim 和 none
    authoritative;
    # 拒绝未经验证的 IP 地址的请求
    log-facility local7;
    # 将 dhcp 服务日志信息发送到另外的 log 文件中
    subnet 10.5.5.0 netmask 255.255.255.224 {
        # 用户可以用 subnet 语句通知 DHCP 服务器，把服务器可以分配的 IP 地址范围限制在规定的子网内，subnet 语句含了子网掩码 netmask
        range 10.5.5.26 10.5.5.30;
        # 通过 range 语句指定动态分配给客户端的 IP 地址范围。在 range 语句中需要指定地址段的首地址和末地址（可设置多个范围）
        option domain-name-servers ns1.internal.example.org;
        option domain-name "internal.example.org";
        option routers 10.5.5.1;
        # 设置默认网关 IP 地址
        option broadcast-address 10.5.5.31;
        # 设置广播地址
        default-lease-time 600;
        max-lease-time 7200;
    }
    host fantasia {
        # 给某些主机（如 ns）绑定固定 IP 地址（可设置多个）
        ardware ethernet 12:34:56:78:AB:CD;
        # 需设置固定 IP 地址的网卡的 MAC 地址
        fixed-address  fantasia.example.com;
        # 对指定的 MAC 地址分配 IP 地址
    }
    class "foo" {
        match if substring (option vendor-class-identifier,0,4) = "SUNW";
    }
    # 声明一个客户机类，可以通过这个类进行地址分配
    shared-network 224-29 {
        # 指定共享网络
        subnet 10.17.224.0 netmask 255.255.255.0 {
            option routers rtr-224.example.org;
        }
        subnet 10.0.29.0 netmask 255.255.255.0 {
            option routers rtr-29.example.org;
        }
```

```
    pool {
      allow members of "foo";
      range 10.17.224.10 10.17.224.250;
      #为属于foo类中的客户机指定分配的IP地址范围
    }
    pool {
      deny members of "foo";
      range 10.0.29.10 10.0.29.230;
      #为属于foo类以外的指定分配的IP地址范围
    }
}
```

9.2.2 配置 DHCP 服务

配置 DHCP 服务器，主要是修改上述 dhcpd.conf 文件，其中主要是设置子网网段、网关地址、DNS 地址、租期、可供分配的 IP 地址范围和绑定某些 IP 地址等。

假如在某个局域网内有 50 台计算机需要上网，但只有 30 个可用的 IP 地址，现配置一台 DHCP 服务器，其要求如下：

(1) 子网 ID 为 192.168.10.0，子网掩码为 255.255.255.128。

(2) 允许动态分配的 IP 地址段为 192.168.10.10 ～ 192.168.10.39。

(3) 将 IP 地址 192.168.10.20 和 192.168.10.30 分配给固定的主机 computer1（MAC 地址为 00:20:c4:f4:b6:14）和 computer2（MAC 地址为 04:34:2b:78:37:11）。

(4) 默认网关为 192.168.10.1，DNS 服务器的 IP 地址为 192.168.1.1。

(5) DHCP 服务器的 IP 地址为 192.168.10.100。

配置过程如下：

(1) 首先必须为 DHCP 服务器分配一个固定的 IP 地址，本例要求 DHCP 服务器的 IP 地址为 192.168.10.100。

(2) 复制 /usr/share/doc/dhcp-server/dhcpd.conf.example 文件内容到 /etc/dhcp/dhcpd.conf 文件中。然后对该文件进行如下修改：

```
ddns-update-style interim;
#设置DDNS更新方式，设定值有三种：ad-hoc、interim和none
option domain-name              "linux.net";
#设置DNS域名后缀
option domain-name-servers      192.168.1.1;
#指定DNS服务器的IP地址
default-lease-time 21600;
#指定默认IP租约时间（以秒为单位）
max-lease-time 43200;
#指定最大IP租约时间（以秒为单位）

subnet 192.168.10.0  netmask 255.255.255.128 {
#设置子网及其参数
    option routers                  192.168.10.1;
#设置默认网关IP地址
      range dynamic-bootp 192.168.10.10 192.168.10.19;
      range dynamic-bootp 192.168.10.21 192.168.10.29;
      range dynamic-bootp 192.168.10.31 192.168.10.39;
#通过range语句指定动态分配给客户端的IP地址范围
```

```
    host computer1 {
        hardware ethernet 00:20:c4:f4:b6:14;
        fixed-address 192.168.10.20;   }
# 给 computer1 绑定固定 IP 地址
    host computer2 {
        hardware ethernet 04:34:2b:78:37:11;
        fixed-address 192.168.10.30;}
# 给 computer2 绑定固定 IP 地址

}
```

如要进行 IP 地址的绑定，必须要知道被绑定主机网卡的 MAC 地址。如果是 Windows 主机，可以用 ipconfig/all 命令查看该机器网卡的 MAC 地址；如果是 Linux 主机，可以用 ifconfig -a 命令查看网卡的 MAC 地址。

（3）配置 DHCP 网卡启动接口。修改 /etc/sysconfig/dhcpd 文件，修改内容如下：

```
DHCPDARGS="eth0"
```

（4）根据 DHCP 主配置文件的 subnet 配置网络号，设置网卡的子接口 IP 地址（若网卡的 IP 网段与 subnet 配置的网络号一致，此步骤可省略）。

（5）配置完成后必须重启 DHCP 服务器，才能使配置生效，命令如下：

```
[root@rhel8 ~]# systemctl   restart   dhcpd
```

9.2.3　租约数据库文件

租约数据库文件用于保存一系列的租约声明，其中包含客户端的主机名、MAC 地址、分配到的 IP 地址，以及 IP 地址的有效期等相关信息。这个数据库文件是可编辑的 ASCII 格式文本文件。每当租约变化的时候，都会在文件结尾添加新的租约记录。

DHCP 服务器刚安装好时，租约数据库文件 /var/lib/dhcpd/dhcpd.leases 是个空文件。当 DHCP 服务正常运行时就可以使用 cat 命令查看租约数据库文件内容。

9.3　配置 DHCP 客户端

本节介绍 Windows 和 Linux 系统的 DHCP 客户端的配置方法。
完成本节学习，将能够：
- 配置 Windows 和 Linux 的 DHCP 客户端。

9.3.1　配置 Windows 客户端

将 Windows 主机配置为 DHCP 客户端比较简单，可以采用图形化配置。以 Windows 10 为例，配置步骤如下：

右击桌面上的"网络"图标，选择"属性"命令，系统打开"网络和共享中心"窗口，单击该窗口左侧的"更改适配器设置"链接，系统打开"网络连接"窗口，然后右击该窗口中的"以太网"图标，选择"属性"菜单，打开"以太网属性"对话框，双击其中的"Internet 协议版本 4（TCP/IPv4）"项目，系统将打开"Internet 协议版本 4（TCP/IPv4）属性"对话框，如图 9-2 所示。

在该对话框中，选中"自动获得 IP 地址"和"自动获得 DNS 服务器地址"单选按钮，然后单击"确定"按钮即可完成 Windows 10 下 DHCP 客户端的配置。

配置好 Windows 客户端后，可以通过 DOS 命令 ipconfig /all 进行测试，如图 9-3 所示。

从图 9-3 中可以看到，DHCP 客户机已经成功获得 IP 地址。另外，如果想释放获得的 IP 地址，可以在 DOS 提示符下执行 ipconfig/release 命令；如果要重新获得 IP 地址可以执行 ipconfig/renew 命令。

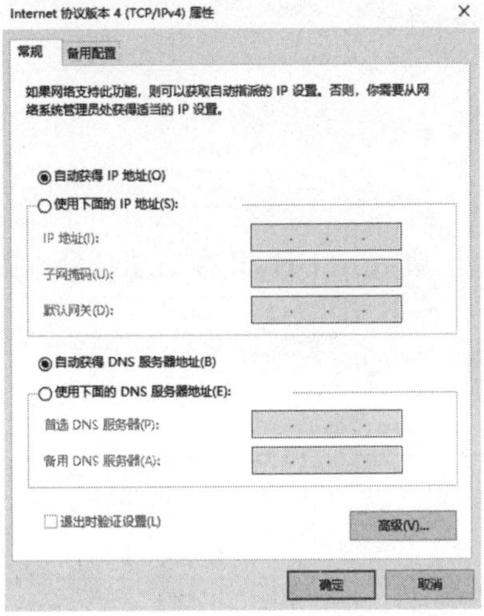

图 9-2 "Internet 协议 4（TCP/IPv4）属性"对话框 　　图 9-3 查看 DHCP 客户端获得的 IP 地址等参数

9.3.2 配置 Linux 客户端

Linux 下 DHCP 客户端的配置方法一般有两种：一种是在命令行或图形界面下利用 Linux 自带的图形配置工具；另一种是传统的文本配置方法。

命令行界面和图形界面下可分别使用 NM 的工具 nmcli、nmtui 命令进行配置。以命令行界面为例，如果网卡名为 ens33，执行如下命令，可将网卡参数设置为自动获取方式：

```
[root@rhel8~ ]#nmcli connection modify ens33 ipv4.method auto
```

RHEL/CentOS8 中文本配置方法就是用 vi 文本编辑器直接编辑网卡的配置文件（如 /etc/sysconfig/network-scripts/ifcfg-ens33），配置后的主体内容如下：

```
DEVICE=ens33
# 指定网卡的名称
BOOTPROTO=dhcp
# 设置采用动态 IP 地址分配
ONBOOT=yes
# 设置在开机引导时激活该设备
...
```

修改完该文件后，可以执行如下命令使配置生效：

```
[root@rhel8 ~]# nmcli connection reload ens33
```

或：

```
[root@rhel8 ~]# systemctl    restart  NetworkManager
```
然后，可以执行如下命令来获得 IP 地址：

```
[root@rhel8 ~]# dhcpclient
```

为了测试 Linux 下的 DHCP 客户端是否配置好，可以在 Linux 的终端窗口中输入 nmcli device show ens33 命令或 ifconfig 命令来测试，如下所示：

```
[root@rhel8 ~]# ifconfig
ens33 Link   encap:Ethernet    HWaddr   00:0C:29:32:EC:63
      inet   addr:192.168.10.25  Bcast:192.168.10.255  Mask:255.255.255.128
…
lo    Link   encap:Local  Loopback
      inet   addr:127.0.0.1   Mask:255.0.0.0
…
```

如果在网卡 ens33 的 inet addr 段之后看到正常的 IP 地址，则表示 DHCP 客户端已经设置好了。另外，如果想释放获得的 IP 地址，可以执行下列命令：

```
[root@rhel8 ~]# dhclient -r
```

本章小结

DHCP 服务可以为连接到 TCP/IP 网络的系统提供网络配置信息，包括 IP 地址、子网掩码、网关、DNS 服务器地址等网络参数。Linux 系统自带 DHCP 服务器软件，其配置文件为 /etc/dhcp/dhcpd.conf。配置 DHCP 服务器时，主要是修改 dhcpd.conf 文件，其中主要是设置子网网段、网关地址、DNS 服务器地址、租期、可供分配的 IP 地址范围和绑定某些 IP 地址等。在客户端进行配置后，就可以自动获取 IP 地址等信息。

项目实训 9   DHCP 服务器的配置

DHCP服务器的配置

一、情境描述

某公司下设多个部门，各部门办公 PC 组成了一个局域网。为方便管理各台 PC 的网络参数，现需配置一台 DHCP 服务器给各台 PC 分配 IP 地址、网关等参数。

二、项目分析

分析上述工作情境，我们需要完成下列任务：

在搭建好的网络环境下，配置一台 DHCP 服务器，通过测试，能为公司各部门分配 IP 地址及网关等参数。

三、学习目标

1. 技能目标
- 能配置一台 DHCP 服务器。

- 通过客户端测试 DHCP 服务器配置的正确性。
2. 素质目标
- 具备公平竞争意识，增强技能报国观念。

四、项目准备

两台虚拟机，其中一台已安装 RHEL/CentOS 8 操作系统，并已安装了 DHCP 服务器软件，另一台安装 Windows7/10，两者可以互相 ping 通。

为了避免实训用的 DHCP 服务器对现有网络的影响。在 VMware Workstation 环境中，可以将 DHCP 服务器及客户机的网络配置为仅主机（Host Only）模式。同时禁用此网络上的 DHCP 功能，具体操作如下：

（1）在 Vmware Workstation 中选择"编辑"|"虚拟网络编辑器"菜单，进入虚拟网络编辑器。如图 9-4 所示。

（2）在网络连接中选择 VMnet1（仅主机模式），清除使用本地 DHCP 服务将 IP 地址分配给虚拟机复选框。

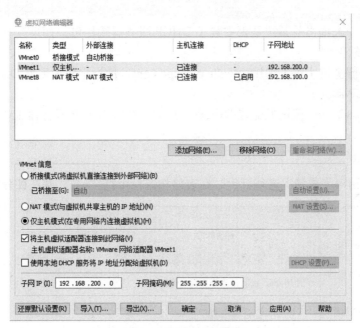

图 9-4　虚拟网络编辑器

五、预估时间

45min。

六、项目实施

该公司的 PC 分配到三个 VLAN 中，如表 9-1 所示。

表 9-1　PC 机 IP 地址和网关分配表

网络	IP 地址范围	网关
VLAN1	192.168.10.100～192.168.10.253/24 排除 192.168.10.200～192.168.10.239	192.168.10.1
VLAN2	192.168.11.100～192.168.11.253/24	192.168.11.1
VLAN3	192.168.12.100～192.168.12.253/24	192.168.12.1

DHCP 服务器的 IP 地址为 192.168.10.11。DNS 服务器的地址为 192.168.10.20、192.168.10.21。需要将 192.168.10.111 保留给无法配置静态 IP 地址的打印机，其名称为 Printer1，MAC 地址为：00:41:58:30:47:B2。

（1）网络环境准备。

将准备用作 DHCP 服务器的虚拟机及客户机的网络配置为仅主机（Host Only）模式，然后禁用此网络上的 DHCP 功能。

（2）编辑 DHCP 服务器主机的网络接口配置文件，为其配置固定的网络地址，并重启网络连接卡。

（3）用 rpm 命令查询当前系统是否安装了 DHCP 服务器软件包。如果没有安装，用 yum 命令安装 DHCP 服务器软件。

（4）在 DHCP 服务器主机上编辑 /etc/dhcp/dhcpd.conf，按指定要求配置 DHCP 服务。

（5）重启 DHCP 服务。

（6）在 Windows7/10 计算机上配置 DHCP 客户端，测试 DHCP 服务器工作是否正常，即是否取得 IP 地址参数。

七、项目考评

项目完成后，请对完成情况进行评价，在表格相应栏中打"√"，并在评分栏进行评分。

序号	考核点	评价标准	标准分	评价结果			评分
				操作熟练	能做出来	完全不会	
1	DHCP 安装软件包的查询	使用 rpm –qa|grep 命令查询软件包					
2	DHCP 服务器的配置	DHCP 配置文件 /etc/dhcp/dhcpd.conf 的配置					
3	DHCP 服务器的启动、重启、关闭	使用命令行或图形工具启动、重启或关闭 DHCP 服务器					
4	DHCP 服务器客户端配置	在客户机上配置 DHCP 方式获取 IP 地址等参数					
5	DHCP 服务器的测试	使用 nmcli/ifconfig(Linux 平台) 或 ipconfig (Windows 平台) 命令查看网卡的地址参数					
6	职业素养	实训过程：纪律、卫生、安全等	10				
		公平竞争、国家安全、团队协作等	10				
		总评分	100				

习题 9

一、选择题

1. DHCP 是动态主机配置协议的简称，其作用是可以使网络管理员通过一台服务器来管理一个网络系统，自动地为一个网络中的主机分配（　　）地址。
   A. 网络　　　　　　　B. MAC　　　　　　　C. TCP　　　　　　　D. IP

2. 若需检查当前 Linux 系统是否已安装了 DHCP 服务器，以下命令正确的是（　　）。
   A. rpm -ql|grep dhcp　　　　　　　　　B. rpm -qa|grep dhcp
   C. rpm -q dhcpd　　　　　　　　　　　D. rpm -ql

3. DHCP 服务器的主配置文件是（　　）。
   A. /etc/dhcp/dhcp.conf　　　　　　　　B. /etc/dhcp/dhcpd.conf
   C. /etc/dhcpd.conf　　　　　　　　　　D. /usr/share/doc/dhcp-server/dhcpd.conf.sample

4. 启动 DHCP 服务的命令有（　　）。
   A. service dhcp start　　　　　　　　　B. service restart dhcp
   C. systemctl dhcpd start　　　　　　　　D. systemctl start dhcpd

5. 以下对 DHCP 服务器的描述中错误的是（　　）。
   A. 启动 DHCP 服务的命令是 systemctl start dhcpd
   B. 对 DHCP 服务器的配置，均可通过 /etc/dhcp/dhcp.conf 配置文件来实现
   C. 在定义作用域时，一个网段通常定义一个作用域，可通过 range 语句指定可分配的 IP 地址范围，使用 option routers 语句指定默认网关
   D. DHCP 服务器必须指定一个固定的 IP 地址

6. 在完成 DHCP 服务器配置后，欲使其给网络中的机器分配 IP 地址，尚须作如下（　　）操作。
   A. 重启机器
   B. 为每个客户端机器分配固定的地址
   C. 启动 dhcpd 服务
   D. touch /var/lib/dhcp/dhcpd.leases
   E. 以上都是

7. 使用 DHCP 服务器不能为客户端分配下列（　　）网络参数。
   A. 默认网关　　　　B. 子网掩码　　　　C. Web 代理服务器　　　　D. IP 地址

8. 在 /etc/dhcp/dhcpd.conf 中用于向某个客户主机分配固定 IP 地址的参数是（　　）。
   A. Server-name　　　B. Fixed-address　　　C. Filename　　　D. hardware

二、简答题

1. 说明 DHCP 服务的工作过程。
2. 如何在 DHCP 服务器中为某一计算机分配固定的 IP 地址？
3. 如何将 Windows 和 Linux 机器配置为 DHCP 客户端？

第 10 章
Samba 和 NFS 服务器的配置与管理

同一计算机网络中通常存在多种不同的操作系统，如 Windows、UNIX、Linux 等，要实现这些操作系统之间的文件和打印服务的共享，架设 Samba 服务器是其中一个有效途径。在 UNIX/Linux 网络系统内部，通常使用 NFS 协议在不同的计算机之间进行文件共享。一台 NFS 服务器就如同一台文件服务器，只要将其文件系统共享出来，NFS 客户端就可以将它挂载到本地系统中，从而可以像使用本地文件系统中的文件一样使用那些远程文件系统中的文件。为避免敏感数据的泄露，保障信息安全，系统管理员应仔细检查 Samba 和 NFS 服务器的配置参数。本章将详细介绍 Samba 和 NFS 服务的功能、安装、启动及配置方法。

完成本章学习，将能够：
- 描述 Samba 服务和 NFS 服务的功能。
- 安装和启动 Samba 和 NFS 服务器。
- 配置匿名访问和 user 级 Samba 服务器，实现文件和打印共享。
- 配置 NFS 服务器。
- 树立信息安全意识，培养团队合作精神。

10.1 Samba 服务器概述

本节介绍 Samba 服务的功能、Samba 服务器的安装与启动方法。
完成本节学习，将能够：
- 描述 SMB 协议的功能。
- 安装和启动 Samba 服务器。

10.1.1 Samba 概述

Samba 是一组使 Linux 支持 SMB 协议，实现跨平台共享文件和打印服务的软件。SMB（Server Message Block，服务信息块）通信协议是微软和英特尔在 1987 年制定的协议，主要是作为 Microsoft 网络的通信协议，其目的是实现网络上不同类型计算机之间文件和打印机共享服务。Samba 提供的服务包括 smbd、nmbd、winbindd 等，其中 smbd 服务使用 SMB 协议提供文件共享和打印服务，同时负责资源锁定和验证连接用户；nmbd 服务通过 IPv4 协议使用 NetBIOS 提供主机名和 IP 解析，浏览 SMB 网络以定位域、工作组、主机、文件共享和打印机。SMB 的工作原理是让 NetBIOS 协议运行在 TCP/IP 协议之上，利用 NetBIOS 的名称解释功能可以在 Windows 计算机的网上邻居中看到 Linux 计算机，Windows 计算机的用户可以"登录"到 Linux 计算机中，从 Linux 文件系统中复制文件、提交打印任务；同时，Linux 计算机可以通过 Samba 客户端访问局域网内的 Windows 主机上共享的文件和打印服务，从而实现 Linux 计算机与 Windows 计算机之间相互访问共享文件和打印机的功能。

目前，Samba 服务已成为局域网上文件和打印管理的重要手段。它具有跨平台功能，可以为 Windows 和 Linux 用户提供一个公共存储区，在 Windows 和 Linux 工作站之间共享文件和打印机；支持 SSL，与 OpenSSL 相结合可以实现安全通信；支持 LDAP，可与 OpenLDAP 相结合实现基于目录服务的身份认证。同时，Samba 服务器可以充当 Windows 域中的 PDC、成员服务器，从而方便地在 Linux 服务器上管理 Windows 的计算机和 Linux 工作站。

10.1.2 Samba 的安装与启动

RHEL/CentOS 8 在安装过程中可以选择安装 Samba 服务器，可使用下面的命令检查系统中是否已经安装了 Samba 软件：

```
[root@rhel8 ~]# rpm -qa|grep samba
samba-common-tools-4.12.3-12.el8.3.x86_64
samba-common-4.12.3-12.el8.3.noarch
samba-client-4.12.3-12.el8.3.x86_64
samba-client-libs-4.12.3-12.el8.3.x86_64
samba-4.12.3-12.el8.3.x86_64
samba-krb5-printing-4.12.3-12.el8.3.x86_64
samba-common-libs-4.12.3-12.el8.3.x86_64
…
samba-libs-4.12.3-12.el8.3.x86_64
```

命令执行结果表明系统已安装了 Samba 服务器。如果未安装，超级用户(root)可先挂载安装光盘，并制作好 YUM 源，然后用如下命令安装与 Samba 相关的上述软件包：

```
[root@rhel8 ~]#yum install samba* -y
```

Samba 服务器主要由两个守护进程控制：smbd 和 nmbd。smbd 用来提供文件和打印机共享服务、用户身份验证以及对 Samba 客户授权等，它监听 UDP 的 139 和 445 端口。nmbd 则负责处理 NetBIOS 名称服务请求和网络浏览功能，它监听 137 和 138 端口。

在命令行界面下可以利用 systemctl 命令来管理 Samba 服务。例如，可用下列命令来启动 Samba 服务：

```
[root@rhel8 ~]# systemctl start smb
```

将上述命令中的 start 参数变换为 stop、restart、status，可以分别实现 Samba 服务的关闭、重启和状态的查看。

另外，可以利用 systemctl 命令设置 Samba 服务为自启动：

```
[root@rhel8 ~]# systemctl enable smb
```

10.2 Samba 的配置文件

Samba 服务器的配置文件是 /etc/samba/smb.conf。smb.conf 的结构分为两个部分：一是全局设置部分；二是共享定义部分，每个部分由若干分段组成。本节对 Samba 服务器配置文件中的全局设置和共享定义部分定义的参数及其默认值进行说明。

完成本节学习，将能够：
- 描述 smb.conf 配置文件各部分的组成。
- 描述主要的配置参数的名称、作用和默认值。

10.2.1 全局设置部分的配置参数

全局设置部分包括一个 [global] 段，定义了多个全局参数值，其中常用的全局参数及其含义如表 10-1 所示。

表 10-1 Samba 服务器的全局参数

参 数 名	说 明
workgroup	设置 Samba 服务器所在的工作组，可以在 Windows 网上邻居中看到该工作组的名称。默认为 MYGROUP
server string	设置 Samba 服务器的描述信息，可以显示在 Windows 网上邻居中。默认值为 Samba Server
hosts allow	指定可访问 Samba 服务器的 IP 地址范围。默认是允许所有的 IP 访问
printcap name	设置打印机配置文件路径。默认为 /etc/printcap
load printers	设置是否加载 printcap 文件中定义的所有打印机。默认为 yes
printing	设置打印系统类型。通常的打印机类型包括 bsd、sysv、lprng、plp、hpux、qnx、aix 和 cups 等。默认为 cups
log file	设置 Samba 日志文件的保存路径。默认值为 /var/log/samba/%m.log。%m 表示客户机 NetBIOS 名称的宏扩展，log 会在此目录中为每个登录 Samba 的用户建立不同的日志文件
max log size	设置日志文件的大小，以 KB 为单位。默认为 50 KB
security	设置 Samba 的安全级别。RHEL/CentOS 8 中的 Samba 服务器版本提供了四个选项，分别是 auto、user、domain 和 ads，默认为 user
password server	当 Samba 服务器的安全等级不是 share 或 user 时，用于指定 Samba 用户和口令的服务器名
passdb backend	设定用户身份信息的存放方式。有三种方式：smbpasswd、tdbsam 和 ldapsam。默认为 tdbsam。
domain master	设置 Samba 服务器是否成为网域主浏览器
domain logons	设置 Samba 服务器是否成为域控制器
load printers	自动加载打印机列表
cups options	向打印机 CUPS 驱动传递的参数
printcap name	选择一个 printcap 文件

全局设置部分的 security 参数对于 Samba 服务器的配置是一个十分重要的参数。RHEL / CentOS 8 中采用 Samba 4.12.3 版本，该版本支持三种安全级别，其 security 参数有四个选项：

(1) auto：按照 server role 参数（如被设置）决定 Samba 服务的安全级别。

(2) user：由 Samba 服务器负责检查 Samba 用户名和密码，验证成功后用户才能访问相应的共享目录。这是 Samba 服务器默认的安全级别。该选项与 map to guest 字段配合可以实现匿名用户访问功能。

(3) domain：表示该 Samba 服务器在某个 Windows 域中，即该 Samba 服务器作为域中的一台成员服务器，此时身份认证需要到 PDC 或 BDC 上去进行。需要指定 PDC 或 BDC 的 NetBIOS 名称。

(4) ads：表示该 Samba 服务器是活动目录中的一台成员服务器，此时身份认证需要由活动目录域服务器来负责。需要指定活动目录域服务器的 NetBIOS 名称。

12.2.2 共享定义部分的配置参数

smb.conf 文件的共享定义部分由 [homes] 段、[printers] 段和若干 [自定义目录] 段组成，各段的功能如下：

[homes] 段：定义用户主目录共享。

[printers] 段：定义打印机共享。

[自定义目录] 段：定义用户自定义的目录共享。

以上各段中常用的共享资源参数及其含义如表 10-2 所示。

表 10-2 Samba 服务器的共享资源参数

参 数 名	说 明	参 数 名	说 明
comment	设置共享目录的描述信息	read only	设置共享目录是否只可读
path	设置共享目录的路径	public	设置是否对所有用户开放
browseable	设置是否开放每个共享目录的浏览权限	guest only	设置是否只允许 guest 账号访问
writeable	设置是否开放写权限	valid user	设置允许访问共享目录的用户
guest ok	设置是否允许 guest 账号访问		

需要进一步说明的是，Samba 服务器将 Linux 中的部分目录共享给 Samba 用户时，共享目录的权限不仅与 smb.conf 文件中设定的共享权限有关，而且与其本身的文件系统权限有关。Linux 规定：Samba 共享目录的权限是文件系统权限与共享权限中最严格的那种权限。

10.3 配置 Samba 服务器

RHEL/CentOS 8 中，Samba 服务器的默认安全级别为 user，即用户口令认证模式，但同时也能实现匿名访问的方式。本节利用具体实例来说明编辑 smb.conf 文件配置这两种 Samba 服务器的方法。

完成本节学习，将能够：
- 配置与测试匿名访问和 user 级的 Samba 服务器。
- 通过 Samba 服务器实现 Linux 和 Windows 操作系统之间的资源共享。

10.3.1 配置匿名访问的 Samba 服务器

匿名访问的 Samba 服务器通常用于共享打印服务，其配置只需按要求编辑修改 /etc/smb.conf 文件中的全局设置和共享定义的相关参数即可。

假设需架设一台可匿名访问的 Samba 打印服务器，其所在工作组为 Linux，使局域网中所有 Windows 及 Linux 计算机的用户均可共享其打印机及 CD-ROM（挂载在 /mnt/cdrom 目录下），并可读写 /tmp 目录。配置方法如下：

1. 编辑全局设置部分

主要参数的取值如下：

```
[global]
  workgroup=Linux
  printcap name=/etc/printcap
  load printers=yes
```

```
   printing=cups
   cups option=raw
security=user
#设置Samba服务器的安全级别为user
   map to guest=Bad User
#将所有samba系统主机所不能正确识别的用户都映射成guest用户,这样其他主机访问本Samba时就不
再需要用户名和密码了
```

2. 编辑共享定义部分

在共享定义部分添加下列内容:

```
[printers]
   #打印机共享配置段
   comment=All Printers
   #comment 设置注释
   path=/var/spool/samba
   #设置打印机队列的位置
   printer name=printer
   #设置打印机的名称
   browseable=no
   #不允许浏览该共享
   guest ok=yes
   #允许匿名用户使用打印机
   writable=no
   #将非打印共享的写权限设置为"no",即如果用户不是为了直接向该共享写入文件,则被禁止
   printable=yes
   #激活打印共享的写权限,即可以将打印编码文档写入该打印共享下的打印队列
   use client driver=yes
   #强制使用客户端的打印驱动程序来驱动打印机(可选)
[tmp]
#设置/tmp目录共享段
      comment=Temporary file space
      path=/tmp
      read only=no
      public=yes
[CDROM]
#设置CDROM共享段,连接时SMB服务器自动挂载CDROM
      comment=CDROM
   path=/media/cdrom
   #设置CDROM的共享路径
   read only=yes
   #设置为只读的文件系统
   root preexec=/bin/mount -t iso9660  /dev/cdrom  /mnt/cdrom
   #先以root身份挂载CDROM
   root postexec=/bin/umount   /dev/cdrom
   #退出后以root身份解除CDROM的挂载
```

smb.conf文件中其余参数按默认取值即可,也可以全部注释或删除掉。

3. 测试配置文件的正确性

每次编辑完smb.conf配置文件后,都应执行testparm来测试语法是否正确,然后再启动Samba服务。

```
[root@rhel8  ~]testparm
Load smb config files from /etc/samba/smb.conf
Processing section "[printers]"
Processing section "[tmp]"
```

```
Processing section "[CDROM]"
Loaded services file OK.
Server role: ROLE_STANDALONE
Press enter to see a dump of your service definitions
# Global parameters
[global]
workgroup=LINUX
server string=Samba Server
security=USER
map to guest= Bad user
log file=/var/log/samba/%m.log
max log size=50
printcap name=/etc/printcap
dns proxy=No
cups options=raw
[printers]
comment=All Printers
path=/var/spool/samba
printer name=printer
printable=Yes
use client driver=Yes
browseable=No
[tmp]
comment=Temporary file space
path=/tmp
read only=No
guest ok=Yes
[CDROM]
comment=CDROM
path=/media/cdrom
root preexec=/bin/mount /dev/cdrom /mdia/cdrom
root postexec=/bin/umount /dev/cdrom
```

注意：testparm 命令显示的配置语句和 smb.conf 文件不一定完全相同，但功能一定相同。其中，writable=yes 语句等同于 read only=no；而 guest ok=yes 语句等同于 public=yes。

4. 重启 Samba 服务

```
[root@rhel8 ~]systemctl restart  smb
```

10.3.2 配置 user 级 Samba 服务器

user 级的 Samba 服务器比匿名访问的安全级别高，所以其安全性也相应比匿名访问要高，对其配置除了要编辑修改 /etc/samba.conf 文件中的全局设置和共享定义的相关参数外，还要设置 Samba 用户账号数据库。

假如现需架设一台 user 级的 Samba 服务器，其所在工作组为 Linux，使 Tom 用户和 Jerry 用户可访问其个人主目录、/tmp 目录和 /var/mypub 目录，而其他 Linux 普通用户只能访问其个人主目录和 /tmp 目录。配置步骤如下：

（1）添加 Samba 用户。当 Samba 服务器的安全级别为 user 时，用户访问 Samba 服务器时必须提供其 Samba 用户名和口令。只有 Linux 系统本身的用户才能成为 Samba 用户，并需要设置其 Samba 口令。利用 smbpasswd 命令可添加 Samba 用户并设置其口令。

```
[root@rhel8 ~]# useradd  tom
[root@rhel8 ~]# passwd  tom
[root@rhel8 ~]# useradd  jerry
[root@rhel8 ~]# passwd  jerry                // 创建 Linux 用户 tom 和 jerry
[root@rhel8 ~]# smbpasswd  -a  tom
// 将 Linux 用户 tom 设置为 Samba 用户，并设置其口令。无 -a 选项时可修改已有 Samba 用户口令
New SMB password:
Retype new SMB password:
// 指定 Samba 用户口令，该口令与同名的系统用户的口令可以不同
Added user tom.
[root@rhel8 ~]# smbpasswd  -a  jerry         // 将 Linux 用户 jerry 设置为 Samba 用户
New SMB password:
Retype new SMB password:
Added user jerry.
```

系统默认将添加的 Samba 用户及口令存放在 /var/lib/samba/private/passdb.tdb 文件中，除非在 passdb backend 和 smb passwd file 参数项中另行指定。

（2）编辑全局设置部分。主要参数的取值如下：

```
[global]
  workgroup=Linux
  security=user
# 设置 Samba 服务器的安全级别为 user
passdb backend=smbpasswd
smb passwd file=/etc/samba/smbpasswd
# 设置使用 /etc/samba/smbpasswd 文件保存 samba 用户信息
```

（3）编辑共享定义部分。在共享定义部分添加下列内容：

```
[homes]
# 设置 homes 共享段，homes 共享名可以代表每个用户的主目录
  comment=Home Directories
  browseable=no
# 设置是否开放每个用户主目录的浏览权限，"no" 表示不开放，即每个用户只能访问自己的主目录，无权浏览其他用户的主目录
  writeable=yes
# 设置是否开放写权限，"yes" 表示对能够访问主目录的用户开放写权限
[tmp]
# 设置 /tmp 目录共享段
    comment=tmp
    path=/tmp
    read only=no
[mypub]
  # 设置 mypub 共享段
  path=/var/mypub
  valid users=tom,jerry
  # 设置用户 tom 和 jerry 可以访问该目录
```

```
read only=no
public=no
# 不对所有用户开放
```

(4) 利用 testparm 命令测试配置文件是否正确。

(5) 重启 Samba 服务。

10.3.3 访问 Samba 共享资源

1. Window 客户机访问 Samba 共享资源

Windows 计算机需要安装 TCP/IP 协议和 NetBIOS 协议，才能访问到 Samba 服务器提供的文件和打印机共享。如果 Windows 计算机要向 Linux 或 Windows 计算机提供文件共享，那么在 Windows 计算机上不仅要设置共享的文件夹，还必须设置 Microsoft 网络的文件和打印机共享。

在 Windows 客户机上访问 Samba 服务器有两种常用的方法：一是通过网上邻居访问，二是通过 UNC 路径访问。

利用网上邻居的方法比较直观。在与 Samba 服务器相连的 Windows 7/10 计算机的桌面上双击"网络"，可找到 Samba 服务器图标。双击 Samba 服务器图标，如果该 Samba 服务器的安全级别为匿名访问，那么将直接显示出 Samba 服务器所提供的共享目录。

如果 Samba 服务器的安全级别是 user，那么首先会出现"输入网络凭据"对话框，如图 10-1 所示，输入 Samba 用户名和口令后将显示 Samba 服务器提供的共享目录。

利用网上邻居访问 Samba 资源的方法虽然直观，但是由于负责为网上邻居产生浏览列表的服务器不能及时产生出 Samba 工作组的图标，需要一段时间的延迟，所以客户机有时不能及时在网上邻居中找到相应的图标。在这种情况下，可以通过第二种方法实现。

利用 UNC 路径访问 Samba 共享的方法是按【Win+R】组合键，弹出"运行"对话框，或在 Windows 资源管理器地址栏中直接输入"\\Samba 服务器 IP 地址"，如 \\192.168.100.140，注意此处加两个反斜杠"\"，屏幕就会显示出 Samba 共享资源列表，如图 10-2 所示。

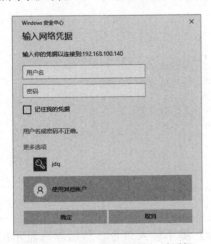

图 10-1 "输入网络凭据"对话框

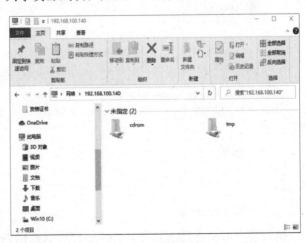

图 10-2 利用 UNC 路径访问 Samba 共享

在 Windows 计算机上通过以上两种方法均可对 Samba 共享目录进行各种操作，就如同在本地计算机上操作文件和目录一样。

2. Linux 客户机访问 Samba 共享资源

Linux 客户机访问 Samba 共享资源时需要安装 samba-client 和 cifs-utils。在挂载安装光盘并制作好 YUM 源文件后，用以下命令完成软件安装：

```
[root@rhel8 ~]#yum istall samba-client -y
[root@rhel8 ~]#yum istall cifs-utils -y
```

在命令行方式下访问 Samba 共享资源时，可以使用 Samba 软件提供的客户端命令，如 smbclient、smbmount、smbstatus 等。

1) smbclient 命令

smbclient 是访问 Samba 服务器资源的客户程序。该程序提供的接口与 ftp 程序类似，访问操作包括在 Samba 服务器上查看共享目录信息、从 Samba 服务器下载文件到本地，或从本地上传文件到 Samba 服务器。

smbclient 命令的语法格式为：

```
smbclient    [-L  Samba 服务器名|IP 地址]    [共享资源路径]   [-U 用户名]
```

其中，-L 选项可以列出在一个 Samba 服务器上提供的共享资源；Samba 服务器名为服务器的 NetBIOS 名，一般与服务器的主机名相同。

-U 选项可以指定与 Samba 服务器连接时使用的用户名。如果未指定，smbclient 使用环境变量 USER 指定的值作为用户名；如果没有 USER 环境变量，则用 GUEST。

下面的例子用于查看 IP 地址为 192.168.10.10 的 Samba 服务器提供的共享资源。

【示例】

```
[root@rhel8 ~]# smbclient -L 192.168.10.10
password:
Anonymous login successful
Domain=[LINUX] OS=[Unix] Server=[Samba 4.12.3-12.el8.3.x86_64]
        Sharename       Type            Comment
        ---------       ----            -------
        tmp             Disk            Temporary file space
        mypub           Disk            mypub
        IPC$            IPC             IPC  Service(Samba Server)
        ADMIN$          IPC             IPC  Service(Samba Server)
Anonymous login successful
Domain=[LINUX] OS=[Unix] Server=[Samba 4.12.3-12.el8.3.x86_64]
        Server                  Comment
        ------                  -------
        RHEL8                   Samba Server
        Workgroup               Maser
        ---------               ------
        LINUX                   RHEL8
        WORKGROUP               LENOVO
```

执行命令时要求输入口令，root 用户可以直接按【Enter】键不输入口令。然后屏幕显示出一系列 Samba 服务的相关信息，包括当前计算机提供的共享目录、局域网中当前有两个采用 SMB 协议的计算机以及工作组等信息。

如要查看某指定用户可访问的共享资源，需要在命令行中使用 -U 选项来指定用户身份。

第 10 章 Samba 和 NFS 服务器的配置与管理

【示例】

```
[root@rhel8 ~]# smbclient  -L  192.168.10.10  -U  tom
password:
Anonymous login successful
Domain=[Linux] OS=[Unix] Server=[Samba 4.12.3-12.el8.3.x86_64]
        Sharename       Type        Comment
        ---------       ----        -------
        tmp             Disk        Temporary file space
        mypub           Disk        mypub
        IPC$            IP          IPC  Service(Samba Server)
        ADMIN$          IPC         IPC  Service(Samba Server)
        tom             Disk        Home Directories
Anonymous login successful
Domain=[Linux] OS=[Unix] Server=[Samba 4.12.3-12.el8.3.x86_64]
        Server                      Comment
        --------                    --------
        Workgroup                   Maser
        --------                    --------
        LINUX                       RHEL8
        WORKGROUP                   LENOVO
```

Smbclient 命令还可以访问 Windows 机器上的共享资源列表，命令如下：

```
[root@rhel8 ~]# smbclient  -L  192.168.10.20  -U  administrator
```

命令中的 administrator 是 Windows 机器上的用户名，命令执行时需要输入用户的口令。如要直接访问该机器上的某一共享目录（如 data），可以把 -L 去掉进入 Samba 子命令客户端。

【示例】

```
[root@rhel8 ~]# smbclient    //192.168.10.20/data  -U  administrator
Password:
Domain=[WORKGROUP] OS==[Windows 5.0] Server=[Windows 2000 LAN Manager]
smb:>?
?           altname     archive     blocksize   cancel
cd          chmod       chown       del         dir
du          exit        get         help        history
lcd         link        lowercase   ls          mask
md          mget        mkdir       more        mput
newer       open        print       printmode   prompt
put         pwd         q           queue       quit
rd          recurse     reget       rename      reput
rm          rmdir       setmode     symlink     tar
tarmode     translate   !
```

上面的示例进入了 Samba 客户端子命令环境。利用各子命令可对共享目录进行各种操作，如文件的上传、下载等，其用法类似于 FTP 客户端用法。

2）smbmount 命令

smbmount 命令能够将 Samba 或 Windows 上开放的共享资源挂载到本地文件系统中，就像挂载光盘和移动磁盘一样。

smbmount 命令的语法格式为：

```
smbmount  //主机名|IP 地址/共享目录  挂载点  [-o username=用户名,password=口令]
```

例如，将 IP 地址为 192.168.1.20 的计算机中的共享目录 data 挂载到 /mnt/smb 目录，输入如下命令：

```
[root@rhel8 ~]# smbmount //192.168.1.20/data /mnt/smb -o username=administrator
Password:
```

这里的 -o 选项指明访问该共享资源而采用的用户名称 administrator，很明显应该是远程系统上的用户名。

若要卸载已经挂载的目录，可执行 umount 命令：

```
[root@rhel8 ~]# unmount /mnt/smb
```

3）smbstatus 命令

当 Samba 服务器将资源共享之后，即可在服务器端使用 smbstatus 命令查看 Samba 当前资源被使用的情况。

【示例】

```
[root@rhel8 ~]# smbstatus
Samba version 4.12.3-12.el8.3.x86_64
PID      Username      Group          Machine
------------------------------------------------------------------
3601     tom           tom            lenovo       (192.168.10.11)

Service         pid     machine       Connected at
------------------------------------------------------------------
IPC$            3601    lenovo        Fri Jun 17 22:28:39 2011
No locked files
```

以上信息显示名为 tom 的用户正在使用名为 lenovo（其 IP 地址为 192.168.10.11）的计算机，屏幕显示 No locked files（无锁定文件）信息，说明 tom 未对共享目录中的文件进行编辑，否则将显示正被编辑文件的名称。

10.4 配置 SMB 打印机

本节介绍利用 Samba 服务器使 Linux 计算机共享局域网中 Windows 计算机上安装的打印机的配置过程。

学完本节，将能够：

- 利用 Windows 系统提供的共享打印机为安装 Linux 系统的计算机服务。

10.3 节介绍了如何配置 Linux Samba 服务器，使局域网中所有 Windows 及 Linux 计算机的用户均可共享其打印机。在实际应用中，由于 Linux 中可使用的打印机型号较少，所以 Linux 计算机经常要利用 Samba 服务器来共享局域网中 Windows 计算机上安装的打印机。如果 Windows 计算机要向 Linux 计算机提供打印机共享，那么 Windows 计算机中不仅要将已安装的打印机设置为共享，还必须设置 Microsoft 网络的文件和打印机共享。Linux 计算机也必须安装共享的 Samba 打印机。

在 RHEL/CentOS 中打印机的安装和配置过程与 Windows 相似。在 Linux 桌面环境下 root 用户选择 Activities|Show Applications|Settings|Printers 命令，打开 Printers 窗口，如图 10-3 所示。

单击工具栏上的 Add 按钮，打开 Add Printer 窗口，在窗口下方搜索框中，输入共享打印机的

Windows 服务器 IP 地址后，系统将显示可以添加的共享打印机列表，如图 10-4 所示。

选择要添加的 Windows 共享打印机后单击 Add 按钮，选择制造商和型号后再单击 Select 按钮，完成共享打印机的安装，如图 10-5 所示。用户可以单击设置按钮选择 Printing Options，单击左上角 Test Page 打印测试页来测试打印机是否正常工作，如图 10-6 所示。

图 10-3 "Printers" 窗口

图 10-4 "Add Printer" 窗口

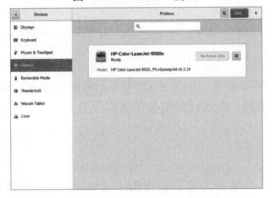

图 10-5 添加共享打印机成功

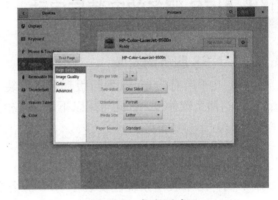

图 10-6 打印测试页

Linux 中打印文件时只需选择使用 Samba 打印机即可，而要管理打印作业必须在 Windows 计算机上进行。

10.5 NFS 服务概述

NFS 是网络文件系统（Network Files System）的简称，与 Samba 服务器一样，NFS 也可提供不同操作系统间的文件共享服务，主要用于在 UNIX/Linux 网络中挂载远程文件系统，其功能类似于 Windows 系统的资源共享。NFS 最早于 1984 年推出，由于使用方便，很快得到了大多数 UNIX/Linux 系统的广泛支持，目前已成为文件服务的一种标准（RFC1904、RFC1813 和 RFC3010）。

NFS 采用客户/服务器工作模式。在 NFS 服务器上将某个目录设置为输出目录（共享目录）后，其他客户端就可以将这个目录挂载到自己系统中的某个目录下，只要具有相应的权限，就可以使用 cp、mv、rm 等命令对磁盘或文件进行相应的操作。因为不需要将所有的文件复制到本地硬盘中，所以使用

NFS 不仅可以提高资源利用率，还可以大大节省客户端本地硬盘的空间，同时便于对资源进行集中管理。

NFS 虽然可在网络中进行资源共享，但 NFS 本身并不提供数据传输的功能，它必须借助远程过程调用（RPC）协议来实现数据的传输。PRC 定义了一种进程间通过网络进行交互的机制，它允许客户端通过网络向远程服务器发出服务请求，而不需要了解底层通信协议的细节。

使用 NFS 服务，至少需要启动以下三个系统守护进程：

- nfs-server.service：它是 NFS 服务启停控制单元，位于 /usr/lib/system/system 目录。
- rpc.nfsd：它是基本的 NFS 守护进程，主要功能是管理客户端是否能够登录 NFS 服务器。
- rpc.mountd：它是 RPC 安装守护进程，主要功能是管理 NFS 的文件系统，当客户端通过 NFS 服务器的验证后，在使用 NFS 服务器提供的文件前，还必须取得使用权限的认证，系统会读取 /etc/exports 文件对用户的权限进行验证。
- rpcbind：主要功能是进行端口映射工作，当客户端使用 NFS 服务器提供服务时，rpcbind 会将所有管理的端口与服务对应的端口提供给客户端操作系统，这样客户端就可以利用这些端口正常地与服务器进行数据交流。

10.6 NFS 服务的安装与启动

10.6.1 NFS 服务的安装

目前，几乎所有的 Linux 发行版都默认安装了 NFS 服务。由于启动 NFS 服务时需要 nfs-utils 和 rpcbind 这两个软件包，因此可用以下命令来检查系统中是否已经安装了这两个包：

```
[root@rhel8 ~]# rpm -q nfs-utils rpcbind
nfs-utils-2.3.3-35.el8.x86_64
rpcbind-1.2.5-7.el8.x86_64
```

命令执行结果表明系统已安装了 NFS 服务器。如果未安装，超级用户（root）可先挂载安装光盘，并制作好 YUM 源，然后用如下命令行安装 rpcbind 和 NFS 服务：

```
[root@rhel8 ~]# yum install rpcbind nfs-utils -y
```

10.6.2 NFS 服务的启动与关闭

为了使 NFS 服务器能正常工作，需要启动 rpcbind 和 nfs 两个服务，并且 rpcbind 一定要先于 nfs 启动。

在命令行界面下可以利用 systemctl 命令来管理 NFS 服务。例如，可用如下命令来启动 NFS 服务：

```
[root@rhel8 ~]# systemctl start rpcbind
[root@rhel8 ~]# systemctl start nfs-server
```

将上述命令中的 start 参数变换为 stop、restart、status，可以分别实现 NFS 服务的关闭、重启和状态的查看。

另外，可以利用 systemctl 命令设定 NFS 服务为自启动：

```
[root@rhel8 ~]# systemctl enable rpcbind              // 启动 portmap 服务
[root@rhel8 ~]# systemctl enable nfs-server           // 启动 NFS 服务
```

10.7 NFS 服务的配置

NFS 服务的配置方法很简单，只需在 NFS 的主配置文件 /etc/exports 中设置共享的文件系统和客户端列表，然后再重新启动 NFS 服务即可。

10.7.1 编辑 /etc/exports 文件

在 /etc/exports 文件中，可以定义 NFS 系统的输出目录（共享目录）、访问权限和允许访问的主机等参数。该文件默认为空，没有配置输出任何共享目录，这是基于安全性的考虑，这样即使系统启动 NFS 服务也不会输出任何共享资源。

/etc/exports 文件中每一行提供了一个共享目录的设置，其命令格式为：

输出目录　　客户端1(选项1,选项2,…)　　[客户端2(选项1,选项2,…)　…]

其中：

(1) 输出目录：指 NFS 系统中需要共享给客户端使用的目录。

(2) 客户端：指网络中可以访问这个 NFS 输出目录的计算机，可以是一个或多个。其表示方法可以为单个主机的 IP 地址或域名（如 192.168.1.10），也可以为某个子网或域中的主机（如 192.168.1.0/24），如果为"*"或省略，则表示所有的主机。

(3) 选项：用来设置输出目录的访问权限、用户映射等。/etc/exports 文件的选项比较多，一般可分为三类：访问权限选项、常规选项和用户映射选项。各主要选项及其说明如表 10-3 所示。

表 10-3　/etc/exports 文件中的选项

分类	选项	说明
访问权限	ro	设置输出目录为只读
	rw	设置输出目录为读写
常规	secure	限制客户端只能从小于 1 024 的 TCP/IP 端口连接 NFS 服务器（默认）
	insecure	允许客户端从大于 1 024 的 TCP/IP 端口连接 NFS 服务器
	sync	将数据同步写入内存缓冲区与磁盘中
	async	将数据先保存在内存缓冲区中，必要时才写入磁盘
	wdelay	检查是否有相关的写操作，如果有则将这些写操作一起执行（默认）
	no_wdelay	若有写操作则立即执行，应与 sync 配合使用
	subtree_check	若输出目录是一个子目录，则 NFS 服务器将检查其父目录的权限（默认）
	no_subtree_check	即使输出目录是一个子目录，NFS 服务器也检查其父目录的权限
用户映射	all_squash	将远程访问的所有普通用户及所属用户组都映射为匿名用户或用户组（一般均为 nfsnobody）
	no_all_squash	不将远程访问的所有普通用户及所属用户组映射为匿名用户或用户组（默认）
	root_squash	将 root 用户及所属用户组都映射为匿名用户或用户组
	no_root_squash	不将 root 用户及所属用户组映射为匿名用户或用户组
	anonuid=xxx	将远程访问的所有用户都映射为匿名用户，并指定该匿名用户账户为本地用户账户（UID=xxx）
	anongid=xxx	将远程访问的所有用户组都映射为匿名用户组账户，并指定该匿名用户组账户为本地用户组账户（GID=xxx）

下面给出 NFS 主配置文件 /etc/exports 的一个应用实例：

```
/pub                *(ro,insecure,all_squash)
# 输出目录 /pub 可供所有计算机只读访问，并允许客户端从大于 1 024 的 TCP/IP 端口连接 NFS 服务器，
同时将远程访问的所有普通用户及所属用户组都映射为匿名用户或用户组
/home/test          192.168.1.20(rw)
# 输出目录 /home/stuff 只有计算机 nic.linux.com 可访问，且具有读写访问权限
/nfs/public         192.168.1.0/24(rw,async)   *(ro)
# 输出目录 /nfs/public 可供子网 192.168.1.0/24 中的所有客户机进行读写操作，而其他网络中的客
户机只能读取该目录的内容
/home/linux         *.linux.org(rw,all_squash,anonuid=40,anongid=40)
# 让 *.linux.org 域的所有主机可以存取 /home/linux，在进行存取操作时，所有主机的 UID 与 GID
都变成 40 这个身份的使用者
```

注意：当某用户从 /etc/exports 文件中设定的客户机以"读写"方式访问共享目录时，能否真正地写入，还要看该目录对该用户有没有开放 Linux 文件系统的写入权限。

10.7.2 使用 exportfs 命令配置 /etc/exports 文件

每当修改了 /etc/exports 文件的内容后，实际上不需要重新启动 NFS 服务，而直接使用命令 exportfs 就可以使设置立即生效。

exportfs 命令用于维护 NFS 服务的输出目录列表，命令的基本格式如下：

```
exportfs   [-arvu]
```

其中：
-a：将 /etc/exports 文件中所有共享目录全部输出。该选项可使 /etc/exports 文件中的设置立即生效。
-r：重新读取 /etc/exports 文件中的设置，并使设置立即生效，而不需要重新启动 NFS 服务。
-v：在输出目录时将目录显示到屏幕上。
-u：将输出的目录卸载。

举例如下：

```
[root@rhel8 ~]# exportfs  -a              // 把 NFS 配置文件中的路径全部输出
[root@rhel8 ~]# exportfs  -u  /user       // 把 exports 输出的 /user 目录卸载
[root@rhel8 ~]# exportfs  -auv            // 把当前主机上 NFS 服务器的所有共享目录卸载
```

10.7.3 测试 NFS 服务

在 NFS 服务配置完成并正确启动之后，通常还要对其进行测试，以检查配置是否正确，以及能否正常工作。

1. 检查输出目录所使用的选项

在配置文件 /etc/exports 中，即使在命令行中只设置了一两个选项，但在真正输出目录时，实际上还带有很多默认的选项。通过查看 /var/lib/nfs/etab 文件，就可以了解到真正输出目录时到底使用了什么选项。例如：

```
[root@rhel8 ~]# cat  /var/lib/nfs/etab
/home/test 192.168.1.20(rw,sync,wdelay,hide,nocrossmnt,secure,root_squash, no_all_squash,subtree_check,secure_locks,mapping=identity,anonuid=-2,anongid=-2)
/nfs/public 192.168.1.0/24(rw,async,wdelay,hide,nocrossmnt,secure,root_ squash,no_all_squash,subtree_check,secure_locks,mapping=identity,anonuid=-2,anongid=-2)
/home/linux *.linux.org(rw,sync,wdelay,hide,nocrossmnt,secure,root_squash, all_squash,subtree_check,secure_locks,mapping=identity,anonuid=40,anongid=40)
```

```
    /nfs/public *(ro,sync,wdelay,hide,nocrossmnt,secure,root_squash,no_all_ squash,
subtree_check,secure_locks,mapping=identity,anonuid=-2,anongid=-2)
    /pub *(ro,sync,wdelay,hide,nocrossmnt,insecure,root_squash,all_squash, subtree_
check,secure_locks,mapping=identity,anonuid=-2,anongid=-2)
```

2. 使用 showmount 命令测试 NFS 服务器的输出目录状态

使用 showmount 命令可以查看 NFS 服务器共享的目录，其基本格式是：

```
showmount   [选项]   NFS 服务器名称或 IP 地址
```

主要选项：
-a：显示指定的 NFS 服务器的所有客户端主机及其所连接的目录。
-d：显示指定的 NFS 服务器中已被客户端连接的所有输出目录。
-e：显示指定的 NFS 服务器上所有输出的共享目录。

例如，要查看当前主机中 NFS 服务器上所有输出的共享目录，可使用如下命令：

```
[root@rhel8 ~]# showmount  -e
/pub            *
/home/linux     *.linux.org
/nfs/public     (everyone)
/home/test      192.168.1.20
```

10.8 NFS 客户端的设置

NFS 服务器配置完成后，网络中的计算机在使用该文件系统之前必须先挂载该文件系统，而使用完成后应及时卸载 NFS 文件系统。用户可以通过 mount 命令将可用的共享目录挂载到本机文件系统中，也可以通过在 /etc/fstab 文件中加入相应条目实现开机自动挂载，还可以使用 autofs 来挂载 NFS 文件系统。这里仅介绍客户端使用 mount 命令来挂载 / 卸载 NFS 共享目录的方法。

1. 查看 NFS 服务器信息

在客户端挂载 NFS 服务器的共享目录前，可先用 showmount 命令查看 NFS 服务器上有哪些共享目录，以及是否允许本机连接相应的共享目录。例如，如果 NFS 服务器的 IP 地址为 192.168.1.10，那么可使用下面的命令来查看：

```
[root@jsj ~]# showmount  -e 192.168.1.10
/pub            *
/home/linux     *.linux.org
/nfs/public     (everyone)
/home/test      192.168.1.20
```

2. 挂载 NFS 服务器输出目录

在利用 showmount 命令查看到远程 NFS 服务器的共享资源后，接下来就可进行实际的挂载操作了。用户在客户端可以通过 mount 命令将可用的共享目录挂载到本机文件系统中，也可以通过在 /etc/fstab 文件中加入相应条目实现开机自动挂载，还可以使用 autofs 来挂载 NFS 文件系统。这里仅介绍客户端使用 mount 命令和 /etc/fstab 文件来挂载 NFS 共享目录的方法。

1) 使用 mount 命令挂载 NFS 文件系统

mount 命令格式如下：

```
mount  -t  nfs  NFS 服务器地址：共享目录    本地挂载点目录
```

例如，要将主机 rhel6（IP 地址为 192.168.1.10）中的 /home/test 目录挂载到主机 jsj（IP 地址为 192.168.1.20）中的 /mnt/tmp 目录中，则操作命令为：

```
[root@jsj ~]# mount  -t  nfs  192.168.1.10:/home/test  /mnt/tmp
```

将共享目录挂载进来之后，只要进入 /mnt/tmp 目录，就等于进入了 192.168.1.10 远程主机上的 /home/test 目录中了。

2）使用 /etc/fstab 文件挂载 NFS 文件系统

在客户机的 /etc/fstab 文件中添加一行，在这一行中声明 NFS 服务器的主机名、要输出的目录，以及要挂载 NFS 共享的本地目录。/etc/fstab 文件中每行的语法见本书第 4 章。添加的配置行如下所示：

```
192.168.1.10:/home/test    /mnt/tmp    nfs    defaults    0    0
```

完成配置的添加并保存 /etc/fstab 文件后，下一次开机时 NFS 文件系统将被 /etc/fstab 自动挂载。

3. 卸载 NFS 服务器输出目录

当用户不再需要使用某个 NFS 服务器的共享目录时，可以使用 umount 命令卸载目录的共享。例如，要卸载前面挂载的 /mnt/tmp 目录，可用如下命令：

```
[root@jsj ~]# umount  /mnt/tmp
```

本章小结

Samba 是一组使 Linux 支持 SMB 协议，实现跨平台共享文件和打印服务的软件。Samba 服务器的配置取决于 /etc/samba/smb.conf 文件，该文件的结构分为全局设置和共享定义两部分。全局设置部分定义多个全局参数值，共享定义部分则用于定义用户目录和打印机共享。最常使用的 Samba 服务器采用匿名登录和 user 级，对于匿名登录的 Samba 服务器，用户不需要输入 Samba 用户名和口令就可以登录；user 级是 Samba 服务器默认的安全等级，由 Samba 服务器负责检查 Samba 用户名和口令，验证成功后用户才能访问相应的共享目录。

NFS 是网络文件系统，与 Samba 一样，NFS 也可提供不同操作系统间的文件共享服务，主要用于在 UNIX/Linux 网络中挂载远程文件系统，其功能类似于 Windows 系统的资源共享。NFS 采用客户/服务器工作模式，在 NFS 服务器上将某个目录设置为输出目录（共享目录）后，其他客户端就可以将这个目录挂载到自己系统中的某个目录下。NFS 服务器的配置主要是编辑 /etc/exports 文件，定义共享目录、访问权限和允许访问的主机等参数。exportfs 命令用于维护 NFS 服务的输出目录列表。

项目实训 10 Samba 和 NFS 服务器的配置

一、情境描述

某公司内部网络中有 Windows、Linux、Unix 等多个不同操作系统，现要实现这些操作系统之间的文件和打印服务的共享，拟使用开源技术架设可供所有用户匿名共享资源和仅供部分用户共享资源的 Samba 服务器各一台。另外需要配置一台 NFS 服务器，为另外一台运行 Oracle 数据库的

第 10 章　Samba 和 NFS 服务器的配置与管理

Linux 服务器提供备份存储。

二、项目分解

分析上述工作情境，我们需要完成下列任务：
（1）配置一台可匿名访问的 Samba 服务器，可为匿名用户提供文件共享服务。
（2）配置一台 user 级 Samba 服务器，可为单一用户或多个用户提供文件共享服务。
（3）配置一台 NFS 服务器，为另外一台运行 Oracle 数据库的 Linux 服务器提供备份存储。

三、学习目标

1. 技能目标
- 配置匿名访问和 user 级 Samba 服务器。
- 测试 Samba 服务器配置的正确性。
- 配置并测试 NFS 服务器配置的正确性。

2. 素质目标
- 增强信息安全意识，具备团队合作能力。

四、项目准备

三台虚拟机，其中两台安装 RHEL/CentOS 8 操作系统，并安装 Samba 和 NFS 服务器相关软件，另一台安装 Windows 7/10 系统，两两之间可互相 ping 通。三台虚拟机的网络配置参数如表 10-4 所示。

表 10-4　三台虚拟机的网络配置参数

主机名	操作系统	IP 地址	作用
S1.linux.net	RHEL/CentOS8	192.168.1.241/24	Samba 服务器 /NFS 服务器
S2.linux.net	RHEL/CentOS8	192.168.1.242/24	Samba 服务器 / 数据库服务器
S3.linux.net	Windows7/10	192.168.1.245/24	Samba 测试机

五、预估时间

120min。

六、项目实施

【任务 1】配置一台可匿名访问的 Samba 服务器，可为匿名用户提供文件共享服务。

（1）编辑 Samba 服务器配置文件 /etc/samba/smb.conf，使其实现匿名访问 Samba 服务功能。

配置一个匿名访问的Samba服务

（2）用 testparm 测试配置文件的正确性。
（3）重启 Samba 服务以便使配置生效。

注意：这里可能需要先使用 "systemctl stop firewalld" 命令关闭防火墙，或使用防火墙命令将 smb 服务放行。然后关闭 SElinux 功能。

（4）在 linux 机器（本机或另一台机器）上用 smbclient 命令测试 Samba 服务是否生效。
（5）在 Windows7/10 机器上测试 Samba 服务是否生效。

配置一个user级Samba服务器

按【Win+R】组合键弹出"运行"对话框，或在 Windows 资源管理器地址栏里输入 "\\192.168.1.241"（Samba 服务器地址），能看到 Samba 服务器的共享资源，说明 Samba 服务已生效，否则需要重新检查 Samba 服务器配置文件内容，或 Windows 机器的安全设置。

【任务 2】配置一台 user 级 Samba 服务器，可为单一用户或多个用户提供文件共享服务。

（1）创建本地用户账号 user1，并添加为 Samba 用户。

（2）编辑 Samba 服务器配置文件 /etc/samba/smb.conf，使其实现 user 级 Samba 服务功能，设定共享目录和有效用户。

（3）用 testparm 测试配置文件的正确性。

（4）重启 Samba 服务以便生效。

注意：这里同样需要检查防火墙设置和 SELinux 安全功能是否已关闭。

（5）在 Windows 平台上测试 Samba 服务是否生效。

按【Win+R】组合键弹出运行对话框，或在 Windows 资源管理器地址栏里输入 "\\192.168.1.241"（Samba 服务器地址），输入网络凭据 user1，能看到 Samba 服务器的共享资源，说明实现了对 Samba 服务器的 user 级访问功能，否则需要重新检查 Samba 服务器配置文件内容，或 Windows 机器的安全设置。

（6）使 Samba 服务器实现用户组的访问控制功能。

① 创建用户组 testgroup，并创建属于该用户组的一组本地用户帐号 user2,user3…，同时添加为 Samba 用户。

② 编辑 Samba 服务器配置文件 /etc/samba/smb.conf，将 valid usersc 参数内容修改成 "valid users=user1,@testgroup"。

③ 重复上述（3）～（5）步，验证本服务器是否实现为用户组内的多个用户提供文件共享服务。

【任务 3】配置 NFS 服务器，为另外一台运行 Oracle 数据库的 Linux 服务器提供备份存储。

（1）在 NFS 服务器创建共享目录 /var/shared、/var/upload、/home/backup。

视 频

配置NFS服务器

（2）编辑 NFS 服务器配置文件 /etc/exports，设置共享的文件系统和客户端列表，要求：

① 输出 /var/shared 目录，供所有用户读取信息。

② 输出 /var/upload 目录作为 192.168.1.0/24 网段的数据上传目录，并将所有用户及所属的用户组都映射为匿名用户，其 UID 与 GID 均为 210。

③ 将 /home/backup 仅共享给 192.168.1.242 这台主机，权限为读写。

（3）使 NFS 服务器设置生效后，利用另一台 RHEL/CentOS 8 计算机（IP 地址为 192.168.1.242）作为客户端连接并查看、挂载和卸载 NFS 服务器上的共享资源。

七、项目考评

项目完成后，请对完成情况进行评价，在表格相应栏中打 "√"，并在评分栏进行评分。

序号	考核点	评价标准	标准分	评价结果			评分
				操作熟练	能做出来	完全不会	
1	配置匿名访问的 Samba 服务器	编辑 /etc/smb.conf 文件，配置可为匿名用户提供共享资源服务的 Samba 服务器	8				
2	配置 user 级的 Samba 服务器	编辑 /etc/smb.conf 文件，配置可为一个或多个本地用户提供共享资源服务的 Samba 服务器	8				
3	Samba 服务器的启动、重启、关闭	使用命令行启动、重启或关闭 Samba 服务器	8				
4	Samba 服务器配置文件的测试	使用 testparm 命令	8				

第 10 章 Samba 和 NFS 服务器的配置与管理

续表

序号	考核点	评价标准	标准分	评价结果 操作熟练	评价结果 能做出来	评价结果 完全不会	评分
5	Samba 服务的测试	在 Windows 客户机或 Linux 客户机上访问 Samba 服务器上的资源	8				
6	NFS 服务器的启动、重启、关闭	使用命令行启动、重启或关闭 NFS 服务器	8				
7	配置 NFS 服务器	编辑 /etc/exports 配置文件设置共享文件系统	8				
8	使 NFS 服务设置生效	使用 exportfs 命令	8				
9	NFS 服务器配置的测试	使用 showmount 命令	8				
10	NFS 客户端的设置	在 NFS 客户机上查看、挂载和卸载 NFS 服务器的输出目录	8				
11	职业素养	实训过程：纪律、卫生、安全等	10				
		信息安全意识、严谨细致、团队协作等	10				
		总评分	100				

习题 10

一、选择题

1. Samba 服务器的默认安全级别是（   ）。
   A. share   B. user   C. server   D. domain
2. 编辑修改 smb.conf 文件后，使用以下（   ）命令可测试其正确性。
   A. smbmount   B. smbstatus   C. smbclient   D. testparm
3. Samba 服务器主要由两个守护进程控制，它们是（   ）。
   A. smbd 和 nmbd   B. nmbd 和 inetd   C. inetd 和 smbd   D. inetd 和 httpd
4. 以下可启动 Samba 服务的命令有（   ）。
   A. service smb restart   B. /etc/samba/smb start
   C. systemctl smb start   D. systemctl start smb
5. Samba 的主配置文件是（   ）。
   A. /etc/smb.ini   B. /etc/smbd.conf   C. /etc/smb.conf   D. /etc/samba/smb.conf
6. NFS 服务的主配置文件是（   ）。
   A. /etc/exports   B. /exports   C. /etc/exportfs   D. /exportfs
7. 以下命令用于挂载 NFS 共享目录的是（   ）。
   A. mount   B. umount   C. service nfs   D. 以上都不是
8. Samba 服务器主要由三个守护进程控制，它们是（   ）。
   A. rpc.nfsd   B. inetd   C. rpc.mountd   D. rpcbind

9. 如果定义了一个 NFS 服务器共享目录，必须通过（　　）操作才能激活共享。
　　A．reboot　　　　　B．exportfs –a　　　　C．ndc restart　　　　D．server nfs start
10. 下列（　　）程序或命令允许用户使用类似 ftp 的命令访问 SMB 共享。
　　A．mount　　　　　B．smbftp　　　　　　C．smbclient　　　　　D．smbmount
11. 在服务器上配置好 NFS 文件系统后，在客户机上可以使用下列方法中的（　　）使用 NFS 文件系统。（选择两项）
　　A．配置 /etc/fstab 文件，在系统启动时自动安装远程文件系统
　　B．配置 /etc/exports 文件，在系统启动时自动安装远程文件系统
　　C．用户使用 mount 命令手动安装
　　D．用户使用 create 命令手动安装
12. 使用 SAMBA 服务器，一般来说，可以提供（　　）。（选择两项）
　　A．域名服务　　　　B．文件共享服务　　　C．打印服务　　　　　D．IP 地址解析服务
13. 可以通过设置条目（　　）来控制文章 Samba 共享服务器的合法主机名。
　　A．allow hosts　　　B．valid hosts　　　　C．allow　　　　　　　D．publicS
14. （　　）命令可以允许 192.168.0.0/24 访问 Samba 服务器。
　　A．hosts enable=192.168.0　　　　　　　B．hosts allow=192.168.0
　　C．host accept=192.168.0　　　　　　　　D．hosts accept=192.168.0.0/24
15. 下面所列的服务器类型中，（　　）可以使用户在异构网络操作系统之间进行文件系统共享。
　　A．FTP　　　　　　B．Samba　　　　　　C．DHCP　　　　　　　D．Squid

二、简答题

1. 简述 smb.conf 文件的结构。
2. Samba 服务器有哪几种安全级别？
3. 如何配置 user 级的 Samba 服务器。
4. 简述 /etc/exports 文件的格式。
5. NFS 客户端如何挂载和卸载 NFS 服务器的共享目录。

第 11 章

Apache 服务器配置与管理

Web 服务是目前 Internet 应用最流行、最受欢迎的服务之一，它是实现信息发布、信息查询、数据处理和媒体点播等服务的基本平台。在 Linux 系统中，使用最广泛的 Web 服务器是 Apache，它是目前性能最优秀、最稳定的 Web 服务器之一。本章详细介绍如何在 RHEL 操作系统中利用 Apache 软件架设 Web 服务器的方法。

完成本章学习，将能够：
- 描述 Apache 软件的主要技术特点。
- 在 Linux 系统中安装和启动 Apache 服务器。
- 按不同的功能需求配置 Apache 服务器。
- 增强网络安全意识，培养开拓创新精神。

11.1 Apache 概述

本节介绍 Apache 服务器在 Internet 上的应用及其技术特点。

完成本节学习，将能够：
- 描述 Apache 的主要技术特点。

Apache 是 Apache HTTP Server 的简称，它是一种开放源码的 Web 服务器软件，其名称源于 A patchy server（一个充满补丁的服务器）。它起初由 Illinois 大学 Urbana-Champaign 的国家高级计算程序中心开发，后来 Apache 被开放源代码团体的成员不断地发展和加强。基本上所有的 Linux、UNIX 操作系统都集成了 Apache，无论是免费的 Linux、FreeBSD，还是商业的 Solaris、AIX，都包含 Apache 组件，所不同的是，在商业版本中对相应的系统进行了优化，并加进了一些安全模块。目前 Apache 的较新版本是 2.4.48 版，在 RHEL/CentOS 8 中采用的是 2.2.37-30 版。

由于 Apache 具有良好的跨平台和安全特性，因而被广泛使用，是 Internet 上最流行的 Web 服务器端软件之一。很多著名的网站都采用 Apache 服务器，如 Yahoo、Hotmail、Red Hat、新浪和网易等。根据著名的 Web 服务器调查公司 Netcraft 的统计，在 Internet 中超过 60% 的 Web 服务器采用 Apache，通过这一数字可以看出 Apache 以绝对优势领跑 Web 服务器软件领域。

Apache 具有如下特点：
- 支持 HTTP 1.1 协议。
- 支持 PERL、PHP、JSP、CGI、FastCGI 等多种脚本语言。
- 支持多种用户认证机制。
- 支持 SSI 和虚拟主机。
- 支持安全 Socket 层。
- 实现了动态共享对象，允许在运行时动态装载功能模块。
- 具有安全、有效和易于扩展等特征。

11.2 Apache 服务器的安装与启动

本节介绍 Apache 服务器的安装、启动方法，以及 Apache 服务器站点目录、主要配置文件和启动脚本文件。

完成本节学习，将能够：
- 安装和启动 Apache 服务器。
- 描述 Apache 服务器的站点目录和主要配置文件。

RHEL/CentOS 系统安装盘中自带有 Apache 软件包，也可以到 Apache 网站下载最新版本，其官方网址为 http://httpd.apache.org。

在安装 Apache 之前，需先为服务器网卡添加一个固定的 IP 地址，还需确定系统是否安装了 Apache 软件包，其测试方法有两种。

一种方法是在 Web 浏览器的地址栏输入本机的 IP 地址，若出现 Test Page 测试页面（该网页文件默认路径为 /var/www/html/index.html），如图 11-1 所示，就表明 Apache 已安装并已启动。

图 11-1　Test Page 测试页面

另一种方法是使用如下命令查看系统是否已经安装了 Apache 软件包：

```
[root@rhel8 ~]# rpm -qa | grep httpd
httpd-filesystem-2.4.37-30.module_el8.3.0+561+97fdbbcc.noarch
httpd-devel-2.4.37-30.module_el8.3.0+561+97fdbbcc.x86_64
httpd-tools-2.4.37-30.module_el8.3.0+561+97fdbbcc.x86_64
httpd-2.4.37-30.module_el8.3.0+561+97fdbbcc.x86_64
```

出现以上内容表明系统已安装了 Apache 软件包。

如果系统未安装 Apache，超级用户（root）在挂载安装光盘并制作好 YUM 源文件后，在命令行界面下采用以下命令来安装：

```
[root@rhel8 ~]#yum install httpd -y
```

第 11 章　Apache 服务器配置与管理

在 RHEL/CentOS 8 中安装好 Apache 2.4 后的 Web 服务器站点目录、主要配置文件和启动脚本文件如表 11-1 所示。

表 11-1　Apache Web 服务器文件和目录

类　型	文件和目录	说　　明
Web 站点目录	/var/www	Apache Web 站点文件的目录
	/var/www/html	Web 站点的网页文件
	/var/www/cgi-bin	CGI 程序文件
	/var/www/manual	Apache Web 服务器手册
	/var/www/usage	webalizer 程序文件
	/var/www/error	包含多种语言的 HTTP 错误信息
配置文件	.htaccess	基于目录的配置文件。包含对它所在目录中文件的访问控制指令
	/etc/httpd/conf	Apache Web 服务器配置文件目录
	/etc/httpd/conf/httpd.conf	主要的 Apache Web 服务器配置文件
	/etc/httpd/conf.d	主配置文件中包含的配置文件的辅助目录
	/etc/httpd/conf.modules.d	用于 RHEL/CentOS 中打包动态模块的配置文件的辅助目录。在默认配置中，首先会处理这些配置文件
应用文件	/usr/sbin/	Apache Web 服务器程序文件和实用程序的位置
	/var/log/httpd	Apache 日志文件的目录

注意：如果通过 Internet 或其他途径获得最新版本的 Apache 软件包，在安装时默认的安装路径与 RHEL/CentOS 8 自带版本的默认安装路径不同，一般安装在 /usr/local/apache 目录下。

在命令行界面下可以 systemctl 命令来管理 Apache 服务。例如，下列命令可以启动 Apache 服务：

```
[root@rhel8 ~]# systemctl start httpd
```

将上述命令中的 start 参数变换为 stop、restart、status，可以分别实现 Apache 服务的关闭、重启和状态的查看。

可以利用 systemctl 命令将 Apache 服务设置为开机自启动：

```
[root@rhel8 ~]# systemctl enable httpd
```

另外，还可以用 apachectl 命令实现启动、关闭、重启 Apache 服务和检查 Apache 配置的语法等功能。请看下例：

```
[root@rhel8 ~]# apachectl start        // 启动 Apache 服务
[root@rhel8 ~]# apachectl stop         // 停止 Apache 服务
[root@rhel8 ~]# apachectl restart      // 重启 Apache 服务
[root@rhel8 ~]# apachectl configtest   // 测试 Apache 服务器配置语法的正确性
```

11.3　Apache 配置文件

配置 Apache 的运行参数，是通过编辑 Apache 的主配置文件 httpd.conf 实现的。该文件的位置随着安装方式的不同而变化，若使用 RHEL/CentOS 8 自带的 Apache 进行安装，则该配置文件位于 /etc/httpd/conf 目录中；若通过网站下载 Apache 源程序进行编译安装，则该配置文件存放在 Apache

安装目录下的 conf 子目录中。

本节详细介绍 Apache 服务器主配置文件 httpd.conf 中所包含的配置命令。

完成本节学习，将能够：
- 描述配置文件 httpd.conf 的结构。
- 描述配置文件 httpd.conf 中常用配置命令的功能。

11.3.1 Apache 配置文件的结构

在 RHEL/CentOS 8 中，Apache 默认的配置文件 /etc/httpd/conf/httpd.conf 主要由全局环境设置、主要的服务器设置和附加配置三部分组成，每个部分都有相应的配置语句。所有配置语句的语法以"配置参数名称 参数值"的形式存在，配置语句可放在文件中的任何位置。

httpd.conf 配置文件中每行只能包括一个配置语句，行末使用"\"符号换行书写同一配置语句。在配置文件中，除了参数值以外的其他字符均不区分大小写，并与其他配置文件一样，"#"开头的行为注释行。默认情况下，/etc/httpd/conf/httpd.conf 文件中已有很多的配置参数，只是被注释了，用户可根据自己的需要将已注释掉的语句取消注释（删除注释符号"#"）即可生效。

11.3.2 Apache 配置命令

由于 Apache 配置文件很长，其中的配置参数很复杂，有的用得很少，因此本书仅选择介绍最常用的设置选项。

1. 全局环境配置

全局环境配置用于配置 Apache 服务器进程的全局参数。该部分位于配置文件的开始，配置内容如下：

```
ServerRoot "/etc/httpd"
#设置服务器主配置文件和日志文件的位置，即服务器的根目录
Listen 80
#设置服务器默认监听端口
Include conf.modules.d/*.conf
#将 /etc/httpd/conf.modules.d 目录下所有以".conf"作为扩展名的文件包含进来，这些文件中包含了动态加载的模块，这使得 Apache 配置文件具有更好的灵活性和可扩展性。Apache 采用模块化结构，各种可扩展的特定功能以模块形式存在而没有静态编进 Apache 内核，这些模块可以动态地载入 Apache 服务进程中。这样大大方便了 Apache 功能的丰富和完善
User apache
#设置用什么用户账号来启动 Apache
Group apache
#设置用什么属组来启动 Apache
```

2. 主服务器配置

这一部分从 'Main' server configuration 开始，其功能是处理不被 <Virtual Hosts> 段处理的请求，即为所有虚拟主机提供了默认值。

```
#'Main' server configuration
ServerAdmin root@localhost
#设置管理员的邮箱地址
#ServerName www.example.com:80
#设置 Apache 默认站点的名称和端口号。这里的名称可以是 IP 地址，也可以是域名，如果是域名，还需要 DNS 服务器的支持
<Directory />
```

```
        AllowOverride none
        Require all denied
</Directory>
# 设置默认规则，不允许用户访问 Apache 服务器的根文件系统
DocumentRoot "/var/www/html"
# 设置 Web 站点的文档根目录
```

主服务器配置的其余部分就是区域设置，其中 <Directory>…</Directory> 用于设置目录的访问权限，<location>…</location> 用于设置 URL 的访问权限。每个区域间基本上都包含以下选项：

- Options：用于设置区域的功能。表 11-2 为 Options 选项的可选参数。

表 11-2　Options 选项的可选参数

Options 参数	功 能 说 明
All	用户可在此目录中做任何操作
ExceCGI	允许在此目录中执行 CGI 程序
FollowSymLinks	服务器可使用符号链接连接到不在此目录中的文件或目录，此参数若是设在 <Location> 区域中则无效
Includes	提供 SSI 功能
IncludesNOEXEC	提供 SSI 功能，但不允许执行 CGI 程序中的 #exec 与 #include 命令
Indexes	服务器可生成此目录中的文件列表
MultiViews	使用内容商议功能，经由服务器和 Web 浏览器相互沟通后，决定网页传送的性质
None	不允许访问此目录
SymLinksIfOwnerMatch	若符号链接所指向的文件或目录拥有者和当前用户账号相符，则服务器会通过符号链接访问不在该目录下的文件或目录，若此参数设置在 <Location> 区域中则无效

- AllowOverride：定义是否允许目录下 .htaccess 文件的权限生效，它会读取目录中的 .htaccess 文件，决定是否另设权限。表 11-3 为 AllowOverride 配置项及其含义。

表 11-3　AllowOverride 配置项及其含义

控 制 项	典型可用指令	功　　能
AuthConfig	AuthName,AuthType,AuthUserFile Require	进行认证、授权的指令
FileInfo	DefaultType,ErrorDocument,Sethander	控制文件处理方式的指令
Indexes	AddIcon,DefaultIcon,HeaderName DirectoryIndex	控制目录列表方式的指令
Limit	Allow,Deny,Order	进行目录访问控制的指令
Options	Options,XbitHack	启用不能在主配置文件中使用的各种选项
All	允许全部指令	.htaccess 文件中所有权限都生效
None	禁止使用全部指令	.htaccess 文件中的权限不生效

- Require：设置访问控制权限。表 11-4 为 Require 配置项常用访问控制指令的说明。

表 11-4　Require 配置项常用访问控制指令

Require 指令	功　　能	举　　例
Require all granted	允许所有的用户访问	
Require all denied	拒绝所有的用户访问	
Require host example.com	只允许来自特定域名主机的访问请示，其他请求将被拒绝	Require host www.goolge.com
Require ip X.X.X.X	只允许来自 IP 或 IP 地址段的访问请求，其他请求将被拒绝（多个 IP 或 IP 地址段间使用空格分隔）	Require ip 192.168 Require ip 192.168.100 192.168.100.1

续表

Require 指令	功 能	举 例
Require not ip X.X.X.X	不允许来自 IP 或 IP 地址段的访问请求，其他都可以。通常与下面指令配合： Require all granted	Require all granted Require not ip 192.168.1.1 Require not ip 192.120 192.168.10
Require user userid [userid]…	允许特定用户访问	Require user tom jerry
Require group group-name [group-name] ...	允许特定用户组访问	Require group tom jerry
Require valid-user	允许有效用户访问	
Require method …	允许特定的 HTTP 方法	Require method GET POST

以下是各区域配置参数：

```
<Directory "/var/www">
    AllowOverride None
    Require all granted
</Directory>
# 设置对 /var/www 目录的访问控制
<Directory "/var/www/html">
    Options Indexes FollowSymLinks
    AllowOverride None
    Require all granted
</Directory>
# 设置文档根目录的访问控制
<IfModule dir_module>
    DirectoryIndex index.html
</IfModule>
# 设置默认目录的默认文档
<Files ~ "^\.ht">
    Require all denied
</Files>
# 防止 .htaccess 和 .htpasswd 文件被从 Web 上访问
ErrorLog "logs/error_log"
# 设置错误日志的位置
LogLevel warn
# 控制日志记录的等级
<IfModule log_config_module>
LogFormat "%h %l %u %t \"%r\" %>s %b \"%{Referer}i\" \"%{User-Agent}i\""combined
LogFormat "%h %l %u %t \"%r\" %>s %b" common
…
</IfModule>
# 定义日志记录的格式
<IfModule alias_module>
    ScriptAlias /cgi-bin/ "/var/www/cgi-bin/"
</IfModule>
# 设置服务器脚本目录 "/var/www/cgi-bin/" 的别名
<Directory "/var/www/cgi-bin">
    AllowOverride None
Options None
Require all granted
</Directory>
# 为 "/var/www/cgi-bin/" 目录设置访问权限
```

```
...
AddDefaultCharset UTF-8
# 设置字符集为 UTF-8
<IfModule mod_mime_magic_module>
    MIMEMagicFile conf/magic
</IfModule>
# 指定 Magic 信息码配置文件的存放位置
EnableSendfile on
# 使用操作系统内核的 sendfile 支持来将文件发送到客户端
```

3. 附加配置

此部分从 Supplemental configuration 开始，只有一条配置语句：

```
IncludeOptional conf.d/*.conf
```

将 /etc/httpd/conf.d 目录下所有的 .conf 配置文件都包含进来。Apache 服务器可利用此目录，将虚拟主机、用户个人 Web 站点以及 php 支持等功能的配置文件进行统一管理。对这一部分的配置将在后续章节进行详细介绍。

11.4 Apache 的配置

对 Apache 服务器的配置主要通过对配置文件 /etc/httpd/conf/httpd.conf 进行编辑修改来实现。本节通过一系列配置示例来说明 Apache 服务器的配置方法。

完成本节学习，将能够：

- 配置基本的 Apache 服务器。
- 配置用户的个人 Web 站点。
- 为 Apache 配置别名和重定向功能。
- 为 Apache 配置主机访问控制功能。

11.4.1 基本的 Apache 配置

默认情况下，Apache 的基本配置参数在 httpd.conf 配置文件中已经存在，如果仅需架设一个具有基本功能的 Web 服务器，用户只需根据实际需要修改部分参数、将已注释掉的一些配置语句取消注释，或将某些不需要的参数注释掉，并将包括 index.html 在内的相关网页文件复制到指定的 Web 站点根目录，然后打开服务器防火墙、重启 httpd 守护进程即可。通常可考虑添加或修改以下配置参数：

（1）ServerRoot：该参数指定服务器的根目录，一般不需修改。

（2）Listen：该参数指定服务器的监听端口，默认值为 TCP 端口 80，可以根据需要进行修改，如 8080 等。

（3）User 和 Group：该参数指定启动 Apache 的用户和组账号，一般不用修改。

（4）ServerAdmin：该参数的默认值为 root@localhost，一般应将该参数的值设置为本单位 Apache 管理员的电子邮件地址。

（5）ServerName：该参数默认被注释，首先取消注释，然后根据需要设置服务器的 FQDN 及端口。

(6) DocumentRoot：该参数的默认值是 /var/www/html，用户可以根据实际需要重新指定 Web 站点的根目录。

(7) <Directory "/var/www/html">…</Directory>：该部分定义对 Web 站点目录的 /var/www/html 的访问权限，可以根据需要保留其中的全部参数值，或修改部分参数。

(8) <IfModule dir_module>
　　　DirectoryIndex index.html
</IfModule>

该部分 DirectoryIndex 参数的默认值是 index.html，用户可以修改或添加其他默认主页的文件名，如 default.html 或 index.jsp 等。

完成以上配置后，让防火墙放行 http 服务，并关闭 SELinux，然后重启 httpd 服务：

```
[root@rhel8 ~]#firewall-cmd  --permanent  --add-service=http
// 允许防火墙放行 http 服务
[root@rhel8 ~]#firewall-cmd  --reload     // 重载防火墙配置文件

[root@rhel8 ~]#setenforce   0             // 临时设置 SELinux 的值为允许
[root@rhel8 ~]#systemctl   restart   httpd  // 重启 httpd 服务
```

最后，打开客户端浏览器，验证上述 Apache Web 服务器的基本配置是否正确。

11.4.2　配置用户个人 Web 站点

用户经常会见到某些网站提供个人主页服务，其实在 Apache 服务器上拥有用户账号的每个用户都能架设自己的独立 Web 站点。客户端在浏览器中浏览个人主页的 URL 地址格式一般为：

```
http:// 域名 /~username
```

其中，username 是 Linux 系统的合法用户名。

在 httpd 服务程序中，默认没有开启用户个人 Web 站点的功能。为此需要编辑附加的配置文件 /etc/httpd/conf.d/userdir.conf。将 /etc/httpd/conf.d/userdir.conf 文件第 17 行的 "UserDir disabled" 用 "#" 注释掉，然后把第 24 行 "#UserDir public_html" 前面的 "#" 删除。如果希望每个用户都可以建立自己的个人主页，则需要为每个用户在其主目录中建立一个放置个人主页的目录。UserDir 指令的默认值是 public_html，即为每个用户在其主目录中的网站目录。管理员可为每个用户建立 public_html 目录，然后用户把网页文件放在该目录下即可。下面通过一个实例介绍具体配置步骤。

(1) 建立用户 Tom，修改其默认主目录的权限，并在其下建立目录 public_html。

```
[root@rhel8 ~]# useradd tom
[root@rhel8 ~]# passwd tom
[root@rhel8 ~]# chmod 711 /home/tom
[root@rhel8 ~]# cd  /home/tom
[root@rhel8 ~]# mkdir public_html
[root@rhel8 ~]# chown  tom:tom public_html
```

(2) 编辑文件 /etc/httpd/conf.d/userdir.conf，修改或添加如下语句：

```
<IfModule mod_userdir.c>
#UserDir disable
# 将此语句注释掉
```

```
UserDir public_html
# 设置用户个人 Web 站点的目录
</IfModule>
<Directory /home/*/public_html>
    AllowOverride FileInfo AuthConfig Limit Indexes
    Options MultiViews Indexes SymLinksIfOwnerMatch IncludesNoExec
    Require method GET POST OPTIONS </Directory>
# 配置对每个用户 Web 站点目录的设置
```

(3) 将编辑好的配置文件保存后，设置好防火墙和 SELinux，然后重启 httpd 服务器（有关操作见 13.4.1）。

(4) 确保在 /home/tom/public_html 目录下保存用户的个人主页 index.html，然后在本地计算机或连网计算机 Web 浏览器地址栏中输入 http://IP 地址 /~tom/（在个人网站地址后面要加斜杠"/"），即可打开 Tom 用户的个人网站，如图 11-2 所示。

图 11-2 Tom 的个人网站

11.4.3 别名和重定向

1. 别名

别名是一种将根目录文件以外的内容（即虚拟目录）加入站点中的方法。只能使用在 Internet 站点的 URL，而不是本地某个目录的路径名。如 13.3 节所述，在 Apache 的默认配置中，由于 /var/www/error 目录和 /var/www/icons 目录都在文档根目录 /var/www/html 之外，所以设置了两个目录的别名访问，同时使用 Directory 容器配置了对别名目录（虚拟目录）的访问权限。

例如，现需指定 /var/tmp 目录别名为 temp，并映射到文档根目录 /var/www/html 中，可在 /etc/httpd/conf/httpd.conf 文件中主服务器配置段中添加下列配置语句：

```
Alias    /temp    "/var/tmp"
<Directory "/var/tmp">
    Options Indexes MultiViews FollowSymlinks
    AllowOverride None
    Require all granted
</Directory>
```

保存已添加的配置语句，再在终端命令窗口中设置好防火墙和 SELinux，然后重启 httpd 服务器（有关操作见 13.4.1）。

确保在 /var/tmp 目录中包含网页文件 index.html，然后在本机或另一台与 Apache 服务器相连的计算机上的 Web 浏览器地址栏输入 http://IP 地址 /temp，即可进入 /var/tmp 目录中的主页面，如图 11-3 所示。

图 11-3 测试别名

2. 重定向

重定向的作用是当用户访问某一 URL 地址时，Web 服务器自动转向另外一个 URL 地址。Web 服务器的重定向功能主要针对原来位于某个位置的目录或文件发生了改变之后，如何找到旧文档，即可以利用重定向功能来指向旧文档的新位置。

页面重定向的配置也是通过配置 /etc/httpd/conf/httpd.conf 文件来完成，其语法格式如下：

```
Redirect    [错误响应代码]    <用户请求的URL>    [重定向的URL]
```
其中在 Web 浏览器中常见的错误响应代码如表 11-5 所示。

表 11-5 Web 浏览器常见的错误响应代码

代码	说明	代码	说明
301	被请求的 URL 已永久地移到新的 URL	303	被访问的页面已被替换
302	被请求的 URL 临时移到新的 URL	410	被访问的页面已不存在，使用此代码时不应使用重定向的 URL 参数

例如，将 http://192.168.1.10/temp 重定向到 http://192.168.1.20/other，并告知客户机该资源已被替换，可在 /etc/httpd/conf/httpd.conf 文件的主服务器配置段添加如下语句：

```
Redirect    303    /temp    http://192.168.1.20/other
```

注意：Redirect 指令优先于 Alias 和 ScriptAlias 配置指令。

11.4.4 主机访问控制

RHEL/CentOS 8 中的 Apache 服务器利用 Require 访问控制参数可实现对指定目录的访问控制，该参数的使用格式见表 11-4。下面举例说明该参数的使用方法。

请看如下示例。

示例一：

```
<Directory "/var/www/html/abc">
    AllowOverride None
    Require ip 192.168.1
    Require not ip 192.168.1.10
</Directory>
```

说明：除 192.168.1.10 以外，192.168.1.0/24 网段的其他机器均可访问该 Directory 区域。

示例二：

```
<Directory "/var/www/html/abc">
    AllowOverride None
    Require all granted
    Require not ip 192.168.1.1
    Require not ip 192.120    192.168.100
</Directory>
```

说明：允许所有访问请求，但拒绝 192.168.1.1 及 192.120、192.168.100 网段的机器访问该 Directory 区域。

11.5 配置虚拟主机

虚拟主机就是在一个 Apache 服务器中设置多个 Web 站点，在外部用户看来，每一个服务器都是独立的。Apache 支持两种类型的虚拟主机，即基于 IP 地址的虚拟主机和基于名称的虚拟主机。本节分别介绍这两种虚拟主机的配置方法。

第 11 章　Apache 服务器配置与管理

学完本节，将能够：
- 配置基于 IP 地址的虚拟主机。
- 配置基于名称的虚拟主机。

11.5.1　基于 IP 地址的虚拟主机配置

在基于 IP 地址的虚拟主机中，需要在同一台服务器上绑定多个 IP 地址，然后配置 Apache，为每一个虚拟主机指定一个 IP 地址和端口号。这种主机的配置方法有两种：一种是 IP 地址相同，但端口号不同；另一种是端口号相同，但 IP 地址不同。下面分别介绍这两种基于 IP 地址的虚拟主机的配置方法。

1. IP 地址不同，但端口号相同的虚拟主机配置

在一台主机上配置不同的 IP 地址，既可采用多个物理网卡的方案，也可采用在同一网卡上绑定多个 IP 地址（即创建多个网卡连接）的方案。下面的例子采用后一种方案，其配置过程如下：

（1）在一块网卡中绑定多个 IP 地址。假设网卡设备名为 ens33，现有一个 IP 地址为 192.168.1.10，其网卡配置文件为 /etc/sysconfig/network-scripts/ifcfg-ens33。下面的命令创建一个新的网卡连接 ens33:1，其配置文件名为 ifcfg-ens33-1。

```
[root@rhel8 ~]#nmcli connection add con-name ens33:1 type ethernet ipv4.method manual ifname ens33 autoconnect yes ipv4.addresses 192.168.1.100/24 ipv4.gateway 192.168.1.1
[root@rhel8 ~]#cat /etc/sysconfig/network-scripts/ifcfg-ens33-1
……
BOOTPROTO=none
IPADDR=192.168.1.100
PREFIX=24
GATEWAY=192.168.1.1
NAME=ens33:1
ONBOOT=yes
DEVICE=ens33
……
```

文件中至少应包含上述内容。

这样可为网卡 ens33 绑定一个新的 IP 地址（192.168.1.100）。用类似的方法可创建多个网卡配置文件，如 ifcfg-ens33-2、ifcfg-ens33-3 等等，为一块网卡绑定多个 IP 地址。

（2）创建并编辑 /etc/httpd/conf.d/vhost.conf 文件，文件内容如下：

```
<VirtualHost 192.168.1.10:80>
    ServerAdmin webmaster@rhel8.com
    DocumentRoot /var/www/ipvhost1
    ServerName 192.168.1.10
    ErrorLog logs/192.168.1.10-error_log
    CustomLog logs/192.168.1.10-access_log common
</VirtualHost>
<VirtualHost 192.168.1.100:80>
    ServerAdmin webmaster@rhel8.com
    DocumentRoot /var/www/ipvhost2
    ServerName 192.168.1.100
    ErrorLog logs/192.168.1.100-error_log
    CustomLog logs/192.168.1.100-access_log common
</VirtualHost>
```

在上述配置语句中，关键字 VirtualHost 用来定义虚拟主机，两个 VirtualHost 区域分别定义一

个具有不同 IP 地址和相同端口号（采用 Web 服务器的默认端口号 80）的虚拟主机，它们具有不同的文档根目录（DocumentRoot）、服务器名（ServerName）和错误日志（Errorlog）、访问日志（Customlog）文件名。

（3）建立两个虚拟主机的文档根目录及相应的测试页面。

```
[root@rhel8 ~]# mkdir -p /var/www/ipvhost1
[root@rhel8 ~]# mkdir -p /var/www/ipvhost2
[root@rhel8 ~]# vi   /var/www/ipvhost1/index.html
[root@rhel8 ~]# vi   /var/www/ipvhost2/index.html
```

（4）将 SELinux 设置为允许，让防火墙放行 httpd 服务，重启 Apache 服务器，然后在客户机上进行虚拟主机测试。在 Web 浏览器地址栏中分别输入 http://192.168.1.10 和 http://192.168.1.100，观察显示的页面内容，如图 11-4 和图 11-5 所示。至此，具有不同 IP 地址但端口号相同的虚拟主机配置完成。

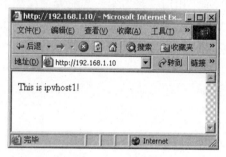

图 11-4　基于 IP 地址的虚拟主机（1）

图 11-5　基于 IP 地址的虚拟主机（2）

2．IP 地址相同，但端口号不同的虚拟主机配置

在同一主机上针对一个 IP 地址和不同的端口号来建立虚拟主机，即每个端口对应一个虚拟主机，这种虚拟主机有时也称"基于端口的虚拟主机"。其配置过程如下：

（1）为物理网卡配置一个 IP 地址，假设 IP 地址为 192.168.1.10。配置方法略。

（2）创建并编辑 /etc/httpd/conf.d/vhost.conf 文件，添加如下语句：

```
Listen 8000
Listen 8001
#增加监听的端口号8000 和 8001
<VirtualHost 192.168.1.10:8000>
    ServerAdmin webmaster@rhel8.com
    DocumentRoot /var/www/ipvhost3
    ServerName 192.168.1.10
    ErrorLog logs/192.168.1.10-8000-error_log
    CustomLog logs/192.168.1.10-8000-access_log common
</VirtualHost>
<VirtualHost 192.168.1.10:8001>
    ServerAdmin webmaster@rhel8.com
    DocumentRoot /var/www/ipvhost4
    ServerName 192.168.1.10
    ErrorLog logs/192.168.1.10-8001-error_log
    CustomLog logs/192.168.1.10-8001-access_log common
</VirtualHost>
```

在上述配置语句中，利用"VirtualHost 192.168.1.10: 端口号"来定义两个自定义端口的虚拟主机，它们的管理员邮箱、文档根目录、错误日志和访问日志文件名均不相同，但 ServerName 的值相同，都是 192.168.1.10。

（3）为两个虚拟主机建立文档根目录及测试页面。

```
[root@rhel8 ~]# mkdir -p /var/www/ipvhost3
[root@rhel8 ~]# mkdir -p /var/www/ipvhost4
[root@rhel8 ~]# vi  /var/www/ipvhost3/index.html
[root@rhel8 ~]# vi  /var/www/ipvhost4/index.html
```

（4）将 SELinux 设置为允许，让防火墙放行 httpd 服务，重启 Apache 服务器，然后在客户机上进行虚拟主机测试。在 Web 浏览器地址栏中分别输入 http://192.168.1.10:8000 和 http://192.168.1.10:8001，观察显示的页面内容，如图 11-6 和图 11-7 所示。至此，具有相同 IP 地址，但端口号不同的虚拟主机配置完成。

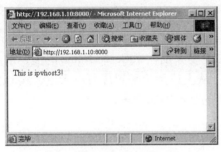

图 11-6　基于端口的虚拟主机（1）

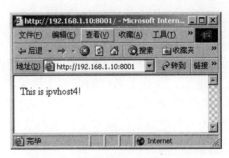

图 11-7　基于端口的虚拟主机（2）

11.5.2　基于名称的虚拟主机配置

使用基于 IP 地址的虚拟主机，用户被限制在数目固定的 IP 地址中，而使用基于名称的虚拟主机，用户可以设置支持任意数目的虚拟主机，而不需要额外的 IP 地址。当用户的机器仅仅使用一个 IP 地址时，仍然可以设置支持无限多数目的虚拟主机。

基于名称的虚拟主机就是在同一台主机上针对相同的 IP 地址和端口号来建立不同的虚拟主机。为了实现基于名称的虚拟主机，必须对每台主机执行 VirtualHost 指令和 NameVirtualHost 指令，以向虚拟主机指定用户想分配的 IP 地址。在 VirtualHost 指令中，使用 ServerName 选项为主机指定用户要使用的域名。每个 VirtualHost 指令都使用在 NameVirtualHost 中指定的 IP 地址作为参数，用户也可以在 VirtualHost 指令块中使用 Apache 指令独立地配置每一个主机。

下面通过一个实例介绍基于名称的虚拟主机的配置过程。

（1）配置 DNS 服务器，在区域数据库文件中增加两条 A 记录和两条 PTR 记录，实现对不同的域名进行解析。

DNS 正向区域数据库中增加的记录如下：

```
www1.rhel8.com.   IN  A   192.168.1.10
www2.rhel8.com.   IN  A   192.168.1.10
```

DNS 反向区域数据库中增加的记录如下：

```
10      IN    PTR    www1.rhel8.com.
10      IN    PTR    www2.rhel8.com.
```

保存配置后，重启 DNS 服务器。

(2) 创建并编辑 /etc/httpd/conf.d/vhost.conf 文件，添加如下语句：

```
NameVirtualHost    192.168.1.10:80
# 针对 192.168.1.10:80 配置基于名称的虚拟主机。该指令激活了基于名称的虚拟主机功能
<VirtualHost 192.168.1.10:80>
    ServerAdmin webmaster@rhel8.com
    DocumentRoot /var/www/ipvhost5
    ServerName www1.rhel8.com
    ErrorLog logs/www1.rhel8.com-error_log
    CustomLog logs/www1.rhel8.com-access_log common
</VirtualHost>
<VirtualHost 192.168.1.10:80>
    ServerAdmin webmaster@rhel8.com
    DocumentRoot /var/www/ipvhost6
    ServerName www2.rhel8.com
    ErrorLog logs/www2.rhel8.com -error_log
    CustomLog logs/www2.rhel8.com -access_log common
</VirtualHost>
```

上述两个基于名称的配置段与前面两种虚拟主机的主要区别在于 ServerName 的值，前两种采用的是 IP 地址，而基于名称的虚拟主机采用的是域名。从上述两个配置段可以看出，实际上这两个虚拟主机的 IP 地址和端口号是完全相同的，区分二者的是不同的域名。

(3) 为两个虚拟主机建立文档根目录及测试页面。

```
[root@rhel8 ~]# mkdir -p /var/www/ipvhost5
[root@rhel8 ~]# mkdir -p /var/www/ipvhost6
[root@rhel8 ~]# vi  /var/www/ipvhost5/index.html
[root@rhel8 ~]# vi  /var/www/ipvhost6/index.html
```

(4) 将 SELinux 设置为允许，让防火墙放行 httpd 服务，重启 Apache 服务器，然后在客户机上进行虚拟主机测试。在 Web 浏览器地址栏中分别输入 www1.rhel8.com 和 www2.rhel8.com，观察显示的页面内容，如图 11-8 和图 11-9 所示。至此，具有相同 IP 地址和端口号，但域名不同的虚拟主机配置完成。

图 11-8 基于名称的虚拟主机（1）

图 11-9 基于名称的虚拟主机（2）

11.6 配置动态 Web 站点

Linux 集成了 PHP 和 mod_perl 等多种动态 Web 站点开发方案，用户可以根据自己的需要，选择最适宜的方案快速地开发高效率的动态 Web 站点。本节介绍在 Linux 操作系统中配置 CGI 和构

建 LAMP 架构的方法。

学完本节，将能够：
- 配置 CGI 动态网站。
- 构建 LAMP 系统架构。

11.6.1 配置 CGI 动态网站

CGI 即 Common Gateway Interface（通用网关接口），它是用于链接网页和 Web 服务器应用程序的接口。在实际应用中，经常需要对数据库进行操作，然后将操作的结果动态地显示在网页上，而 HTML 语言的功能较少，难以完成对数据库的操作和动态显示数据库的内容，于是产生了 CGI。

CGI 是在 Web 服务器上运行的一个可执行程序，由网页的一个超链接来激活并调用。当客户端的浏览器向 Web 服务器中 CGI 程序提出数据处理请求时，CGI 程序就会执行数据查询或处理请求，并将处理结果转换成 HTML 能理解的语言返回给客户端的 Web 浏览器，最后客户端通过 Web 浏览器将返回结果显示出来。

1. 安装 Perl 语言解释器

CGI 程序可以采用 Perl、C、C++、Java 等编程语言来编写，其中 Perl 语言最易编译和调试，且可移植性也较强，是在 CGI 编程语言中最简单的一种，在动态网页设计中得到广泛应用。

默认情况下，Perl 语言解释器已被安装到 RHEL/CentOS 系统中，可在终端命令窗口中执行如下命令查看 Perl 的版本：

```
[root@rhel8 ~]# rpm -qa | grep perl
```

perl-IO-1.38-416.el8.x86_64 如果系统中还没有安装 Perl，可挂载安装光盘，并制作好 YUM 源文件，然后用 yum 命令进行安装：

```
[root@rhel8 ~]# yum install perl -y
```

2. 标明 CGI 程序的文件类型

使用 CGI 脚本时有两个选项：Nonscript Aliased CGI 和 Script Aiased CGI。由于 Script Aiased CGI 限制在某个特定的目录（由 ScriptAlias 参数指定）以提供更多的控制，故安全性较高。在由 ScriptAlias 指定的目录中，Apache 认为所有文件都是用于执行，而不作为一般文件处理。在这样的目录中，文件的名称不必具有诸如 .cgi 或 .pl 等可执行文件的后缀。但如果要想在 ScriptAlias 指定的目录之外执行 CGI 程序，必须在 Apache 配置文件中对执行程序的文件扩展名使用 AddHandler 进行说明。

在 /etc/httpd/conf/httpd.conf 文件中找到 #AddHandler cgi-script.cgi 语句，取消其注释标记，这样 Apache 将支持 .cgi 文件的运行。若同时还需运行 .pl 文件，则紧随其后添加 .pl。这样 Apache 就把以 .cgi 和 .pl 两种后缀的文件当作 CGI 程序执行。

3. 配置 CGI 文件的目录权限

为了使各个目录中以 AddHandler 指令指定扩展名的文件能被执行，还需要设置存放 CGI 文件的目录权限，告诉 Apache 允许 CGI 程序在哪些目录下运行。例如，Apache 的 DocumentRoot 目录需要执行 CGI 文件，应在 DocumentRoot 目录权限设置的 Options 指令中添加一个 ExecCGI 选项，如下所示：

```
<Directory "/var/www/html">
Options Indexes FollowSymLinks ExecCGI
# 本目录需要执行 CGI 文件
    AllowOverride None
    Require all granted
</Directory>
```

保存配置后,重启 Apache 服务器。

4. 测试 CGI 运行环境

首先在 /var/www/html 目录中创建一个 CGI 脚本文件 test.cgi,其内容如下:

```
#!/usr/bin/perl
print "Content-type:text/html\n\n";
print "Hello World!\n";
```

然后,在终端命令窗口将此文件设置为可执行:

```
[root@rhel8 ~]# chmod +x /var/www/html/test.cgi
```

在客户机的 Web 浏览器地址栏中输入 http://192.168.1.10/test.cgi,若能打开图 11-10 所示的页面,则说明 CGI 运行环境配置正确。

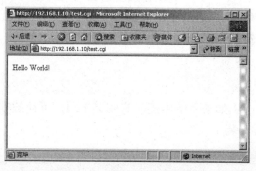

图 11-10 测试 CGI 运行环境

11.6.2 构建 LAMP 架构

LAMP 架构是 Linux+Apache+Mysql/MariaDB+PHP 的简称。其中,Mysql/MariaDB 是数据库的名称,PHP 是 PHP Hypertext Preprocessor(超级文本预处理语言)的简写。它与 ASP 类似,都是一种在服务器端执行的"嵌入 HTML 文档的脚本语言",其语言风格类似于 C 语言,是比较流行的动态网站开发技术之一。这四个程序本身都是各自独立的程序,但是因为常被放在一起使用,拥有了越来越高的兼容度,共同组成了一个强大的 Web 应用程序平台。

1. 安装 mysql 数据库

如果系统中还没有安装 PHP,可挂载 RHEL/CentOS 安装光盘,并制作好 YUM 源文件,然后执行如下命令:

```
[root@rhel8 ~]# yum install mysql-server mysql-devel -y
```

2. 安装 PHP 语言解释器及 php-mysql 扩展

默认情况下,PHP 语言解释器已被安装到 RHEL/CentOS 8 系统中。如果系统中还没有安装 PHP,可执行如下命令进行安装:

```
[root@rhel8 ~]# yum install php  php-devel php-mysqlnd
```

3. 配置 php.conf 文件

在 Apache 主配置文件 /etc/httpd/conf/httpd.conf 中指定将 /etc/httpd/conf.d 目录中所有的 .conf 文件包含到 /etc/httpd/conf/httpd.conf 文件中。PHP 安装后，在 /etc/httpd/conf.d 目录中就会有一个名为 php.conf 的配置文件，该文件就包含了 PHP 配置的所有参数，所以只需对 /etc/httpd/conf.d/php.conf 文件进行配置即可。

用 vi 编辑器打开 /etc/httpd/conf.d/php.conf 文件，添加如下命令行：

```
AddType    application/x-httpd-php    .php
# 添加 PHP 文件的扩展名，本例为 .php
```

保存配置后，重启 Apache 服务器。

4. 测试 PHP 运行环境

首先在 /var/www/html 目录中创建一个 PHP 文件 test.php，其内容如下：

```
<?php
  phpinfo();
?>
```

然后，在客户机的 Web 浏览器地址栏中输入 http://192.168.1.10/test.php，若能打开图 11-11 所示的页面，则说明 PHP 运行环境配置正确。

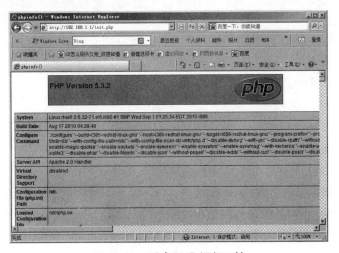

图 11-11　测试 PHP 运行环境

本章小结

Apache 是一种开放源代码的 Web 服务器软件，它具有良好的跨平台和安全特性，是 Internet 上流行的 Web 服务器端软件之一。

Apache 默认的配置文件是 /etc/httpd/conf/httpd.conf，主要由全局环境设置、主要的服务器设置和附加配置三部分组成，每个部分都有相应的配置语句。本章通过示例讲解了 Apache 的基本配置以及用户个人 Web 站点、别名和重定向功能、主机访问控制功能、虚拟主机、动态 Web 站点等配置方法。

项目实训 11　Apache 服务器的配置

一、情境描述

某公司拟自建一个网站用于发布公司新闻和产品信息，经分析比较，决定采用基于 Apache 的 Web 服务器系统。本项目要求该服务器具有比较全面的功能，如：能够存放用户个人 Web 站点，具有虚拟目录功能，可以实现主机访问控制和虚拟主机功能，为便于扩展，该服务器还必须配置动态 Web 站点功能。

二、项目分解

分析上述工作情境，我们需要完成下列任务：
（1）配置具备基本的网页发布功能的 Web 服务器。
（2）配置具有虚拟目录别名功能的 Web 服务器。
（3）配置具有访问控制功能的 Web 服务器，仅允许来自指定网络的用户访问。
（4）配置基于 IP 地址的虚拟主机，它有两个 IP 地址，能根据用户访问的 IP 地址的不同提供不同的 Web 页面。
（5）配置基于名称的虚拟主机，它有两个域名，对应同一个 IP 地址，能根据用户访问域名的不同提供不同的 Web 页面。
（6）配置具有动态 Web 站点功能的 Web 服务器。

三、学习目标

1. 技能目标
- 能配置基本功能的 Web 服务器。
- 能配置具有虚拟目录别名功能的 Web 服务器。
- 能配置具有主机访问控制的 Web 服务器。
- 能配置基于 IP 地址和基于名称的虚拟主机。
- 能配置动态 Web 站点服务器。

2. 素质目标
- 具有开拓创新意识和团队合作精神。

四、项目准备

两台虚拟机，其中一台已安装 RHEL/CentOS 8 操作系统，并已安装了 Apache 服务器软件，另一台安装 Windows 7/10，两者可互相 ping 通。

五、预估时间

180min。

第 11 章 Apache 服务器配置与管理

六、项目实施

【任务 1】建立具备基本的网页发布功能的 Web 服务器。

(1) 编辑 Apache 服务器主配置文件 /etc/httpd/conf/httpd.conf，根据以下要求配置 Web 服务器：

① 设置主目录的路径为 /var/www/web。

② 设置 default.html 文件作为默认网页文档。

③ 设置 Apache 监听的端口号为 8888。

④ 设置默认字符集为 GB/T 2312—1980。

(2) 在 /var/www/web 目录下创建一个用来测试的网页文件 default.html。

(3) 重启 httpd 服务。

(4) 在 Windows 7/10 计算机上打开网页浏览器访问 Web 服务器，以验证上述功能。

注意：在进行 Web 服务器的访问测试之前，建议先关闭防火墙，并禁止 SELinux 功能。下同。

建立基本功能的Web服务器

【任务 2】配置虚拟目录别名功能的 Web 服务器。

(1) 在 Web 服务器中建立一个名为 temp 的虚拟目录别名，其对应的物理路径是 /usr/local/temp，并配置 Web 服务器允许该别名目录具备目录浏览和允许内容协商的多重视图特性。

注意：可以打开主配置文件进行配置，也可以在 conf.d 目录中创建一个新的配置文件，这个配置文件的内容在 Web 服务器启动时会被自动地包含进主配置文件中去。

(2) 在 /usr/local/temp 目录中创建一个用于测试的网页文件 index.html。

(3) 重启 httpd 服务。

(4) 在 Windows 7/10 计算机上打开网页浏览器访问 Web 服务器，以验证虚拟目录别名功能。

建立具有虚拟目录别名功能的Web服务器

【任务 3】配置具有主机访问控制功能的 Web 服务器。

(1) 在 Web 服务器中建立一个名为 test 的虚拟目录别名，其对应的物理路径是 /usr/local/test，并配置 Web 服务器仅允许来自网络 192.168.18.0/24 客户机的访问。

注意：同任务 2 一样，可以打开主配置文件进行配置，也可以在 conf.d 目录中创建一个新的配置文件，这个配置文件的内容在 apache 服务器启动时会被自动地包含进主配置文件中去。

(2) 在 /usr/local/test 目录中创建一个用于测试的网页文件 index.html。

(3) 重启 httpd 服务。

(4) 在 IP 地址为 192.168.18.0/24 的客户机上打开网页浏览器访问 Web 服务器，以验证主机访问控制功能。

配置基于IP地址的虚拟主机

【任务 4】配置基于 IP 地址的虚拟主机的 Web 服务器。

使用 192.168.10.15 和 192.168.10.20 两个 IP 地址创建基于 IP 地址的虚拟主机，其中 IP 地址为 192.168.10.15 的虚拟主机对应的主目录为 /usr/www/web1，IP 地址为 192.168.10.20 的虚拟主机对应的主目录为 /usr/www/web2。

(1) 编辑 Web 服务器网络接口配置文件，使该服务器网卡具有两个 IP 地址

配置主机访问功能

192.168.10.15 和 192.168.10.20。

（2）重启 Web 服务器网卡，并观察网络接口参数变化情况。

（3）打开 Web 服务器的主配置文件，或者在 conf.d 目录中创建一个新的配置文件，参照教材 11.5.1 节添加虚拟主机的配置信息。

（4）创建两个用于测试的访问站点 /usr/www/web1 和 /usr/www/web2。并在其中建立不同的网页文件 index.html。

（5）打开 Web 服务器的主配置文件，设置这两个文档根目录的访问控制权限。

（6）重启 httpd 服务。

（7）在 Windows 7/10 计算机上打开浏览器，分别用两个 IP 地址访问 Web 服务器，以验证基于 IP 地址的虚拟主机功能。

配置基于名称的虚拟主机

【任务 5】配置基于名称的虚拟主机。

在 DNS 服务器中建立 www.test1.com 和 www.test2.com 两个域名，使它们解析到同一个 IP 地址 192.168.10.15 上，然后创建基于名称的虚拟主机。其中域名为 www.test1.com 的虚拟主机对应的主目录为 /usr/www/web1，域名为 www.test2.com 的虚拟主机对应的主目录为 /usr/www/web2。

（1）配置 DNS 服务器，实现对 www.test1.com 和 www.test2.com 两个域名的解析服务。

（2）打开 Web 服务器的主配置文件，或者在 conf.d 目录中创建一个新的配置文件，参照教材 11.5.2 节添加虚拟主机的配置信息。

（3）创建两个用于测试的访问站点 /usr/www/web1 和 /usr/www/web2。并在其中建立不同的网页文件 index.html（同任务 4）。

（4）打开 Web 服务器的主配置文件，设置这两个文档根目录的访问控制权限（同任务 4）。

（5）重启 httpd 服务。

配置动态Web站点功能

（6）在 Windows 7/10 计算机上打开浏览器，分别用两个域名访问 Web 服务器，以验证基于名称的虚拟主机功能。

【任务 6】配置动态 Web 站点功能。

构建一个 LAMP 架构的动态 Web 站点，可以对外发布 PHP 网页。

（1）制作好 yum 源文件，使用 yum 命令安装 MySQL 数据库、PHP 语言解释器及 php-mysql 扩展。

（2）启动 MySQL 数据库服务。

（3）编辑 PHP 的配置文件 /etc/httpd/conf.d/php.conf，添加如下一行语句：

```
AddType application/x-httpd-php    .php
```

（4）重启 httpd 服务。

（5）在 Web 服务器的文档根目录下创建一个用于测试的 PHP 网页文件，如 test.php。

（6）在 Windows 7/10 计算机上打开浏览器，在地址栏输入 PHP 网站地址，以验证 PHP 网站的发布功能。

七、项目考评

项目完成后,请对完成情况进行评价,在表格相应栏中打"√",并在评分栏进行评分。

序号	考核点	评价标准	标准分	评价结果			评分
				操作熟练	能做出来	完全不会	
1	Web服务器的启动、重启、关闭	使用命令行启动、重启或关闭Apache服务器	10				
2	配置具备基本功能的Apache服务器	实现一个具备基本功能的Web服务器	10				
3	配置虚拟目录功能	实现Web服务器的别名访问功能	10				
4	配置主机访问控制功能	实现主机的访问控制功能	10				
5	配置虚拟主机功能	实现虚拟主机功能	20				
6	配置动态Web站点功能	实现动态Web站点功能	10				
7	Web服务器配置的测试	在客户端上验证Web服务器的各种功能	10				
8	职业素养	实训过程:纪律、卫生、安全等	10				
		开拓创新、严谨细致、团队协作等	10				
		总评分	100				

习题 11

一、选择题

1. 以下(   )是Apache的基本配置文件。
   A. httpd.conf   B. srm.conf
   C. mime.type   D. apache.conf
2. 以下关于Apache的描述(   )是错误的。
   A. 不能改变服务端口   B. 只能为一个域名提供服务
   C. 可以给目录设置密码   D. 默认端口是8080
3. 启动Apache服务器的命令是(   )。
   A. systemctl apache start   B. systemctl httpd start
   C. systemctl start httpd   D. service httpd reload
4. 若要设置Web站点根目录的位置,应在配置文件中通过(   )配置语句来实现。
   A. ServerRoot   B. ServerName
   C. DocumentRoot   D. DirectoryIndex
5. 若要设置站点的默认主页,可在配置文件中通过(   )配置项来实现。
   A. RootIndex   B. ErrorDocument
   C. DocumentRoot   D. DirectoryIndex

二、简答题

1. 试述启动和关闭 Apache 服务器的方法。
2. 简述 Apache 配置文件的结构及其关系。
3. Apache 服务器可架设哪几种类型的虚拟主机?各有什么特点?
4. 简述 LAMP 架构(Linux+Apache+Mysql/MariaDB+PHP)的配置过程。

第 12 章

FTP 服务器配置与管理

FTP（文件传输服务）是 Internet 中最早提供的服务功能之一。FTP 提供了在 Internet 上的任意两台计算机之间相互传输文件的机制，它是用户获得丰富的 Internet 资源的重要方法之一。本章将介绍如何使用功能强大的 Vsftpd 服务器软件来架设 FTP 服务器。

完成本章学习，将能够：
- 描述 FTP 协议的工作原理。
- 安装和启动 Vsftpd 服务器。
- 按不同功能需求配置 Vsftpd 服务器。
- 培养严谨认真的工作态度，增强社会责任感和团队合作能力。

12.1 FTP 概述

本节介绍了 FTP 协议的功能、工作方式，以及 RHEL/CentOS 中默认安装的 FTP 软件 Vsftpd 的特点。

完成本节学习，将能够：
- 描述 FTP 协议的功能和 Vsftpd 的主要特点。
- 理解 FTP 协议的两种工作方式的实际应用。

FTP 的全称是 File Transfer Protocol（文件传输协议），它是专门用于传输文件的一种协议，用来在两台计算机之间传输文件，是 Internet 中应用非常广泛的服务之一。它可以根据实际需要设置各用户的使用权限，同时具有跨平台的特性，即在 UNIX、Linux 和 Windows 等操作系统中都可以实现 FTP 客户端和服务器，相互之间可以跨平台进行文件的传输。因此 FTP 服务是网络中经常采用的资源共享方式之一。

FTP 是 TCP/IP 的一种具体应用，它工作在 OSI 模型的第七层、TCP/IP 模型的第四层，是一种面向连接的协议。FTP 在对外提供服务时需要维护两个连接：一个是控制连接，监听 TCP 21 号端口，用来传输控制命令；另一个是数据连接，在主动传输方式下监听 TCP 20 号端口，用来传输数据。

FTP 协议有两种工作模式：主动模式和被动模式，即 PORT 模式和 PASV 模式。主动模式的连接过程是：客户端随机开启一个大于 1 024 的端口 X 向服务器的 FTP 端口（默认是 21）发送连接请求，然后开放 X+1 号端口进行监听；FTP 服务器接受连接，并建立一个控制连接会话。当需要传送数据时，FTP 服务器从 20 端口向客户端的 X+1 号端口发送连接请求，建立一条数据链路来传送数据。

由于在主动模式下传送数据时，由 FTP 服务器主动连接客户端，如果客户端在防火墙或 NAT 网关后面，由于防火墙无法预知客户端用于建立数据连接的端口，所以这时用主动模式将无法与 Internet 上的 FTP 服务器传送数据。在这种情况下就需要使用被动模式。被动模式的控制连接和数据连接都是由 FTP 客户端发起的，其连接过程是：首先客户端随机开启一个大于 1 024 的端口 X 向 FTP 服务器的 21 号端口发送连接请求，同时会开启 X+1 端口。然后向服务器发送 PASV 命令，通知服务器自己处于被动模式。服务器收到命令后，会开放一个大于 1 024 的端口 Y 进行监听，然后用 PORT Y 命令通知客户端，自己的数据端口是 Y。客户端收到命令后，会通过 X+1 号端口连接服务器的端口 Y，然后在两个端口之间进行数据传输。这样就能使防火墙知道用于数据连接的端口号，而使数据连接得以建立。当需要传送数据时，客户端向服务器的空闲端口发送连接请求，建立一条数据链路来传送数据。

几乎所有的 FTP 客户端软件都支持这两种模式。特殊的典型例子是 IE 浏览器，它默认是用主动模式的。如果要在 IE 里启用被动模式，可以执行"工具"|"Internet 选项"命令，选择"高级"选项卡，然后选中"使用被动 FTP"复选框。

Linux 下实现的 FTP 服务器软件有很多种，最常见的 Vsftpd（Very Secure FTP Daemon）。Vsftpd 遵循 GPL 协议，支持 IPv6 和 SSL，在功能上具有以下特点：

（1）安全、高速、稳定。在速度方面，若利用 ASCII 模式下载数据，Vsftpd 的速度是 wu-ftpd 的两倍；在稳定性方面，Vsftpd 服务器在单机上也可同时支持 4 000 个以上的用户连接。
（2）匿名 FTP 服务配置更方便，不需要任何特殊的目录结构。
（3）支持基于 IP 的虚拟 FTP 服务器。
（4）支持虚拟用户，而且每个虚拟用户可具有独立的配置。
（5）支持 PAM 的认证方式。
（6）支持网络带宽限制。

12.2　Vsftpd 的安装与启动

本节介绍 Vsftpd 服务器软件的安装与启动方法。

完成本节学习，将能够：
- 安装与启动 Vsftpd 服务器。

除非采用定制安装，否则在默认情况下，RHEL/CentOS 8 系统安装时将不会自动安装 FTP 服务器。为了确认系统中是否安装了 Vsftpd 软件包，可以使用如下命令进行查看：

```
[root@rhel8 ~]# rpm -qa|grep vsftpd
vsftpd-3.0.3-32.el8.x86_64
```

出现以上内容表明系统已安装了 Vsftpd 软件包。如果系统未安装 Vsftpd，超级用户（root）在挂载安装光盘并制作好 YUM 源文件后，在命令行界面下采用以下命令来安装：

```
[root@rhel8 ~]#yum install vsftpd -y
```

也可以到 Vsftpd 网站下载最新版本，其官方网址为 http://vsftpd.beasts.org。

当 Vsftpd 软件安装完成后，系统是不会自动将 Vsftpd 的 FTP 服务启动的，此时需要手工启动 FTP 服务。在命令模式下用 systemctl 命令启动 Vsftpd 服务：

```
[root@rhel8 ~]# systemctl start vsftpd
```

将上述命令中的 start 参数变换为 stop、restart、status，可以分别实现 Vsftpd 服务的关闭、重启和状态的查看。

可以可以利用 systemctl 命令将 Apache 服务设置为开机自启动：

```
[root@rhel8 ~]# systemctl enable vsftpd
```

12.3 Vsftpd 服务器的配置文件

在 RHEL/CentOS 中，默认情况下 Vsftpd 作为独立的服务进程运行，与其相关的配置文件有 /etc/vsftpd/vsftpd.conf、/etc/vsftpd.ftpusers 和 /etc/vsftpd.user_list 等，其中 /etc/vsftpd/vsftpd.conf 是 Vsftpd 服务器最主要的配置文件。本节对与 Vsftpd 服务器运行相关的配置文件进行介绍。

完成本节学习，将能够：
- 描述各配置文件的作用。
- 描述配置文件中主要配置参数的功能及其取值。

1. vsftpd.conf 配置文件

Vsftpd 软件在安装后，在 /etc/vsftpd/vsftpd.conf 中包含了 FTP 服务的基本配置参数。该文件中由若干条配置指令组成，各条指令的格式为 option=value，每条指令应该独占一行并且指令之前不能有空格，而且在 option、= 和 value 之间也不能有空格。用户可以根据自己的需要在配置文件中增加或修改其中的配置参数。下面是该文件的默认配置参数及其功能说明。

```
anonymous_enable=NO
# 不允许匿名用户（ftp 或 anonymous）登录
local_enable=YES
# 允许本地用户登录
write_enable=YES
# 允许本地用户具有写权限
local_umask=022
# 设置本地用户创建文件的反掩码 dirmessage_enable=YES
# 激活目录显示信息，即每当进入目录时，会显示该目录下的文件 .message 的内容
xferlog_enable=YES
# 启用上传和下载日志功能
```

```
connect_from_port_20=YES
# 设置服务器端数据连接采用端口 20
xferlog_std_format=YES
# 设置日志文件采用标准的 xferlog 格式
pam_service_name=vsftpd
# 设置 PAM 认证服务的配置文件名称，该文件存放在 /etc/pam.d 目录下
userlist_enable=YES
# 使用户列表生效，默认该列表中的用户不允许登录 FTP 服务器
listen=NO
# vsftpd 不以独立运行模式监听服务
listen_ipv6=YES
# 设置支持 IPv6
pam_service_name=vsftpd
# 设置 PAM 认证服务的配置文件名称，该文件存放在 /etc/pam.d/ 目录下
userlist_enable=YES
# 设置用户列表为"允许"
```

根据 vsfptd 服务器的默认设置，本地用户和匿名用户都可以登录。本地用户默认进入其个人主目录，并可以切换到其他有权访问的目录，还可上传和下载文件。匿名用户只能下载 /var/ftp/ 目录下的文件。默认情况下 /var/ftp/ 目录下存有一个子目录 pub，没有任何文件。

2. /etc/ vsftpd/ftpusers 文件

/etc/vsftpd/ftpusers 文件用于指定不能访问 Vsftpd 服务器的用户列表，通常是 Linux 系统的超级用户和系统用户。/etc/vsftpd/ftpusers 文件的默认内容如下：

```
root
bin
daemon
adm
lp
sync
shutdown
halt
mail
news
uucp
operator
games
nobody
```

3. /etc/vsftpd/user_list 文件

/etc/vsftpd/user_list 文件的内容与 /etc/vsftpd/ftpusers 文件的内容一样。在系统对文件 vsftpd.conf 进行检测时，如果检测到 userlist_deny=NO，则只允许该文件中的用户登录 FTP 服务器；如果检测到 userlist_deny=YES（默认），则不允许该文件中的用户登录 FTP 服务器。

4. /etc/pam.d/vsftpd

Vsftpd 的 Pluggable Authentication Modules（PAM）配置文件，主要用来加强 Vsftpd 服务器的用户认证。

5. /var/ftp 文件夹

该文件夹是 Vsftpd 提供服务的文件集散地，它包括一个 pub 子目录。在默认配置下，所有的目录都是只读的，不过只有 root 用户有写权限。

12.4 配置 FTP 服务器

一般而言，用户必须经过身份验证才能登录 Vsftpd 服务器，然后才能访问和传输 FTP 服务器上的文件。Vsftpd 服务器的用户分为三类：

(1) 匿名用户。这类用户采用固定名称 anonymous 或 ftp，以用户的 E-mail 地址作为口令来登录，默认情况下，匿名用户对应系统中的实际账号是 ftp，其主目录是 /var/ftp，所以每个匿名用户登录上来后实际上都在 /var/ftp 目录下。为了减轻 FTP 服务器的负载，一般情况下，应关闭匿名账号的上传功能。

(2) 本地用户。这类用户在系统中有合法账号，一般情况下，它们都有自己的主目录，每次登录时默认都登录到各自的主目录中。本地用户可以访问整个目录结构，从而对系统安全构成极大威胁，所以除非特殊需要，应尽量避免用户使用真实账号访问 FTP 服务器。

(3) 虚拟用户。这类用户的登录名称一般不是系统的合法用户，与匿名用户相似之处是全部虚拟用户也仅对应着一个系统账号，即 guest。但与匿名用户不同之处是虚拟用户的登录名称可以任意，而且每个虚拟用户都可以有自己独立的口令及独立的配置文件。guest 登录 FTP 服务器后，不能访问除宿主目录以外的内容。

本节通过配置示例分别介绍以上三类用户登录功能的配置方法。

完成本节学习，将能够：
- 配置匿名账号 FTP 服务器。
- 配置本地账号 FTP 服务器。
- 配置虚拟账号 FTP 服务器。

12.4.1 配置匿名账号 FTP 服务器

在 RHEL/CentOS 中，利用默认的配置文件 /etc/vsftpd/vsftpd.conf 启动 Vsftpd 服务后，允许匿名用户登录，但是功能并不完善。下面通过一个配置示例来进一步完善匿名 FTP 服务器的功能。

匿名 FTP 服务器的配置示例：在主机 rhel8（IP 地址为 192.168.1.10）上配置只允许匿名用户登录的 FTP 服务器，使匿名用户具有如下权限：

(1) 允许下载、上传文件（如上传到 /var/ftp/anonpub）。
(2) 将上传文件的所有者改为 tom。
(3) 允许创建子目录，改变文件的名称或删除文件。
(4) 匿名用户最大传输速率设置为 20 kbit/s。

同时，该服务器还具有如下功能：
(1) 同时连接 FTP 服务器的并发用户数为 100。
(2) 每个用户同一时段并发下载文件的最大线程数为 2。
(3) 设置采用 ASCII 方式传送数据。
(4) 设置欢迎信息："Hi,Welcome to FTP Service！"。
(5) 禁止 192.168.1.0/24 网段上除 192.168.1.1 的主机访问。

配置过程如下：

1. 编辑 /etc/vsftpd/vsftpd.conf

对系统默认的 vsftpd.conf 文件中相关的配置指令进行修改、添加或取消注释标记，内容如下：

```
anonymous_enable=YES
# 允许匿名用户（ftp 或 anonymous）登录
#local_enable=NO
# 不允许本地用户登录
write_enable=YES
# 允许本地用户的写权限
local_umask=022
anon_upload_enable=YES
# 允许匿名用户上传文件
anon_mkdir_write_enable=YES
# 允许匿名用户创建目录
anon_world_readable_only=NO
# 此指令的默认值为 YES，表示仅当所有用户对该文件都拥有读权限时，才允许匿名用户下载该文件；此处将其值设为 NO，则允许匿名用户下载不具有全部读权限的文件
anon_other_write_enable=YES
# 允许匿名用户改名、删除文件
max_clients=100
# 设置同时连接 FTP 服务器的并发用户为 100
max_per_ip=2
# 设置每个用户同一时段并发下载线程数为 2，同时只能下载两个文件
anon_max_rate=20000
# 设置匿名用户最大传输速率为 20 kbit/s
dirmessage_enable=YES
xferlog_enable=YES
connect_from_port_20=YES
chown_uploads=YES
# 允许匿名用户修改上传文件所有权
chown_username=tom
# 将匿名用户上传文件的所有者改为 tom
xferlog_std_format=YES
ascii_upload_enable=YES
ascii_download_enable=YES
# 允许使用 ASCII 格式来上传和下载文件
ftpd_banner=Hi,Welcome to FTP Service!
# 设置欢迎信息
pam_service_name=vsftpd
userlist_enable=NO
listen=NO
```

修改完成后保存文件，重启 vsftpd 服务。

```
[root@rhel8 ~]# system(t)  restart  vsftpd
```

2. 编辑 /etc/hosts.allow 文件

在该文件中添加如下内容（注意顺序）：

```
vsftpd:192.168.1.1
```

```
vsftpd:192.168.1.:DENY
```

说明：/etc/hosts.allow 文件以行为单位，每行可以有三个字段，中间用冒号分开，其中第三个字段可以省略，默认为允许。第一个字段为服务的名称；第二字段为主机列表，其中主机列表的格式很灵活，可以是一个 IP 地址、一个网段（以"."结尾，如 192.168. 表示 192.168.X.X），还可以是一个 FQDN 或一个域名后缀（以"."开头，如 .rhel6.com）。

3. 创建用户 tom 和匿名上传目录，并修改上传目录属性

```
[root@rhel8 ~]# useradd tom
[root@rhel8 ~]# passwd tom
[root@rhel8 ~]# mkdir -p /var/ftp/anonpub
[root@rhel8 ~]# chown ftp.ftp /var/ftp/anonpub
//将上传目录 /var/ftp/anonpub 的所有者和组改为 ftp
```

4. 允许 SELinux，让防火墙放行 FTP 服务，重启 vsftpd 服务

```
[root@rhel8 ~]#setenforce  0
[root@rhel8 ~]#firewall-cmd  --permanent  --add-service=ftp
[root@rhel8 ~]#firewall-cmd  --reload
[root@rhel8 ~]#systemctl  restart  vsftpd
```

5. 测试 Vsftpd 服务

当 FTP 服务器配置完成后，就可通过客户端进行访问了。无论是 Windows 环境还是 Linux 环境都具有三种访问方法：一种是以浏览器的方式访问；另一种是以专门的 FTP 客户端软件（如 Windows 下的 CutFTP，Linux 下的 gFTP 等）访问；再有一种就是以命令行的方式（FTP 程序）访问。这里介绍以命令行的方式进行 FTP 服务器的测试。

格式：ftp [域名 | IP 地址] [端口号]

功能：启动 ftp 命令行工具，如果指定 FTP 服务器的域名或 IP 地址（默认端口号为 21），则建立与指定 FTP 服务器的连接。否则需要在 ftp 提示符（ftp>）后输入"open 域名 | IP 地址"格式的命令才能建立与指定 FTP 服务器的连接。

与 FTP 服务器建立连接后，用户需要输入用户名和口令，验证成功后用户才能对 FTP 服务器进行操作。无论验证成功与否，都将出现 ftp 提示符，等待用户输入相应的子命令。

现在 Windows（或 Linux）客户端命令行环境下执行如下命令：

```
C:\Documents and Settings\Administrator>ftp  192.168.1.10
Connected to 192.168.1.10.
220 Hi,Welcome to  FTP service!
User (192.168.1.10:(none)): anonymous             //输入用户名 anonymous
331 Please specify the password.
Password:                                         //口令为用户的 E-mail 地址
230 Login successful.
ftp> cd anonpub                                   //改变当前目录
250 Directory successfully changed.
ftp> put sample.txt                               //上传文件
200 PORT command successful. Consider using PASV.
150 Ok to send data.
226 File receive OK.
ftp: 发送 143 字节，用时 0.00Seconds 143000.00Kbytes/sec.
ftp> mkdir tools                                  //创建目录
```

```
257 "/anonpub/tools" created
ftp> ls
// 观察 sample.txt 的所有者 ID，501 为 tom 的 UID
200 PORT command successful. Consider using PASV.
150 Here comes the directory listing.
-rw-------    1 501      50            141 Jun 20 15:55 sample.txt
drwx------    2 14       50           1024 Jun 20 15:55 tools
226 Directory send OK.
ftp: 收到 131 字节，用时 0.00Seconds 131000.00Kbytes/sec.
ftp> rename tools tls                                       // 目录改名
350 Ready for RNTO.
250 Rename successful.
ftp> delete sample.txt                                      // 删除文件
250 Delete operation successful.
ftp> rmdir tls                                              // 删除目录
250 Remove directory operation successful.
ftp> dir
200 PORT command successful. Consider using PASV.
150 Here comes the directory listing.
226 Directory send OK.
ftp>bye                                                     // 退出 FTP
221 Goodbye.
C:\Documents and Settings\Administrator>
```

通过以上测试，可以证明所配置的匿名 FTP 服务器所具备的功能符合设定的要求。

12.4.2 配置本地账号 FTP 服务器

默认情况下，Vsftpd 服务器允许本地用户登录，并直接进入该用户的主目录。由于本地用户数量有时很大，其性质也各不相同，而且默认情况下登录用户可以访问 FTP 服务器的整个目录结构，这对系统安全来说是一个威胁，所以为安全起见，应进一步完善本地账号 FTP 服务器的功能。

1. 用户访问控制

Vsftpd 具有灵活的用户访问控制功能。在具体实现中，Vsftpd 的用户访问控制分为两类：一类是传统用户列表文件，在 Vsftpd 中其文件名是 /etc/vsftpd.ftpusers，凡是列在此文件中的用户都没有登录此 FTP 服务器的权限；第二类是改进的用户列表文件 /etc/vsftpd.user_list，该文件中用户能否登录 FTP 服务器由 /etc/vsftpd/vsftpd.conf 中的指令 userlist_deny 来决定，这样做更加灵活。

配置示例：在主机 rhel6（IP 地址为 192.168.1.10）上配置 Vsftpd 服务器，只允许本地用户 tom、jerry 和 root 登录，并将登录端口号更改为 5555。每个本地用户的最大传输速率为 1 Mbit/s。

配置步骤如下：

（1）编辑 /etc/vsftpd.ftpusers。由于位于该文件中的本地用户不能登录 FTP 服务器，所以应确认 tom、jerry 和 root 这三个用户名不出现在该文件中。

（2）编辑 /etc/vsftpd/vsftpd.conf。在该文件中确认存在以下几行指令：

```
local_max_rate=1000000
# 设置本地用户的最大传输速率为 1 Mbit/s
listen_port=5555
```

```
# 更改FTP登录端口号
userlist_enable=YES
# 激活用户列表文件
userlist_deny=NO
# 允许用户列表文件中的用户名登录
userlist_file=/etc/vsftpd.user_list
# 指定用户列表文件名称和路径
```

(3) 编辑 /etc/vsftpd.user_list。该文件应包括以下三行内容：

```
root
tom
jerry
```

(4) 测试。重启 Vsftpd 服务器，然后在 Linux 客户端的终端窗口输入如下命令：

```
[root@rhel8 ~]# ftp  192.168.1.10  5555
```

分别以 root、tom 和 jerry 身份登录，可以发现三个用户均可登录，但其他用户均不能登录。

2. 目录访问控制

默认情况下，本地用户登录到 Vsftpd 服务器后，初始目录便是自己的主目录，但是用户仍然可以切换到自己主目录以外的目录中去，这种情况虽然方便了用户对文件系统的访问，但也在某种程度上也产生了一定的安全隐患。Vsftpd 提供了 chroot 指令，可以将用户访问的范围限制在各自的主目录中。

在具体的实现中，针对本地用户进行目录访问控制可以分为两种情况：一种是针对所有的本地用户都进行目录访问控制；另一种是针对指定的用户列表进行目录访问控制。下面以两个配置示例进行介绍。

配置示例一：在主机 rhel8（IP 地址为 192.168.1.10）上配置 Vsftpd 服务器，使所有本地用户在登录后都限制在各自的主目录中，不能切换到其他目录。

(1) 编辑 /etc/vsftpd/vsftpd.conf 文件，在该文件中添加一条指令：

```
chroot_local_user=YES
allow_writeable_chroot=YES
```

(2) 保存配置后重启 Vsftpd 服务器，进行如下测试：

```
[root@rhel8 ~]# ftp  192.168.1.10
Connected to 192.168.1.10.
220 Hi,Welcome to FTP service!
530 Please login with USER and PASS.
Name(192.168.1.10:root):tom
331 Please specify the password.
Password:
230 Login successful.
Remote system type is UNIX.
Using binary mode to transfer files.
ftp>pwd
257 "/"
ftp>cd  /home
550 Failed to change directory.
ftp>
```

由测试结果可知，以本地用户 tom 身份登录 Vsftpd 服务器后，执行 pwd 命令发现返回的目录是"/"。很明显，chroot 功能起作用了，虽然用户仍然登录到自己的主目录，但是此时的主目录已经被临时改变为"/"目录。再改变目录，命令执行失败。所以用户无法访问主目录以外的地方。

配置示例二：在主机 rhel8（IP 地址为 192.168.1.10）上配置 Vsftpd 服务器，使本地用户 tom 和 jerry 登录 Vsftpd 服务器后，都被限制在各自的主目录中，不能切换到其他目录，而其他本地用户则不受此限制。

（1）编辑 /etc/vsftpd/vsftpd.conf 文件，添加如下指令：

```
chroot_local_user=NO
# 先禁止所有本地用户执行 chroot
chroot_list_enable=YES
# 激活执行 chroot 的用户列表文件
chroot_list_file=/etc/vsftpd/chroot_list
# 设置执行 chroot 的用户列表文件名为 /etc/vsftpd/chroot_list
allow_writeable_chroot=YES
```

（2）创建 /etc/vsftpd/chroot_list 文件，其内容为以下两行：

```
tom
jerry
```

（3）保存配置后重启 Vsftpd 服务器，进行测试。

```
[root@rhel8 ~]# ftp  192.168.1.10
Connected to 192.168.1.10.
220 Hi,Welcome to FTP service!
530 Please login with USER and PASS.
Name(192.168.1.10:root):tom                        // 先用 tom 用户登录
331 Please specify the password.
Password:
230 Login successful.
Remote system type is UNIX.
Using binary mode to transfer files.
ftp>pwd
257 "/"
ftp>cd  /home
550 Failed to change directory.                    // 不可改变当前目录
ftp>bye
221  Goodbye.
[root@rhel8 ~]# ftp  192.168.1.10
Connected to 192.168.1.10.
220 Hi,Welcome to FTP service!
530 Please login with USER and PASS.
Name(192.168.1.10:root):test                       // 再用 test 用户登录
331 Please specify the password.
Password:
230 Login successful.
Remote system type is UNIX.
Using binary mode to transfer files.
ftp>pwd
257 "/home/test"
ftp>cd  /home
```

```
250 Directory successfully changed.                    //可以改变当前目录
ftp>pwd
257 "home"
ftp>
```

注意：指令 chroot_local_user 的默认值为 NO，当采用 chroot 用户列表文件 /etc/vsftpd.chroot_list 时，列在该文件中的用户都将执行 chroot；但是如果将 chroot_local_user 的值设置为 YES 时，那么位于 /etc/vsftpd.chroot_list 文件中的用户则不执行 chroot，而其他未列在此文件中的本地用户则要执行 chroot。请读者自己测试此功能。

12.4.3 配置虚拟账号 FTP 服务器

Vsftpd 服务器提供了对虚拟用户的支持，它采用 PAM 认证机制实现了虚拟用户的功能。FTP 虚拟用户是 FTP 服务器的专有用户，该用户本身不是系统本地用户（即该用户的账号信息不存在于 /etc/passwd 文件中），也不是匿名用户（因为匿名用户登录时都采用统一的用户名称 anonymous 或 ftp）。每个虚拟用户都可以有自己特定的用户名称，且虚拟用户名称都存放于独立的账号数据库中。在验证时，Vsftpd 需要一个系统用户的身份来读取数据库文件或数据服务器以完成验证过程，这就是 Vsftpd 的 guest 用户。正如匿名用户也需要一个系统用户 ftp 一样，也可以把 guest 用户看成是虚拟用户在系统中的代表。

下面通过配置示例来介绍 Vsftpd 虚拟账号 FTP 服务器的配置方法。

配置示例：在主机 rhel8（IP 地址为 192.168.1.10）上配置 Vsftpd 服务器，并创建三个虚拟用户用于登录服务器，其用户名为 virtuser1、virtuser2 和 virtuser3。要求 virtuser1 和 virtuser2 为只读权限，virtuser3 具有读写权限。为简单起见，口令与用户名相同。

配置过程如下：

（1）创建虚拟用户数据库文件。先创建一个存放虚拟用户及其口令的文本文件 /etc/virtuserdb.txt，其内容如下：

```
virtuser1
virtuser1
virtuser2
virtuser2
virtuser3
virtuser3
```

该文件的奇数行为虚拟用户名，偶数行为相应的口令。

然后，执行如下命令生成虚拟用户数据库文件，并改变虚拟用户数据库文件的权限：

```
[root@rhel8 ~]# db_load  -T -t hash -f  /etc/virtuserdb.txt  /etc/vsftpd/vsftpd.db
[root@rhel8 ~]# chmod  600  /etc/vsftpd/vsftpd.db
```

（2）创建 PAM 认证文件。创建虚拟用户使用的 PAM 认证文件 /etc/pam.d/vsftpd.virtual，内容如下：

```
auth    required   /usr/lib64/security/pam_userdb.so   db=/etc/vsftpd/vsftpd
account required   /usr/lib64/security/pam_userdb.so   db=/etc/vsftpd/vsftpd
```

该 PAM 认证配置文件中有两条规则。第一条规则的功能是设置利用 pam_userdb.so 模块来进行身份认证，主要是接受用户名和口令，进而对该用户的口令进行认证，并负责设置用户的一些秘密信息。其中采用的数据库是 /etc/vsftpd/vsftpd.db 文件（此处省略了文件名后面的 .db）。第二条规则的功能是检查账户是否被允许登录系统，账号是否已经过期，账号的登录是否有时间段的限制等，设置在进行账号授权时采用的数据库也是 /etc/vsftpd/vsftpd.db。

（3）创建虚拟用户所对应的真实账号及其所登录的目录，并设置相应的权限。

```
[root@rhel8 ~]# useradd -d /var/virtuser virtuser
[root@rhel8 ~]# chmod 744 /var/virtuser
```

（4）使 virtuser3 用户具有读写权限。

```
[root@rhel8 ~]# mkdir /etc/vsftpd/vsftpd_user_conf    //创建一个配置文件目录
[root@rhel8 ~]# cd /etc/vsftpd/vsftpd_user_conf
[root@rhel8 ~]# vi virtuser3                          //为用户 virtueser3 创建一个文件
write_enable=YES
anon_world_readable_only=NO
anon_upload_enable=YES
anon_mkdir_write_enable=YES
anon_other_write_enable=YES
```

（5）编辑 /etc/vsftpd/vsftpd.conf 文件，在最后添加配置内容如下：

```
guest_enable=YES
#激活虚拟用户登录功能
guest_username=virtuser
#指定虚拟用户所对应的真实用户
anon_world_readable_only=NO
#指定只读权限
pam_service_name=vsftpd.virtual
#修改原文件中的 pam_service_name 值，设置 PAM 认证时所采用的文件名称
user_config_dir=/etc/vsftpd/vsftpd_user_conf
#使 viruser3 具有读写功能
#同时，禁用匿名用户
anonymous_enable=NO
```

保存配置后重启 Vsftpd 服务器，进行如下测试：

```
[root@rhel8 ~]# ftp 192.168.1.10
Connected to 192.168.1.10.
220 Hi,Welcome to FTP service!
530 Please login with USER and PASS.
Name(192.168.1.10:root):virtuser1                     //用 virtuser1 用户登录
331 Please specify the password.
Password:
230 Login successful.
Remote system type is UNIX.
Using binary mode to transfer files.
ftp>ls
227 Entering Passive Mode (192,168,1,10,222,145).
150 Here comes the directory listing.
-rw-r--r-- 1 0 0 29 Aug 03 10:55 test.txt
226 Directory send OK.
ftp> get test.txt
local: testfile.txt remote: testfile.txt
227 Entering Passive Mode (192,168,1,10,155,253).
```

```
150 Opening BINARY mode data connection for testfile.txt (29 bytes).
226 Transfer complete.                                    //可以读
29 bytes received in 0.000102 secs (284.31 Kbytes/sec)
ftp> put /tmp/user1.txt
local: /tmp/user1.txt remote: user1.txt.
227 Entering Passive Mode (192,168,1,10,163,0).
550 Permission denied.                                    //无权限写入
ftp>bye
[root@rhel6 ~]# ftp  192.168.1.10
Connected to 192.168.1.10.
220 Hi,Welcome to FTP service!
530 Please login with USER and PASS.
Name(192.168.1.10:root):virtuser3                         //用virtuser3用户登录
331 Please specify the password.
Password:
230 Login successful.
Remote system type is UNIX.
Using binary mode to transfer files.
ftp>ls
227 Entering Passive Mode (192,168,1,10,202,143).
150 Here comes the directory listing.
-rw-r--r--  1 0 0 29 Aug 03 10:55 test.txt
226 Directory send OK.
ftp> put /tmp/user1.txt
local: /tmp/user1.txt remote:user1.txt
227 Entering Passive Mode (127,0,0,1,232,226).
150 Ok to send data.
226 Transfer complete.                                    //上传成功
29 bytes sent in 2.2e-05 secs (1318.18 Kbytes/sec)
ftp>bye
```

可以看到，虚拟用户 virtuser1 和 virtuser3 均登录成功，但 virtuser1 用户只具有读权限，而 virtuser3 用户则具有读写权限。

有两点需要说明：

（1）Vsftpd 指定虚拟用户登录后，本地用户就不能登录了。

（2）虚拟用户在某种程度中更接近于匿名用户，包括上传、下载、修改文件名、删除文件等配置所使用的指令与匿名用户的指令是相同的。例如，如果要允许虚拟用户上传文件，则需要采用如下指令：

```
anon_upload_enable=YES
```

本章小结

FTP 协议用来在两台计算机之间传输文件，它有两种工作模式：主动模式和被动模式，几乎所有的 FTP 客户端软件都支持这两种模式。

RHEL/CentOS 中利用 Vsftpd 软件可架设 FTP 服务器，其主配置文件为 /etc/vsftpd/vsftpd.conf，与其配置相关的文件还有 /etc/vsftpd.ftpusers 和 /etc/vsftpd.user_list，通过对这三个文件进行编辑，可以配置匿名用户、本地用户和虚拟用户 FTP 服务器。

项目实训 12　FTP 服务器的配置

一、情境描述

某公司为满足各部门员工管理产品研发文件资料的需要，拟采用开源技术架设一台 FTP 服务器，公司员工可按系统管理员分配的账号和权限上传和下载所需的文件。规划用户的类型包括匿名用户、本地用户和虚拟用户三种，匿名用户只能下载文件，本地用户可以上传和下载文件，虚拟用户可按需分配权限（只读或读写），要求 FTP 服务器能够实现三种用户的访问功能。

二、项目分解

分析上述情境描述，我们需要完成下列任务：
(1) 配置并测试一台匿名账户和本地账户登录的 FTP 服务器。
(2) 配置并测试一台虚拟账户登录的 FTP 服务器。

三、学习目标

1. 技能目标
- 能配置和管理匿名用户、本地用户和虚拟用户 FTP 服务器。
- 能对三种类型的 FTP 服务器进行测试。

2. 素质目标
- 具备严谨认真的工作态度和良好的团队合作能力。

四、项目准备

两台虚拟机，其中一台已安装 RHEL/CentOS 8 操作系统，并已安装了 vsftpd 服务器软件，另一台安装 Windows 7/10 系统，两者可互相 ping 通。

五、预估时间

90min。

六、项目实施

【任务 1】配置匿名账户和本地账户 FTP 服务器。

(1) 在 RHEL/CentOS 8 计算机上配置一个 vsftpd 服务器，完成以下功能：

① 使匿名账号有浏览和下载权限，但不具有上传数据的权限。

② 除了用户 tom、jerry 以外的其他本地用户在登录 FTP 服务器时，都被限制在自己的主目录内。

③ 控制每个匿名用户的最大传输速率为 20kbit/s,本地用户的最大传输速率不限制，FTP 服务器的最大并发连接数为 1000。

(2) 编辑 Vsftpd 服务器配置文件 /etc/vsftpd/vsftpd.conf，根据要求设置相关参数值。其中 chroot_list_file 参数可设置为 "/etc/vsftpd/chroot_list"

(3) 创建 /etc/vsftpd/chroot_list，内容为两个可以不被限制目录的用户 tom 和 jerry。

(4) 重启 vsftpd 服务，关闭防火墙和 SELinux 功能。

(5) 在 Windows 7/10 计算机上测试 FTP 服务器配置的正确性。

配置匿名账户和本地账户FTP服务器

第 12 章 FTP 服务器配置与管理

分别用 anonymous、tom 和 test 三个用户身份，验证是否能匿名登录，是否目录锁定等功能。

【任务 2】配置虚拟账户 FTP 服务器。

在 RHEL/CentOS 8 计算机上配置一个虚拟用户 Vsftpd 服务器。有两个虚拟用户：user1 和 user2，其中 user1 是只读访问，user2 是读写访问。

(1) 创建虚拟用户数据库文件 /etc/vsftpd/virtuser.db。存放虚拟用户及口令。
(2) 创建 PAM 认证文件。
(3) 创建虚拟用户对应的真实账号及其所登录的目录，并设置相应的权限。
(4) 创建 /etc/vsftpd/vsftpd_user_conf/user2 文件，使 user2 用户具有读写权限。
(5) 编辑 /etc/vsftpd/vsftpd.conf 文件，参照 12.4.3 节，激活虚拟用户登录功能，指定虚拟用户所对应的真实用户，并设置 user2 具有读写功能等功能。
(6) 重启 vsftpd 服务，关闭防火墙和 SELinux 功能。
(7) 在 Windows 7/10 计算机上测试 FTP 服务器配置的正确性。分别用 user1 和 user2 登录，并验证其读写权限。

配置虚拟账户FTP服务器

七、项目考评

项目完成后，请对完成情况进行评价，在表格相应栏中打"√"，并在评分栏进行评分。

序号	考核点	评价标准	标准分	评价结果			评分
				操作熟练	能做出来	完全不会	
1	vsfptd 服务器的启动、重启、关闭	使用命令行启动、重启或关闭 Vsftpd 服务器	10				
2	配置匿名用户 FTP 服务器	实现一个可供匿名用户访问的 FTP 服务器	20				
3	配置本地用户 FTP 服务器	实现一个可供本地用户访问的 FTP 服务器	20				
4	配置虚拟用户 FTP 服务器	实现一个可供虚拟用户访问的 FTP 服务器	20				
5	vsftpd 服务器配置的测试	在 Windows 或 Linux 客户机上验证 FTP 服务器的各种功能	10				
6	职业素养	实训过程：纪律、卫生、安全等	10				
		社会责任感、严谨认真、团队协作等	10				
		总评分	100				

习题 12

一、选择题

1. 下列关于 FTP 服务说法错误的是（　　）。
   A. FTP 连接包括用于传输命令的控制连接和用于传输数据的数据连接
   B. 控制连接由服务器端发起
   C. FTP 服务不依赖于具体的操作系统
   D. FTP 协议属于应用层的协议

2. 以下文件中，不属于 Vsftpd 配置文件的是（　　）。
   A. /etc/vsftpd/vsftp.conf　　　　　　B. /etc/vsftpd/vsftpd.conf
   C. /etc/vsftpd.ftpusers　　　　　　　D. /etc/vsftpd.user_list
3. 安装 Vsftpd FTP 服务器后，若要启动该服务，则正确的命令是（　　）。
   A. server vsftpd start　　　　　　　B. service vsftpd restart
   C. systemctl start vsftpd　　　　　　D. systemctl vsftpd start
4. 若使用 Vsftpd 的默认配置，使用匿名账户登录 FTP 服务器，所处的目录是（　　）。
   A. /home/ftp　　B. /var/ftp　　C. /home　　D. /home/vsftpd
5. 在 vsftpd.conf 配置文件中，用于设置不允许匿名用户登录 FTP 服务器的配置命令是（　　）。
   A. anonymous_enable=NO　　　　　　B. no_anonymous_login=YES
   C. local_enable=NO　　　　　　　　D. anonymous_enable=YES
6. 若要禁止所有 FTP 用户登录 FTP 服务器后，切换到 FTP 站点根目录的上级目录，则相关的配置应是（　　）。
   A. hroot_local_user=NO　　　　　　B. chroot_local_user=YES
   　 chroot_list_enable=NO　　　　　　　chroot_list_enable=NO
   C. chroot_local_user=YES　　　　　　D. chroot_local_user=NO
   　 chroot_list_enable=YES　　　　　　 chroot_list_enable=YES
7. 下列（　　）文件用于指定不能访问 FTP 服务器的用户列表。
   A. /etc/hosts.allow　　　　　　　　B. /etc/hosts.deny
   C. /etc/ftpacess　　　　　　　　　D. /etc/vsftpd.ftpusers
   E. /etc/vsftpd.conf
8. 某公司用 Vsftpd 安装了一台文件服务器，用于存放公司的产品研发资料。根据公司的管理规定，只允许 benet 部门的用户访问这台服务器。为了达到这个目的，可以配置（　　）。
   A. 在 /etc/vsftpd/vsftpd.conf 中设置 userlist_deny=YES，将 /etc/vsftpd.ftpusers 修改为只包含 benet 部门的用户
   B. 在 /etc/vsftpd/vsftpd.conf 中设置 userlist_deny=NO，将 /etc/vsftpd.ftpusers 修改为只包含 benet 部门的用户
   C. 在 /etc/vsftpd/vsftpd.conf 中设置 userlist_deny=YES，将 /etc/vsftpd.user_list 修改为只包含 benet 部门的用户
   D. 在 /etc/vsftpd/vsftpd.conf 中设置 userlist_deny=NO，将 /etc/vsftpd.user_list 修改为只包含 benet 部门的用户

二、简答题
1. FTP 协议的工作模式有哪几种？它们有何区别？
2. Vsftpd 服务器的用户主要分为哪几种？它们有何区别？
3. 简述虚拟用户 FTP 服务器的创建过程。
4. 如何测试 FTP 服务？

第 13 章

邮件服务器配置与管理

电子邮件（E-mail）是 Internet 网络中最基本、最普及的服务之一。在 Internet 上超过 30% 的业务量来自电子邮件，仅次于 WWW 服务。利用 E-mail 服务，用户可以方便地通过网络撰写、收发各类信件，订阅电子杂志，参加学术讨论或查询信息，本章首先介绍电子邮件服务的基本知识，然后重点介绍以 Postfix、Dovecot 服务为中心的电子邮件系统的安装、配置和使用。

完成本章学习，将能够：
- 描述电子邮件系统的组成及相关协议。
- 配置 Postfix 服务器。
- 配置 Dovecot 服务器。
- 增强信息安全意识，养成精益求精的工匠精神。

13.1 电子邮件服务概述

本节介绍电子邮件系统的组成，以及与电子邮件服务相关的三个协议：SMTP、POP 和 IMAP，最后介绍 Postfix 的工作方式。

完成本节学习，将能够：
- 描述电子邮件系统的组成。
- 区分与电子邮件服务相关的三个协议的功能。
- 描述 Postfix 的工作方式。

13.1.1 电子邮件系统

我们已经知道，每个电子邮件都由邮件头和邮件内容两个部分组成。电子邮件头即电子邮件地址，由收信人的账户名称和电子邮局域名两部分构成，它们之间用一个"@"符号隔开，如下所示：

用户账号名称@电子邮局域名

例如，postmaster@sina.com。

整个电子邮件系统主要由以下两部分组成：
- 电子邮件发送和接收系统。
- 电子邮局系统。

1. 电子邮件发送和接收系统

电子邮件的收发都是在邮件发送者或接收者的计算机中通过客户端的应用软件来完成的，最常用的有 Microsoft 环境下的 Outlook Express、Foxmail，Linux 环境下的文本邮件客户端程序 mail、mailx 和图形邮件客户端程序 Evolution 等，用户可以根据自己的需要选择邮件发送和接收软件。

邮件的发送和接收系统又称邮件客户代理，简称 MUA（Mail User Agent）。MUA 主要有撰写、显示和处理邮件三种功能。当用户在撰写好邮件后，由邮件处理应用程序将其发送到网络中，而收信方则通过客户端应用程序将邮件从网络中下载到客户机，实现邮件的显示和处理功能。

2. 电子邮局系统

电子邮局具有传统邮局的功能，它在发送者和接收者之间起着一个桥梁的作用。它是运行在电子邮件服务器上的一个服务器端软件，最常用的有 Windows 环境下的 Exchange，Linux 环境下的 Sendmail、Postfix 等。

电子邮局系统又称邮件传输代理（Mail Transport Agent，MTA）。MTA 负责电子邮件的传送、存储和转发。它维护邮件队列，以使客户端不必一直等到邮件真正发送完成。同时，MTA 监视用户代理的请求，根据电子邮件的目标地址找出对应的邮件服务器，将信件在服务器之间传输，并且将接收到的邮件进行缓冲，直到用户连接并收取邮件。此外，MTA 还可有选择地转发和拒绝转发接收的邮件。

Internet 上的电子邮件服务建立在上述两个子系统基础上。当用户试图发送一封电子邮件的时候，他并不能直接将信件发送到对方的机器上，用户代理（MUA）必须试图去寻找一个信件传输代理（MTA），把邮件提交给它。邮件传输代理得到了邮件后，首先将它保存在自身的缓冲队列中，然后根据邮件的目标地址，邮件传输代理程序将找到应该对这个目标地址负责的邮件传输代理服务器，再通过网络将邮件传送给它。对方的服务器接收到邮件之后，将其缓冲存储在本地，直到电子邮件的接收者查看自己的电子信箱。

13.1.2　电子邮件系统相关协议

与 E-mail 服务相关的协议主要有 SMTP、POP 和 IMAP 等，它们是 TCP/IP 协议簇的一部分。下面分别介绍这三个协议。

1. SMTP 协议

SMTP（Simple Mail Transfer Protocol，简单邮件传输协议）是最早出现的邮件协议，也是被普遍使用的最基本的 Internet 邮件服务协议。Sendmail、Postfix 就是支持 SMTP 协议的服务器。但是，SMTP 支持的功能比较简单，所以在安全方面有一些不足，经过它传递的所有电子邮件都是以普通文本方式进行的，不能够传输诸如图像等非文本信息，这意味着利用 SMTP 协议传输的邮件在发送的途中可能被其他人截取、篡改或伪造。为了克服上述缺陷，后来又出现了 ESMTP（Extended SMTP，扩展的 SMTP 协议）。

2. POP 协议

POP（Post Office Protocol，邮局协议）是一种允许用户从邮件服务器收发邮件的协议。它有 POP2 和 POP3 两个版本，都具有简单的电子邮件存储和转发功能。POP2 和 POP3 本质上类似，都属于离线工作协议（POP2 版本的协议只支持离线工作协议）。但是，由于使用了不同的协议端口（POP2 使用 109 端口，而 POP3 使用 110 端口），两者并不兼容。与 SMTP 相结合，POP3 是目前最常用的电子邮件服务协议。POP3 除了支持离线工作方式外，还支持在线工作方式。

当使用 POP3 离线工作时，用户收发电子邮件时首先需要利用 POP3 客户端应用程序登录到 POP3 服务器，然后发送邮件及其附件，最后邮件服务器将该客户收存的邮件转发给 POP3 客户端应用，并且这些邮件不在服务器上保存副本。用户在收取邮件时，POP3 是以该用户当前存储在服务器上的全部邮件为对象进行操作，是一次性将所有的邮件从 POP3 服务器上转移到用户计算机中，所以离线工作方式适合于从固定计算机上收发邮件的用户。

当使用 POP3 在线工作方式时，用户在所用的计算机与邮件服务器保持连接的状态下读取邮件，且用户的邮件仍保存在服务器上。

用户可从不同的客户机上访问 POP3 服务器，所有邮件信息都将传送到提出请求的客户机中，而不再保存在邮件服务器上，当用户从另一台计算机访问 POP3 服务器时，以前的信息都不会存在。

用户可以使用 POP3 提供的命令直接测试 POP3 服务器，也可使用 telnet 访问 POP3 服务器的 110 端口，然后输入一系列 POP3 命令检查服务器的性能，如使用 USER 和 PASS 命令登录邮件服务器，使用 STAT 命令显示未读取邮件数，使用 DELE 命令删除邮件，使用 QUIT 命令退出当前会话。

3. IMAP 协议

IMAP（Internet Mail Access Protocol，Internet 邮件访问协议）是 POP 的替代品，它除了提供与 POP 相同的基本功能外，还增加了对邮箱同步的支持，即 IMAP 提供了远程维护服务器的邮件功能。IMAP 监听 143 端口，其较新版本是 IMAP4。

POP3 提供了快捷的邮件下载服务，用户可利用 POP3 协议把邮箱里的邮件全部下载到客户计算机（无选择性地全部下载），这样客户就可以离线状态下也能阅读邮件，而 IMAP4 则在此基础上提供了先让用户阅读所有邮件的到达时间、主题、发件人和邮件大小等摘要信息，再让用户决定是否下载邮件。它还支持选择性下载附件服务，例如一封邮件中有五个附件，但用户可选择下载其中的部分附件，节约了附件下载量和下载时间。

13.1.3 Postfix 的工作方式

在 Linux 操作系统中实现的 SMTP 邮件服务器软件包括 Sendmail、Postfix 和 Qmail 等多种。这些软件各有特点，Sendmail 是一款成熟度较高、应用广泛的邮件程序，它运行于多数 UNIX 和类 UNIX 系统之上，是 RHEL/CentOS 5 以前的版本默认的邮件程序；Postfix 与 Sendmail 兼容，可作为 Sendmail 的替代产品，它采用模块化设计，比 Sendmail 运行速度更快，安全性更高，并且较易配置，是 RHEL/CentOS 6.x 系统默认安装的邮件程序；Qmail 也是 Sendmail 的替代产品，它也采用模块化设计，在速度、安全性方面更具优势，是大型企业邮件服务器的首选软件，但是其配置也更复杂。

当 Postfix 程序收到一封待发送的邮件的时候，它需要根据目标地址确定将信件投递给对应的服务器，这是通过 DNS 服务实现的。例如，一封邮件的目标地址是 postmaster@rhel8.com.cn，那么 Postfix 首先确定这个地址是用户名（postmaster）+ 机器名（rhel8.com.cn）的格式，然后，通过查询 DNS 来确定需要把信件投递给某个服务器。

在 DNS 数据文件中，与电子邮件相关的是邮件交换（Message exchange，MX）记录。例如，在 rhel8.com.cn 这个域的 DNS 数据文件中有如下设置：

```
                 IN   MX  10   mail
                 IN   MX  20   mail1
mail        IN   A    205.99.15.120
mail1       IN   A    205.99.15.121
```

显然，在 DNS 中说明 rhel8.com.cn 有两个 MX 服务器，于是，Postfix 试图将邮件发送给两者之一。一般来说，排在前面的 MX 服务器的优先级别比较高，因此服务器将试图连接 mail.rhel8.com.cn 的 25 端口，试图将信件报文转发给它。如果成功，SMTP 服务器的任务就完成了。在这以后的任务将由 mail.rhel8.com.cn 来完成。在一般情况下，MX 服务器会自动把信件内容转交给目标主机。不过，也存在这样的情况，目标主机可能并不存在，或者不执行 SMTP 服务，而是由其 MX 服务器来执行信件的管理，这时，最终的信件将保存在 MX 机器上，直到用户来查看它。

如果 DNS 查询无法找出对某个地址的 MX 记录（通常因为对方没有邮件交换主机），那么 Postfix 将试图直接与来自邮件地址的主机对话并且发送邮件。例如，test@aidgroup.linuxaid.com.cn，DNS 中没有对应的 MX 记录，因此 Postfix 在确定 MX 服务器失败后，将从 DNS 取得对方的 IP 地址并直接和对方对话试图发送邮件。

13.2 E-mail 服务器的安装和启动

本节介绍 Postfix、dovecot 服务器的安装和启动方法。

完成本节学习，将能够：
- 安装 Postfix、Dovecot 服务器软件包。
- 启动 Postfix、IMAP 和 POP 服务。

13.2.1 E-mail 服务器的安装

在 RHEL/CentOS 8 系统安装过程中可以选择安装 Postfix 软件包作为 SMTP 服务器，安装完成后可在终端命令窗口中按如下方法进行测试：

```
[root@rhel8 ~]# rpm -qa | grep postfix
postfix-3.3.1-12.el8.x86_64
```

出现上述结果说明系统已安装了 Postfix 软件包，版本是 3.3.1-12。

如果系统未安装 Postfix，管理员可以进行手工安装，所需要安装包可以从 RHEL/CentOS 安装光盘中获取，也可以到 Postfix 的官方网站 http://www.postfix.org 上下载最新版本。如从安装光盘安装，先挂载好安装光盘，并制作好 YUM 源文件，然后用以下命令安装：

```
[root@rhel8 ~]#yum install postfix -y
```

安装了 Postfix 服务器软件之后，用户就可以登录到服务器上读信或写信，而且信件也保留在该服务器中。如果需要将电子邮件从服务器下载到本地计算机进行阅读或保存，还必须安装 POP 或 IMAP 服务器软件。

RHEL/CentOS 8 系统提供了两种 IMAP 服务器软件包：一种是 cyrus-imapd 软件包；另一种是 dovecot 软件。这两种软件包都可以同时提供 POP 服务和 IMAP 服务。两者各有特点，用户可以任选一种进行安装和使用。可以使用下列命令查看系统安装上述软件包的情况：

```
[root@rhel8 ~]# rpm -qa|grep dovecot
dovecot-2.3.8-4.el8.x86_64
[root@rhel8 ~]# rpm -qa|grep imap
cyrus-imapd-utils-3.0.7-19.el8.x86_64
cyrus-imapd-3.0.7-19.el8.x86_64
```

如果系统未安装上述软件包，超级用户可先挂载好安装光盘，并制作好 YUM 源文件，然后用以下命令安装 devocot 和 cyrus-imapd 软件：

```
[root@rhel8 ~]#yum install dovecot -y
[root@rhel8 ~]#yum install cyrus-imapd* -y
15.2.2 E-mail 服务器的启动
```

13.2.2　E-mail 服务器的启动

1. 启动 Postfix 服务

在命令模式下可以利用 systemctl 命令来启动 Postfix 服务：

```
[root@rhel8 ~]# systemctl start postfix
```

将上述命令中的 start 参数变换为 stop、restart、status，可以分别实现 Postfix 服务的关闭、重启和状态的查看。

也可以设置 Postfix 服务为开机自启动：

```
[root@rhel8 ~]#systemctl enable postfix
```

2. 启动 IMAP 和 POP 服务

RHEL/CentOS 8 中以安装 dovecot 软件包以提供 IMAP 和 POP 服务为例。与 Postfix 服务类似，在命令模式下可利用 systemctl 命令来启动 dovecot：

```
[root@rhel8 ~]# systemctl start dovecot
```

将上述命令中的 start 参数变换为 stop、restart、status，也可以分别实现 dovecot 服务的关闭、重启和状态的查看。

如需使 RHEL/CentOS 每次开机时启动该服务，可以使用如下命令：

```
[root@rhel8 ~]# systemctl enable dovecot
```

13.3　Postfix 的配置文件

Postfix 服务器的配置文件都存放在 /etc/postfix 目录中，其文件名及其功能说明如表 13-1 所示。

表 13-1　Postfix 服务器的配置文件

文 件 名	功　　能	文 件 名	功　　能
/etc/postfix/main.cf	Postfix 的主配置文件	/etc/aliases	邮箱别名文件，其数据库文件为 aliases.db
/etc/postfix/master.cf	Postfix 的控制配置文件	/etc/postfix/virtual	虚拟域名配置文件
/etc/postfix/access	Postfix 访问控制文件，其数据库文件为 access.db		

本节对表中所列文件分别进行介绍，重点介绍 Postfix 配置文件中各配置项的作用。

完成本节学习，将能够：
- 描述 Postfix 服务器的各个配置文件的功能。
- 描述 main.cf、master.cf 文件的内容。

13.3.1 /etc/postfix/main.cf 文件

/etc/postfix/main.cf 是 Postfix 服务器的主配置文件，基本上所有的配置都需要在此配置文件上进行修改，如域名、主机名、外发域名的定义、本地网络、启动接口、虚拟域名的配置等。默认情况下，/etc/postfix/main.cf 文件的主要配置参数如下：

```
queue_directory=/var/spool/postfix
#设定邮件队列的路径
command_directory=/usr/sbin
#设定postfix相关命令的工作目录
daemon_directory=/usr/libexec/postfix
#设定postfix相关的守护程序的路径
data_directory=/var/lib/postfix
#设定postfix可擦写数据（如caches、random numbers）的存放位置
mail_owner=postfix
#设定邮件队列的所有者
default_privs=nobody
#设定本地发件代理的默认权限
myhostname=host.domain.tld
#设定主机名称。此外需要使用完全主机名称
mydomain=domain.tld
#设定本地域名。如果不做设定，则该参数的值等于myhostname参数值减去主机名称
myorigin=$myhostname
#设定邮件头中的Mail from的值
inet_interfaces=localhost
#设定监听地址。如果设定为localhost，那么Postfix监听127.0.0.1，如果需要Postfix监听所有的地址，那么可以将参数值设定为all
inet_protocols=all
#设定Postfix支持IPv4和IPv6
proxy_interfaces=1.2.3.4
#设定需要监听的邮件代理服务器地址
mydestination=$myhostname,localhost.$mydomain,localhost
#设定本机可用于收信的主机名称
local_recipient_maps=unix:passwd.byname $alias_maps
#指定接收人查询表，系统会拒收收件人不在查询表中的邮件
unknown_local_recipient_reject_code=550
#如果收件人不存在于邮件系统中，那么返回550错误代码
mynetworks_style=host
#设定可信任的主机范围。参数可以为class、subnet和host。class表示与本机同网段的所有主机；subnet表示与本机相同子网的所有主机；host则表示仅信任本机。由于该参数值会被mynetworks的参数值覆盖，所以mynetworks_style可以不作设定
mynetworks=168.100.189.0/28, 127.0.0.0/8
#设定可信任的IP范围
relay_domains=$mydestination
#设定可信任域，在该信任域中的主机可以通过本机Postfix转发邮件
relayhost=$mydomain
#设定邮件转发主机，本机将通过该转发主机中转邮件
relay_recipient_maps=hash:/etc/postfix/relay_recipients
```

```
# 指定一个查询表，表中的地址可以通过本机 Postfix 转发邮件
in_flow_delay=1s
# 指定输入流延时时间
alias_maps=hash:/etc/aliases
alias_database=hash:/etc/aliases
# 设定邮件别名。邮件别名功能可实现邮件转递和分发
recipient_delimiter=+
# 设定收件人分隔符
home_mailbox=Mailbox
# 设定用户邮件的存储路径（可选项）。该路径与用户主目录有关
mail_spool_directory=/var/spool/mail
# 指定邮件队列的存储目录
mailbox_command=/some/where/procmail -a "$EXTENSION"
# 使用指定的外部命令来寄送邮件
mailbox_transport=lmtp:unix:/var/lib/imap/socket/lmtp
# 指定本地邮件传输方式
mailbox_transport=cyrus
# 设定使用 cyrus 作为邮件转发代理
fallback_transport=lmtp:unix:/var/lib/imap/socket/lmtp
# 设定本地邮件传输方式（在收件人不存在于 Linux 口令数据库的情况下，使用该传输方式）。该参数的优
先级高于 luser_relay
luser_relay=admin+$local
# 如果收件人不存在，那么将邮件转递到指定的目的地址
header_checks=regexp:/etc/postfix/header_checks
# 使用指定的格式检测文件，来检查邮件头
fast_flush_domains=$relay_domains
# 指定可信任域来转发邮件
smtpd_banner=$myhostname ESMTP $mail_name ($mail_version)
# 显示 SMTP 相关信息
local_destination_concurrency_limit=2
# 向本地用户寄件的最大并发数
default_destination_concurrency_limit=20
# 设定同一封信可以发送给多少个收件人
debug_peer_level=2
# 设定日志级别增量
debug_peer_list=127.0.0.1
# 指定域名列表
debugger_command=
    PATH=/bin:/usr/bin:/usr/local/bin:/usr/X11R6/bin
    ddd $daemon_directory/$process_name $process_id & sleep 5
# 指定调试器
sendmail_path=/usr/sbin/sendmail.postfix
# 指定 Postfix sendmail 命令的路径，该命令兼容于 Sendmail
newaliases_path=/usr/bin/newaliases.postfix
# 指定 Postfix newaliases 命令的路径，该命令兼容于 Sendmail
mailq_path=/usr/bin/mailq.postfix
# 指定 Postfix mailq 命令的路径，该命令兼容于 Sendmail
setgid_group=postdrop
# 设定邮件提交和队列管理的所属组
html_directory=no
# 指定 Postfix 的 HTML 文档路径
manpage_directory=/usr/share/man
# 指定 MAN 文档路径
sample_directory=/usr/share/doc/postfix-2.6.6/samples
```

```
# 指定样例文件路径
readme_directory=/usr/share/doc/postfix-2.6.6/README_FILES
# 指定自述文档路径
```

设定好 /etc/postfix/main.cf 之后，可以使用 postconf 命令列出 Postfix 的详细设定信息。如果只需要列出非默认参数设定值，那么可使用 -n 参数。

```
[root@rhel8 ~]# postconf -n
```

有关 postconf 命令的更详细的用法，读者可以用 man 命令查阅该命令的手册。

13.3.2 /etc/postfix/master.cf 文件

/etc/postfix/master.cf 是服务控制配置文件。在此文件中，可以配置 Postfix 服务器组件进程的运行方式、定义新的传输类型等。该文件内容分为八列，各列的意义如下：

（1）service：服务名称。

（2）type：服务类型，这里指服务的传送方法，如 inet、unix 和 fifo。

（3）private：服务为私有。该项的设定值可以为 y 或 n。y 表示私有，即只有 Postfix 可以访问该服务；n 则表示服务为公共，即该服务可以被所有其他服务所访问。

（4）unpriv：该参数指定是否使用非特权账户。该项的设定值可以为 y 或 n。y 表示使用 main.cf 中的 mail_owner 参数指定的非特权账户来运行服务；如果需要使用 root 权限，则此项须设定为 n。

（5）chroot：是否需要改变工作根目录。工作根目录是由 main.cf 中的 queue_directory 参数设定的。该项的设定值可以为 y 或 n。y 表示可以改变工作根目录，n 则反之。

（6）wakeup：设定唤醒间隔时间。时间单位为秒，如果设定为 0 则表示不唤醒。

（7）maxproc：进程数上限值。

（8）command+args：程序命令和参数。

一般情况下，该文件很少需要修改，用户使用默认的配置文件就可以了。

13.3.3 /etc/postfix/access 文件

Postfix 邮件服务器通过 /etc/postfix/access.db 访问数据库定义什么主机或者 IP 地址可以访问本地邮件服务器，以及它们是哪种类型的访问。它可以有效地控制邮件中继功能，因此也成为了反垃圾邮件常采用的手段之一。由于 /etc/postfix/access.db 文件是一个散列数据库，它是用 /etc/postfix/access 文件编译生成的，所以首先需要在 /etc/postfix/access 文件中进行相应的设置即可。该文件中的参数设置格式如下：

```
<范围>    <操作>
```

两者之间必须以空格隔开。其中，"范围"表示哪些用户可以访问本地邮件服务器，其取值如下：

- domain：表示域内的所有用户，如 rhel.com.cn。
- IP 地址或 IP 地址段：表示某一 IP 地址或某一 IP 地址段的主机，如 192.168.1.10，192.168.10。
- username@domain：表示一个特定的邮箱地址，如 tom@rhel8.net。
- username@：表示用户名为 username 的邮箱地址，如 tom@。
- 主机名：表示特定的主机，如 tom.rhel.com.cn。

"操作"表示本范围内的用户可以进行何种类型的操作，有以下几种取值：

- OK：表示无条件接收或发送。
- RELAY：表示允许 SMTP 代理投递。
- REJECT：表示拒绝接收并发布错误信息。
- DISCARD：表示放弃邮件，无错误信息发布。

例如，在 /etc/postfix/access 文件中添加如下配置语句：

```
rhel8.net                RELAY
192.168.1                OK
localhost                RELAY
localhost.localdomain    RELAY
example.com              DISCARD
user1@                   REJECT
```

保存配置后，再利用 postmap 命令对 access 文件进行编译，生成 Postfix 可以访问的数据库文件 access.db。命令如下：

```
[root@rhel8 ~]# postmap /etc/postfix/access
```

接着，重启 Postfix 服务以使新的数据库生效。

13.3.4 /etc/aliases 文件

/etc/aliases 文件为别名访问控制文件，创建别名可以方便用户进行邮件群发、邮件自动转发等。例如，需要给公司所有用户发送一封邮件，或者有一名员工已离职，但其邮箱需要保留，当有他的邮件时，希望可以转发到他的其他邮箱，就可以使用别名功能来实现。

/etc/aliases 文件的默认配置如下：

```
mailer-daemon:  postmaster
postmaster:     root
bin:            root
daemon:         root
adm:            root
lp:             root
sync:           root
shutdown: root
halt:           root
mail:           root
news:           root
uucp:           root
operator: root
...
```

该文件定义用户别名的格式为：

```
别名: [空格|TAB] 真实账号
```

其中，别名是邮件地址中的用户名，而真实账号则是实际收件人的账号。从上述文件内容中可以看出，默认情况下，无论将邮件发给 bin@rhel8.net，还是发给 daemon@rhel8.net，其最终收件人都是 root@rhel8.net。

根据需要可以在该文件中添加别名信息，例如：

```
jiangyufen19980214:    jyf
# 将 jiangyufen19980214 的邮件自动转发给 jyf
```

```
tom:                    tomba@linux.net
# 将tom的邮件自动转发给tomba@linux.net。在本地邮件服务器中不需要有tom用户及tomba用户，
目前这种转发邮件的功能得到广泛应用
mylist:                 john,jerry,bob
# 定义一个邮件列表，将mylist的邮件自动同时转发给本地用户john、jerry和bob
```

在 /etc/aliases 文件中设置用户别名后，需要执行如下命令来使其生效：

```
[root@rhel8 ~]# postalias /etc/aliases
```

或：

```
[root@rhel8 ~]# newaliases
```

如果没有错误消息出现，就表示别名已设置成功。

注意：在 Postfix 的主配置文件 main.cf 中需要将以下两个选项打开，否则别名文件将无法生效：

```
alias_maps=hash:/etc/aliases
alias_database=hash:/etc/aliases
```

13.4 配置 Dovecot 服务器

如前所述，Postfix 邮件服务只是一个 MTA（邮件传输代理），它只提供 SMTP 服务，也就是只提供邮件的转发及本地分发功能。如果要实现异地接收邮件，还需要 POP 或 IMAP 的支持。一般情况下，SMTP 服务和 POP、IMAP 服务都安装在同一台服务器上，那么这台服务器也就称为邮件服务器。在 RHEL/CentOS 8 中，可以使用 dovecot 软件包同时提供 POP 和 IMAP 服务。本节介绍 Dovecot 服务的配置方法。

完成本节学习，将能够：

- 配置 Dovecot 以实现 POP 和 IMAP 服务。

dovecot 服务的配置文件是 /etc/dovecot/dovecot.conf，该配置文件较大，其中包含了 /etc/dovecot/conf.d 目录中的全部 .conf 文件。下面介绍 /etc/dovecot/dovecot.conf 及 /etc/dovecot/conf.d 目录中部分文件的一些常用的参数，更详尽的参数用法，读者可参阅 Dovecot 的官方文档。

```
base_dir=/var/run/dovecot
#Dovecot 运行时，文件的存放位置。这一行默认被注释掉。如果不需要改变文件存放位置，可以不设定此项
protocols=imap pop3 lmtp submission
#Dovecot 提供的服务协议。要启用 pop3 和 imap 服务，必须取消将该行前的注释
```

在 /etc/dovecot/conf.d/10-master.conf 文件定义了各种协议的运行方式，其主要内容如下：

```
service imap-login {                          # 设定 imap-login 服务的运行参数
  inet_listener imap {                        # 设定监听端口，SSL 支持等参数
    #port=143                                 #imaps 服务的端口号
  }
  inet_listener imaps {
    #port=993                                 #imaps 服务的端口号
    #ssl=yes                                  # 打开 SSL 支持
  }
  #service_count=1                            # 在开始一个新的进程前处理的连接数
  #process_min_avail=0                        # 等待更多连接的进程数
```

```
    #vsz_limit=64M                                    # 虚拟内存的大小
}
service pop3-login {                                  # 设定 pop3-login 服务的运行参数
  inet_listener pop3 {
    #port=110
  }
  inet_listener pop3s {
    #port=995
    #ssl=yes
  }
}
```

在 /etc/dovecot/conf.d/10-ssl.conf 文件中提供了对 SSL 的定义：

```
ssl=yes                                               # 打开 SSL 支持
ssl_cert=</etc/pki/dovecot/certs/dovecot.pem
ssl_key=</etc/pki/dovecot/private/dovecot.pem
# 设定 SSL 证书的位置
```

在完成对 /etc/dovecot/dovecot.conf 文件的编辑后，需要重启 dovecot 服务，命令如下：

```
[root@rhel8 ~]# systemctl restart  dovecot
```

上述操作完成后，Postfix 就可以正常实现邮件的收发，邮件客户端也可以将邮件从 Postfix 服务器上下载到本地进行阅读了。

13.5 邮件服务器配置示例

本节以一个实例来介绍邮件服务器的架设流程。在实际应用中，每台邮件服务器都需要与其他邮件服务器交换邮件，因此本节通过实现两台邮件服务器之间互发邮件作为示例来介绍这类邮件服务器的配置方法。

完成本节学习，将能够：
- 配置两台邮件服务器以实现互发邮件的功能。

配置示例：在主机 rhel8.test1.net（192.168.1.10）与 linux.test2.net（192.168.10.10）上配置 Postfix 服务，实现两台邮件服务器互相收发邮件，同时满足 Windows 用户的要求，可以使用 Outlook Express 或其他基于 Web 的邮件客户端程序（如 Openwebmail、SquirrelMail 等）收发邮件。测试用户为 user1@rhel8.test1.net 和 user2@linux.test2.net。

配置过程如下：

1. 为两台邮件服务器配置 DNS 服务

用其中一台邮件服务器（如 rhel8.test1.net）作为 DNS 服务器，为两台邮件服务器提供 DNS 解析服务。

首先，编辑 DNS 的主配置文件 /etc/named.conf，在其已能解析 test1.net 区域主机及其相关 MX 记录的基础上再添加下列区域：

```
zone "test2.net" IN {
    type  master;
    file "test2.net.hosts";
```

```
};
zone "10.168.192.in-addr.arpa" IN {
    type    master;
    file    "db.10.168.192";
};
```

接着创建正向解析文件 /var/named/chroot/var/named/test2.net.hosts，内容如下：

```
$TTL    86400
@       IN      SOA     rhel8.test1.net. root.rhel8.test1.net.(
                        105389154
                        10800
                        3600
                        604800
                        38400)
                        IN  NS  rhel6.test1.net.
                        IN  MX 10  linux.test2.net.
rhel8.test1.net.        IN  A   192.168.1.10
linux                   IN  A   192.168.10.10
```

再创建反向解析文件 /var/named/chroot/var/named/db.10.168.192，内容如下：

```
$TTL    86400
@       IN      SOA     rhel8.test1.net. root.rhel8.test1.net.(
                        105389154
                        10800
                        3600
                        604800
                        38400)
                IN      NS      rhel8.test1.net.
10              IN      PTR     linux.test2.net.
```

然后重启 DNS 服务：

```
[root@rhel8 ~]# systemctl restart named
```

这样，该 DNS 服务器就能对分别位于 .test1.net 和 .test2.net 两个区域内的邮件服务器主机域名进行解析了。

注意：在两台机器上要保证 DNS 客户端配置文件指向 192.168.1.10（DNS 服务器）。分别编辑两台邮件服务器上的 /etc/resolv.conf 文件，确认其 nameserver 参数的取值为 192.168.1.10。

在 rhel8.test1.net 上编辑 /etc/resolv.conf 文件：

```
[root@rhel68~]# cat  /etc/resolv.conf
search    test1.net
nameserver  192.168.1.10
```

在 linux.test2.net 上编辑 /etc/resolv.conf 文件：

```
[root@linux ~]# cat  /etc/resolv.conf
search    test2.net
nameserver  192.168.1.10
```

2. 编辑两台 Postfix 邮件服务器的主配置文件 /etc/postfix/main.cf

在 rhel8.test1.net 上编辑 /etc/postfix/main.cf 文件，修改相关选项内容如下：

```
myhostname=rel8.test1.net
mydomain=test1.net
```

```
myorigin=$myhostname
mydestination=$myhostname,localhost.$mydomain,localhost,$mydomain
mynetworks=192.168.1.0/24,127.0.0.0/8
inet_interfaces=all
relay_domains=$mydestination
```

在 linux.test2.net 上编辑 /etc/postfix/main.cf 文件,修改相关选项内容如下:

```
myhostname=linux.test2.net
mydomain=test2.net
myorigin=$myhostname
mydestination=$myhostname,localhost.$mydomain,localhost,$mydomain
mynetworks=192.168.10.0/24,127.0.0.0/8
inet_interfaces=all
relay_domains=$mydestination
```

3. 编辑两台邮件服务器的 /etc/postfix/access 文件

在 rhel8.test1.net(192.168.1.10) 上编辑 /etc/postfix/access 文件:

```
[root@rhel8 ~]#cat   /etc/postfix/access
localhost.localdomain          RELAY
localhost                      RELAY
127.0.0.1                      RELAY
test1.net                      RELAY
test2.net                      RELAY
```

在 linux.test2.net(192.168.10.10) 上编辑 /etc/postfix/access 文件:

```
[root@linux ~]#cat   /etc/postfix/access
localhost.localdomain          RELAY
localhost                      RELAY
127.0.0.1                      RELAY
test1.net                      RELAY
test2.net                      RELAY
```

分别在两台邮件服务器上执行如下命令生成新的 access.db 数据库文件:

```
[root@rhel8 ~]# postmap /etc/postfix/access
[root@linux ~]# postmap /etc/postfix/access
```

4. 重启 Postfix 服务器

在两台邮件服务器上对上述配置文件修改完成后,应分别重启 Postfix 服务器:

```
[root@rhel8 ~]# systemctl restart  postfix
[root@linux ~]# systemctl restart  postfix
```

5. 配置 dovecot 服务器,使其支持 POP3 和 IMAP 服务

在两台邮件服务器上编辑 dovecot 的配置文件 /etc/dovecot/dovecot.conf,以开启 POP3 和 IMAP 服务。方法是将该文件中的 #protocols=imap pop3 lmtp submission 语句前面的注释取消:

```
protocols=imap pop3 lmtp submission
```

然后修改 /etc/dovecot/conf.d/10-master.conf 文件,取消相关选项前的注释:

```
service imap-login {
  inet_listener imap {
    port=143
```

```
  }
  inet_listener imaps {
    port=993
    ssl=yes
  }
}
service pop3-login {
  inet_listener pop3 {
    port=110
  }
  inet_listener pop3s {
    port=995
    ssl=yes
  }
}
```

保存配置后重启 dovecot 服务器：

```
[root@rhel8 ~]# systemctl restart dovecot
[root@linux ~]# systemctl restart dovecot
```

6. 测试邮件服务器

利用 Windows 客户端进行邮件收发测试。先在 rhel8.test1.net 上以 user1@rhel8.test1.net 身份向 user2@linux.test2.net 发送邮件，然后在 linux.test2.net 上可以收到该邮件，这就证明两台邮件服务器之间可以互相交换邮件了。关于 Outlook Express 或 Openwebmail 等邮件客户端的配置，请读者参考其他相关教程的介绍。

本章小结

整个电子邮件系统主要由电子邮件发送和接收系统（MUA）和电子邮局系统（MTA）两部分组成。与电子邮件服务相关的协议有 SMTP、POP 和 IMAP 等。

在 RHEL 6.x 系统中，默认情况下会安装 Postfix 软件包作为 SMTP 服务器。Postfix 所必需的配置文件都存放在 /etc/postfix 目录中，其中包括主配置文件 /etc/postfix/main.cf、控制配置文件 /etc/postfix/master.cf、访问控制文件 /etc/postfix/access 等。

Postfix 只提供邮件的转发及本地分发功能。如果要实现异地接收邮件，还需要 POP 或 IMAP 的支持。一般情况下，POP、IMAP 服务与 SMTP 服务安装在同一台服务器上。在 RHEL/CentOS 8 中可使用 Dovecot 软件包同时提供 POP 和 IMAP 服务。Dovecot 服务器的配置文件是 /etc/dovecot/dovecot.conf，要启用 POP 和 IMAP 服务，则应在该配置文件中进行修改。

项目实训 13 邮件服务器的配置

一、情境描述

某公司为满足公司员工收发电子邮件的需要，拟架设一台 Postfix 邮件服务器，并在其中再安装 Dovecot 服务器以实现 POP 和 IMAP 服务。要求实现员工在 Windows 平台上使用 Outlook 或其他基于 Web 的邮件客户端程序收发邮件。

二、项目分解

分析上述情境描述，我们需要完成下列任务：

（1）用 Postfix 和 Dovecot 软件搭建一台电子邮件服务器，以实现邮件收发服务。

（2）用邮件客户端程序测试邮件收发功能。

三、学习目标

1. 技能目标
- 能配置 Postfix 服务器实现邮件的收发功能。
- 能配置 Dovecot 服务器实现 POP 服务。
- 能使用邮件客户端程序进行邮件的收发。

2. 素质目标
- 增强网络和信息安全意识，具备精益求精的工匠精神。

四、项目准备

两台虚拟机，其中一台已安装 RHEL/CentOS 8 操作系统（假设 IP 地址为 192.168.1.15），并已安装了 Postfix、Dovecot 服务器软件，另一台安装 Windows 7/10，并安装 Outlook 软件，两者可互相 ping 通。同时要求具备连接到外网的网络环境。

五、预估时间

120min。

六、项目实施

【任务 1】搭建一台 Postfix+Dovecot 电子邮件服务器。

在其中一台 RHEL/CentOS 8 计算机上按如下要求分别对 Postfix 和 Dovecot 服务器进行配置：

搭建一台
Postfix +
Dovecot电子
邮件服务器

（1）只为 192.168.1 网段提供邮件转发服务。

（2）允许同一用户使用多个电子邮件地址，即 tom 的电子邮件地址可为 tom@linux.net，也可为 tommy@linux.net。

（3）设置用户访问控制功能。

（4）提供 POP3 服务。

具体步骤如下：

（1）配置 DNS 服务器和 DNS 客户端，对邮件服务器主机的域名 linux.net 进行解析。

（2）编辑 Postfix 服务器的主配置文件 /etc/postfix/main.cf，根据要求设置相关参数。

（3）编辑 /etc/postfix/access 文件，实现访问控制功能.

（4）编辑邮件别名访问控制文件 /etc/aliases，以方便用户进行邮件群发和满足一个用户有多个邮件帐号等功能。

（5）重启 Postfix 服务。

（6）编辑 Dovecot 服务器配置文件 /etc/dovecot/dovecot.conf，使其支持 POP3 和 IMAP 服务。

视 频

测试邮件服务器

（7）重启 Dovecot 服务。

【任务 2】在 Windows 7/10 客户端使用 Outlook 软件测试邮件服务器收发功能。

（1）配置 Outlook 软件的相关参数。

（2）向内网用户发送一份邮件，然后用该用户登录 Outlook，验证邮件收发功能。

七、项目考评

项目完成后，请对完成情况进行评价，在表格相应栏中打"√"，并在评分栏进行评分。

序号	考核点	评价标准	标准分	评价结果			评分
				操作熟练	能做出来	完全不会	
1	Postfix 服务器的启动、重启、关闭	使用命令行启动、重启或关闭 Postfix 服务器	10				
2	配置 Postfix 服务器	编辑 /etc/postfix/main.cf、/etc/postfix/master.cf、/etc/postfix/access 文件，实现一个邮件服务器的基本功能	20				
3	Dovecot 服务器的启动、重启、关闭	使用命令行启动、重启或关闭 Dovecot 服务器	20				
4	配置 Dovecot 服务器	编辑 /etc/dovecot/dovecot.conf 文件，使其支持 POP3、IMAP 服务	20				
5	邮件服务器的测试	测试邮件服务器的收发功能	10				
6	职业素养	实训过程：纪律、卫生、安全等	10				
		网络安全、工匠精神、团队协作等	10				
	总评分		100				

习题 13

一、选择题

1. 下列说法正确的是（　　）。
   A. SMTP 与 POP 是一种协议，它们的作用是相同的
   B. SMTP 既能发送也能为用户接收邮件
   C. MUA 负责发送邮件，MTA 负责接收邮件
   D. SMTP 有两种工作情况：邮件从 MUA 到 MTA；邮件从 MTA 到 MTA

2. Postfix 的主配置文件是（　　）。
   A. /etc/mail/main.cf　　　　　　　　B. /etc/mail/main.conf
   C. /etc/postfix/main.cf　　　　　　　D. /etc/postfix/main.conf

3. 能实现邮件的接收和发送的协议有（　　）。
   A. POP3　　　　B. MAT　　　　C. SMTP　　　　D. 无

4. 安装 Postfix 服务器后，若要启动该服务，则正确的命令是（　　）。
   A. server postfix start　　　　　　　B. service postfix restart

C. systemctl start postfix   D. systemctl postfix start

5. 安装 dovecot 服务器后，若要启动该服务，则正确的命令是（　　）。

    A. server dovecot start   B. service imap restart

    C. systemctl start dovecot   D. systemctl imap start

6. 为了转发邮件，下面（　　）是必需的。

    A. POP   B. IMAP   C. BIND   D. Postfix

7. Postfix 服务器通过下列（　　）文件定义用户别名。

    A. /etc/postfix/access   B. /etc/aliases   C. /etc/access   D. /var/postfix/access

8. 某公司的邮件服务器采用的是运行在 Linux 系统上的 Postfix 软件，为了防止公司的邮件服务器成为垃圾邮件中转站，公司只想接收或转发来自本地 192.168.1.0/24 的邮件，应该在文件（　　）中添加如下一行：192.168.1 RELAY。

    A. /etc/postfix/local-hosts-names   B. /etc/postfix/main.cf

    C. /etc/postfix/aliases   D. /etc/postfix/access

二、简答题

1. 解释 MUA 和 MTA 的功能。
2. 解释与 Postfix 服务器配置相关的几个数据库文件的主要功能。
3. 简述 Postfix 和 Dovecot 服务器的功能。

第 14 章
Linux 防火墙与 NAT 服务配置

随着因特网应用的日益广泛，网络安全问题日益突出。为了增强网络的安全性，保护内部网络上的重要数据，防火墙是必不可少的防御机制。NAT 服务在解决 IPv4 网络地址紧缺的同时，也提供了对内部的保护功能。本章介绍 firewalld 服务的基本概念和基本功能、使用 firewalld 架设包过滤防火墙和 NAT 服务的方法，以及 SELinux 安全机制的实现。

完成本章学习，将能够：
- 描述 Linux 防火墙的基本概念和功能。
- 使用 firewalld 配置包过滤防火墙。
- 使用 firewalld 配置 NAT 服务。
- 使用 SELinux 保护 Linux 系统
- 增强维护网络与信息安全的社会责任感。

14.1 Linux 防火墙概述

本节首先介绍防火墙的功能和基本类型，然后重点介绍 Linux 包过滤防火墙的架构，以及 firewalld 防火墙服务的安装、启动与关闭。

完成本节学习，将能够：
- 描述 linux 防火墙的功能和基本类型。
- 描述 Linux 包过滤防火墙的架构。
- 安装、启动和关闭 firewalld。

14.1.1 防火墙简介

1. 防火墙的功能

防火墙是位于不同网络（如可信的企业内部网和不可信的公共网）或网络安全域之间，对网络进行隔离，并实现有条件通信的一系列软件／硬件设备的集合。它通过访问控制机制，确定哪些内部服务允许外部访问，以及允许哪些外部请求可以访问内部服务。其基本功能是分析出入防火墙的数据包，根据 IP 包头结合防火墙的规则，来决定是否接收或允许数据包通过。

防火墙系统可以由一台路由器，也可以由一台或一组主机组成。它通常被放置在网络入口处，所有内外部网络通信数据包都必须经过防火墙，接受防火墙的检查，只有符合安全规则的数据才允许通过。

通过使用防火墙可以实现以下功能：
（1）保护内部网络中易受攻击的服务。
（2）控制内外网之间网络系统的访问。
（3）隐藏内部网络的 IP 地址及结构的细节，提高网络的保密性。
（4）对网络存取和访问进行监控和审计。
（5）集中管理内网的安全性，降低管理成本。

2．防火墙的类型

防火墙通常分为硬件防火墙和软件防火墙两种，二者都需要硬件和软件的支持。其区别在于：硬件防火墙使用专用硬件和专用的安全操作系统，而软件防火墙一般使用普通的计算机硬件设备和普通的操作系统（如 Linux 或 Windows）。

根据动作方式的不同，通常把防火墙分为包过滤防火墙和应用级网关两大类。

1）包过滤（Packet Filter）防火墙

包过滤防火墙通常安装在路由器或者安装了网络操作系统的主机上。它是在网络层根据配置好的包过滤规则对数据包进行过滤，其工作方式是：包过滤规则存储在对应的包过滤设备端口，检查出入该防火墙端口的每一个 IP 数据包头和 TCP 头或 UDP 头来决定是否允许数据包通过。数据包包头的主要信息有 IP 源地址、IP 目标地址、协议类型（TCP 包、UDP 包）、TCP 或 UDP 包的源端口和目标端口、数据包到达和出去的端口。

若数据包头所含的内容符合规则表中某条预设的过滤规则，则进行预定的处理；若都不符合过滤规则，则按默认策略进行处理，其处理方式主要有允许通过(accept)、丢弃(drop)或拒绝(reject)。

包过滤防火墙的优点是它对于用户来说是透明的，处理速度快，而且由于工作在网络层和传输层，与应用层无关，因此不用改动客户机和主机上的应用程序，易于安装和维护。其缺点是：非法访问一旦突破防火墙，即可对主机上的软件和配置漏洞进行攻击；数据包的源地址、目的地址和 IP 的端口号都在数据包的头部，可以轻易伪造，"IP 地址欺骗"就是黑客针对该类型防火墙的比较常用的攻击手段。

2）应用级网关（application-level gateway）

应用级网关又称代理服务器。它针对特定的网络应用服务协议（如 HTTP、FTP 等）使用指定的数据过滤逻辑，并在过滤的同时，对数据包进行必要的分析、登记和统计，形成报告，当发现被攻击迹象时会向网络管理员发出警报，并保留攻击痕迹。实际应用中的代理服务器通常运行在两个网络之间，它对于客户来说就像是一台真的服务器，而对于外界的服务器来说，它又是一台客户机。当代理服务器接收到用户对某站点的访问请求后会检查该请求是否符合规定，如果规则允许用户访问该站点，代理服务器会作为一个客户那样去那个站点取回所需的信息再转发给客户。

应用级网关比单一的包过滤更为可靠，而且会详细地记录所有的访问状态信息。但它也存在一些不足之处：首先，它会使访问速度变慢，因为它不允许用户直接访问网络；其次，应用级网关需要对每一个特定的因特网服务安装相应的代理服务软件，用户不能使用未被服务器支持的服务，

14.1.2 Linux 包过滤防火墙的架构

Linux 内核提供的包过滤防火墙功能通过 netfilter 框架实现，并提供了 iptables、firewalld 工具配置和修改防火墙的规则，这就是 Linux 防火墙的基本架构。

1. netfilter 内核模块

netfilter 是 Linux 内核中的一个用于扩展各种网络服务的结构化底层框架。该框架不依赖具体的协议，而是为每种网络协议定义一套钩子函数。对于每种网络协议定义的钩子函数，任何内核模块都可以对每种协议的一个或多个钩子函数进行注册，实现挂接。这样当某个数据包被传递给 netfilter 模块时，内核能检测到是否有有关模块对该协议和钩子函数进行了注册。如发现注册信息，则调用该模块注册时使用的回调函数，然后对应模块去检查、修改、丢弃该数据包及指示 netfilter 将该数据包传入用户空间的队列。

netfilter 框架定义了包过滤子系统功能的实现，创建了一个包选择系统，这个包选择工具默认注册了 filter、NAT 和 Mangle 三个表（tables），默认使用的是 filter 表。每个表包含有若干条内建的链（chains），用户也可在表中创建自定义的链。在每条链中，可定义一条或多条过滤规则（rules），即链是规则的一个列表。每条规则应指定所要检查的包的特征以及如何处理与之相匹配的包，这被称为目标（target），目标值可以是用户自定义的一个链名，以便跳转到同一个表内的用户自定义链进行规则检查，也可以是 ACCEPT、DROP、REJECT 或 RETURN 等值。

2. iptables 组件

iptables 组件是一个用来指定 netfilter 规则和管理内核包过滤的工具之一。在 RHEL/CentOS 7 之前的版本中，用户通过它来创建、删除或插入链，并可以在链中插入、删除和修改过滤规则，这些过滤规则保存在文件 /etc/sysconfig/iptables 中，通过 netfilter 和相关的支持模块执行这些规则来实现包过滤防火墙功能。

3. firewalld 组件

firewall 组件是另一个用来指定 netfilter 规则和管理内核包过滤的工具。从 RHEL/CentOS 7 开始，Linux 的防火墙管理工具默认为 firewalld。firewalld 是一个支持定义网络区域及接口安全等级的动态防火墙管理工具。firewalld 将配置文件存放在 /usr/lib/firewalld 和 /etc/firewalld 目录下的 XML 文件中。利用 firewalld，用户可以实现许多强大的网络功能，例如防火墙、代理服务器以及网络地址转换。

需要说明的是，无论 iptables 还是 firewalld 都只是 Linux 系统中的一个防火墙管理工具，负责生成防火墙规则并与内核模块 netfilter 进行"交流"，最终都是由 iptables 命令来为内核模块 netfilter 提交防火墙规则，因此真正实现防火墙功能的是内核模块 netfilter。

RHEL/CentOS 8 中默认的防火墙工具是 firewalld，但仍然可以继续使用 iptables。为避免出现混乱，两者只能取其一。使用其中一个时，就应该将另一个禁用。本章介绍使用 firewalld 配置 Linux 防火墙。

14.2 firewalld 防火墙配置工具简介

本节介绍 firewalld 工具的安装与启动方法，防火墙区域和预定义服务的概念。

第14章 Linux 防火墙与 NAT 服务配置

完成本节学习，将能够：
- 安装与启动 firewalld。
- 描述防火墙区域和服务的概念。

14.2.1 firewalld 的安装、启动与关闭

firewalld 防火墙配置工具提供了两种管理方式：其一是 firewall-cmd 命令行管理工具；其二是 firewall-config 图形化管理工具。默认情况下，RHEL/CentOS 8 随系统的安装而自动安装 firewalld 防火墙配置工具。在命令行界面下，可使用以下命令检查是否已安装：

```
[root@rhel8 ~]# rpm -qa|grep firewalld
firewalld-0.8.2-2.el8.noarch
firewalld-filesystem-0.8.2-2.el8.noarch
```

说明系统已安装 firewalld，并可以使用 firewall-cmd 命令进行防火墙规则的配置。如未安装 firewalld，超级用户可挂载安装光盘，制作好 YUM 源文件，用以下命令安装 firewalld：

```
[root@rhel8 ~]#yum install firewalld firewalld-filesystem -y
```

完成以上安装后，可在终端命令窗口中执行如下命令启动 firewalld 服务：

```
[root@rhel8 ~]# systemctl start firewalld
```

将上述命令中的 start 参数变换为 stop、restart、status、enable，可以分别实现 firewalld 的关闭、重启、状态的查看和开机自启动。

firewall-config 工具只能在图形界面下使用。系统默认未安装，可在图形界面的终端窗口中用如下命令进行安装：

```
[root@rhel8 ~]#yum install firewall-config -y
```

安装完成后，在图形界面下单击 Activities，选择 Show Applications，然后单击 Firewall 图标，或在命令提示符下输入命令 firewall-config，即可使用图形界面下的 firewall-config 工具进行防火墙的配置，如图 14-1 所示。

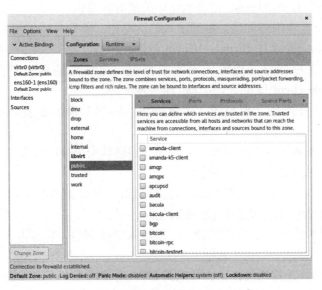

图 14-1　图形配置工具 firewall-config

14.2.2 防火墙区域

firewalld 中引入了防火墙"区域"（zone）的概念，极大地简化了防火墙配置工作。所谓"区域"，是指安全域的范围，用于指定计算机连接到的网络的信任级别。不同的安全作用域的安全级别不同，如图 14-2 所示。

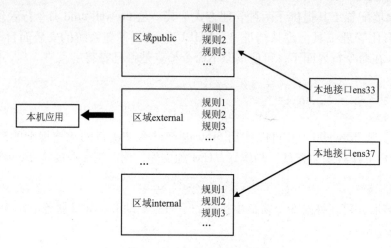

图 14-2　防火墙区域示意图

在图 14-2 所示的防火墙区域中，数据包首先从本地接口中进入，然后将进入接口所对应的区域中。可以将网络接口和源分配给区域，一个网络接口只能与一个区域对应，即一个接口不能同时加入两个以上的区域，但一个区域可以被用来进行很多网络连接。当数据包进入区域后，防火墙会依据区域内的规则进行逐一过滤，只有符合规则的数据包才能通过区域到达本机应用。

firewalld 提供了九个预定义区域，对应九种默认规则集。根据区域的信任级别从信任到不信任，分别是：

（1）trusted：接受所有网络连接，信任网络中的所有计算机。

（2）internal：用于企业内部网络。拒绝流入的数据包，除非与输出流量数据包相关或是 ssh，mdns，ipp-client，samba-client 与 dhcpv6-client 服务则允许。

（3）home：用于家庭网络。拒绝流入的数据包，除非与输出流量数据包相关或是 ssh，mdns，ipp-client，samba-client 与 dhcpv6-client 服务则允许。

（4）work：用于工作网络。拒绝流入的数据包，除非与输出流量数据包相关或是 ssh，dhcpv6-client 服务则允许。

（5）dmz：用于非军事区（也称隔离区）中访问网络其余部分的计算机。拒绝流入的数据包，除非与输出流量数据包相关或是 ssh 服务则允许。

（6）external：用于在系统充当网关或路由器时启用了 NAT 伪装的外部网络。拒绝流入的数据包，除非与输出流量数据包相关或是 ssh 服务则允许。

（7）public：用于不受信任的公共区域。拒绝流入的数据包，除非与输出流量相关或是 ssh，dhcpv6-client 服务则允许。

（8）block：所有传入连接均被拒绝，并返回 IPv4 或 IPv6 的拒绝报文，仅允许传出连接。

(9) drop：任何进入的网络连接都将被丢弃，没有任何回复，仅允许传出连接。

上述九个区域中，有一个区域被设置为默认（default）区，安装时，firewalld 的默认区设置为 public 区。可以根据需要修改默认区，当接口连接添加到 NetworkManager 时，它们会被分配给默认区。

预定义区域配置文件存储在 /usr/lib/firewalld/zones/ 目录中。区域配置文件采用 XML 文件格式，以 zone-name.xml 命名，其中包含区域描述、服务、端口、协议、icmp-blocks、masquerade、forward-ports 等信息，可立即应用于任意可用的网络接口。如果添加新区域或更改了某个预定义区域的配置信息并设置了保存选项，更新的区域配置文件会保存在 /etc/firewalld/zones 目录中。

需要说明的是，无论处于哪个区域，防火墙都不会拒绝由本机主动发起的网络连接，本地发起的数据包（包含对方响应或返回的数据包）将通过任何区域。另外，虽然对区域有具体描述，例如，某个限制连接通行，但是实际通行规则取决于区域中的规则，因为这些规则是可以被修改的。最终决定连接是否被放行的是区域中的规则，而不是对区域的描述。

14.2.3 防火墙服务

防火墙服务（service）是区域内预定义的规则，它定义必要的设置以允许特定服务的传入流量。服务可以是本地端口、协议、源端口和目的地列表，可以将这些单独的元素整合成一个服务来完成一些任务，如打开端口、定义协议、启用数据包转发等。

firewalld 中服务通过单独的 XML 配置文件指定，以 service-name.xml 格式命名，存放在 /usr/lib/firewalld/services 和 /etc/firewalld/services 目录中。firewalld 第一次从 /usr/lib/firewalld/services 加载文件。如果用户添加或更改服务，则更新的配置文件保存在 /etc/firewalld/services/ 中。如果重载配置文件，/etc/firewalld/services 中相应的文件就会覆盖 /usr/lib/firewalld/services 中匹配的文件。一旦删除了 /etc/firewalld/services 中的匹配文件，或者要求 firewalld 加载服务的默认值，则将使用 /usr/lib/firewalld/services 中的覆盖文件。

14.3 firewalld 的使用

本节详细介绍 firewalld-cmd 的命令格式，并通过实例介绍 Linux 包过滤防火墙的配置方法。

完成本节学习，将能够：
- 描述 firewall-cmd 命令的常用格式与功能。
- 根据实际需要配置一个 Linux 包过滤防火墙。

14.3.1 firewalld 的命令格式

firewalld 通过 firewall-cmd 命令工具创建、维护和检查 Linux 内核的 IP 包过滤规则，利用该命令可查看、选择、修改防火墙区域，在区域中创建或删除规则等，功能很强大，用法也比较多，其命令基本格式为：

```
firewall-cmd -- 命令选项    [-- 命令选项]    [-- 命令选项]...
```

命令选项用来指定区域或对指定区域中规则进行的操作，包括查看、添加、删除规则等。主要命令选项如表 14-1 所示。

表 14-1　firewall-cmd 的主要命令选项

命令选项	功　能
get-default-zone	查询默认的区域名称
set-default-zone=<区域名称>	设置默认的区域，永久生效
get-zones	显示可用的区域
get-services	显示预定义的服务
get-active-zones	显示当前正在使用的区域与网卡名称
get-zone-of-interface=<网卡名称>	获取指定网卡相关的信息
add-source=<IP 地址>[/子网掩码]	将来源于此 IP 或子网的流量导向指定区域
remove-source=<IP 地址>[/子网掩码]	不再将此 IP 或子网的流量导向某个指定区域
add-interface=<网卡名称>	将来自该网卡的所有流量都导向某个指定区域，或将某个网卡添加至指定区域
change-interface=<网卡名称>	改变某个网卡与区域的关联
remove-interface=<网卡名称>	将某个网卡从指定区域删除
list-all	显示当前区域的网卡配置参数、资源、端口以及服务等信息
list-all-zones	显示所有区域的网卡配置参数、资源、端口等信息
add-service=<服务名>	设置默认区域允许该服务的流量
add-port=<端口号/协议>	设置默认区域允许该端口的流量
remove-service=<服务名>	设置默认区域不再允许该服务的流量
remove-port=<端口号/协议>	设置默认区域不再允许该端口的流量
zone=<区域名称>	对指定的区域进行操作
permanent	永久修改防火墙规则，即将修改写入配置文件。
reload	重读规则配置文件，让"永久生效"的配置规则立即生效

需要说明的是，firewall-cmd 的命令选项都是长格式的，该命令支持 Tab 补全功能，但系统需安装 bash-completion 程序。可通过以下命令安装该程序：

```
[root@rhel8 ~]# yum install bash-completion -y
```

14.3.2　使用 firewalld 进行防火墙配置

使用 firewalld 进行防火墙的配置大致可以分为两项：一是操作区域，即将接口加入某个区域；二是按实际需求修改区域中的规则。

1. 区域的操作

当操作系统安装完成后，防火墙设置一个默认区域，将接口加入默认区域中。用户配置防火墙的第一步通常是获取默认区域并进行设置和修改。请看如下示例：

```
[root@rhel8 ~]# firewall-cmd --get-zones              //查看当前的所有区域
block dmz drop external home internal public trusted work
[root@rhel8 ~]# firewall-cmd --get-default-zone       //查看当前的默认区域
public
[root@rhel8 ~]# firewall-cmd --get-active-zones       //查看当前已激活的区域
public
   interfaces: ens33  ens37
//可见当前接口 ens33，ens37 属于默认区域 public。如果接口没有被分配给指定区域，它将被分配给
默认区域。每次重启 firewalld 服务后，firewalld 加载默认区域的设置并使其活跃
```

```
[root@rhel8 ~]# firewall-cmd --get-zone-of-interface=ens33
// 获取接口 ens33 所属的区域
public
[root@rhel8 ~]# firewall-cmd --permanent --zone=internal --change-interface=ens33
// 将接口 ens33 所属的区域修改为 internal
The interface is under control of NetworkManager, setting zone to 'internal'.
success
[root@rhel8 ~]# firewall-cmd --get-zone-of-interface=ens33         // 验证是否生效
internal
[root@rhel8 ~]# firewall-cmd --permanent --zone=public --change-interface=ens33
// 重新将接口 ens33 所属的区域修改为 public。
[root@rhel8 ~]# firewall-cmd --reload                              // 重载规则配置文件
```

2. 区域规则修改

当接口所属的区域修改完成后，就可以对区域的规则进行修改了。修改规则主要是修改允许连接的服务或端口。请看如下示例：

```
[root@rhel8 ~]# firewall-cmd --get-services              // 查看当前支持的所有服务列表
[root@rhel8 ~]# firewall-cmd --zone=public --list-all    // 列出指定区域的规则列表
public (active)
  target: default
  icmp-block-inversion: no
  interfaces: ens33  ens37
  sources:
  services: cockpit dhcpv6-client mdns samba-client ssh
  ports:
  protocols:
  masquerade: no
  forward-ports:
  source-ports:
  icmp-blocks:
  rich rules:
// 上述规则列表中，target（目标）为未指定的传入流量定义区域的默认行为，可以将其设置为以下选项
之一：默认（default）、接受（ACCEPT）、拒绝（REJECT）和删除（DROP）。可使用"--set-target"
选项指定目标
[root@rhel8 ~]# firewall-cmd --permanent --zone=public --add-service=http
// 向 public 区域添加一条规则，允许访问 http 服务
[root@rhel8 ~]# firewall-cmd --zone=public --list-all    // 验证配置结果
…
  services: cockpit dhcpv6-client mdns samba-client ssh
…
// 可见使用 --permanent 参数将不会立即生效，需使用 reload 参数重读配置才能生效
[root@rhel8 ~]# firewall-cmd --reload                    // 重载规则配置文件
[root@rhel8 ~]# firewall-cmd --zone=public --list-all    // 再次验证配置结果
  …
services: cockpit dhcpv6-client http mdns samba-client ssh
…
[root@rhel8 ~]# firewall-cmd --permanent --zone=public --add-port=10005/tcp
// 向 public 区域添加一条规则，允许访问 10005/tcp 端口
[root@rhel8 ~]# firewall-cmd --reload                    // 重载配置文件使添加端口生效
[root@rhel8 ~]# firewall-cmd --zone=public --list-all    // 验证配置结果
public (active)
  target: default
```

```
        icmp-block-inversion: no
        interfaces: ens33 ens37
        sources:
        services: cockpit dhcpv6-client mdns samba-client ssh
        ports: 10005/tcp
        protocols:
        masquerade: no
        forward-ports:
        source-ports:
        icmp-blocks:
        rich rules:
[root@rhel8 ~]# firewall-cmd --permanent --zone=public --remove-service=http
// 从 public 区域移除 http 服务
[root@rhel8 ~]# firewall-cmd --permanent --zone=public --remove-port=10005/tcp
// 从 public 区域移除 10005/tcp 端口
[root@rhel8 ~]# firewall-cmd --reload   // 重载配置文件，使移除服务和端口操作生效
```

14.4 NAT 服务

本节首先介绍 NAT 技术的类型及其基本原理，然后以实例形式介绍利用 firewalld 配置 NAT 服务的方法。

完成本节学习，将能够：
- 描述 NAT 技术的类型及其基本原理。
- 利用 firewall-cmd 工具配置 SNAT 和 DNAT 服务。

14.4.1 NAT 服务概述

1. NAT 简介

NAT（Network Address Translation，网络地址转换）是一个根据 RFC1631 开发的 IETF 标准。随着 Internet 的飞速发展，IP 地址短缺已成为一个非常严重的问题，私有地址可以在不同的企业网内重复使用，这在很大程度上缓解了 IP 地址短缺的矛盾。由于含有私有地址的 IP 报文在 Internet 中传输时，会被 Internet 中的路由器丢弃，不能被路由，因此使用私有地址的主机不能访问 Internet。但如果使用私有地址的主机在与 Internet 通信之前，把 IP 报文中的私有地址转换成公有地址，这时使用私有地址的主机也就能与 Internet 通信了。NAT 就是用来将 IP 报文头中的目的或源私有地址修改成公有地址的一种设备，利用 NAT 可实现私有地址与公网地址的相互转换。它还可以和防火墙技术结合使用，将特定的 IP 地址隐藏起来使外部网络无法直接访问内部网络的特定主机。

2. NAT 的工作原理

NAT 的工作原理如图 14-3 所示。当客户机（192.168.1.2）访问 Internet 上的 Web 服务器（202.205.11.70）时，客户端会随机选择一个大于 1 024 的端口来与服务器的 80 端口建立连接，假设客户端选择使用的是 1 029 端口，则从客户端发出的数据源 socket（IP 地址加 TCP/UDP 端口）为 192.168.1.2:1029，目的 socket 为 202.205.11.70:80。当数据包从 eth0 进入 NAT 设备后，NAT 对数据包的源 socket 进行修改，将源 IP 地址替换为 eth1 网卡的 IP 地址，源端口一般保持不变。若

该端口已被使用,则替换使用另一个端口,并将该替换的对应关系保存在 NAT 表中。经过 NAT 替换修改后的数据包,其源 socket 变为 211.29.160.120:1029,目的 socket 保持不变,此时的数据包具有了公网 IP 地址,就可以访问 Internet 中的 Web 服务器了。

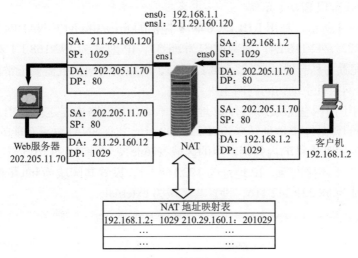

图 14-3　NAT 的工作原理

Web 服务器的响应数据源 socket 为 202.205.11.70:80,目的 socket 为 211.29.160.120:1029,NAT 收到该响应包后,利用 NAT 表中保存的转换对应关系,将响应包的目的 socket 替换修改为 192.168.1.2:1029,源 socket 保持不变,这样 Web 服务器的响应包就能顺利进入内网,送达 192.168.1.2 客户机了。

在这一通信过程中,NAT 设备是透明的,就好像不存在,客户端像是在直接访问 Web 服务器一样。因此,利用 NAT 可实现透明代理企业内网用户访问 Internet。

3. NAT 的类型

NAT 通常在网关(如由配有双网卡的主机充当)上实现,当内外部网络之间进行数据传送时,用它进行地址转换。NAT 可分为以下三种类型:

(1)源地址转换 SNAT(Source NAT):SNAT 使用一个静态的 IP 地址映射表来替换修改数据包的源地址或源端口。它一般用在局域网整体接入 Internet 的环境下,其中局域网中的主机一般配置为私有 IP 地址。在 NAT 网关中维护一个静态的地址映射表,用来把私有的 IP 地址映射到公有的 IP 地址上去。当内部主机把包含私有 IP 地址的数据包发送到网关时,经过路由选择后,把通往外网的数据包中的源 IP 地址转换为指定的公有 IP 地址,即可访问 Internet。当应答包发回 NAT 网关时再还原为原来的 IP 地址。

(2)目标地址转换 DNAT(Destination NAT):也称反向 NAT,它会替换修改经过 NAT 网关的 IP 数据包的目的 IP 地址或端口。如果在内部网络中使用私有地址的计算机开设了网络服务(如 HTTP、Telnet、FTP 等),当外部公有 IP 地址的主机想访问这些服务时,NAT 网关将把外部访问 IP 地址转换成内部 IP 地址,把内部网络提供的服务映射到一个公有的 IP 地址和端口上供外部网络访问。

(3)动态地址 NAT(Pooled NAT):使用动态的 IP 地址映射表来改变数据的源地址或端口。

14.4.2 使用 firewalld 实现 NAT 服务

firewalld 除了能够实现防火墙的功能之外，还全面支持 NAT 技术。下面通过两个实例来介绍使用 firewall 实现 SNAT 和 DNAT 服务。

1. 利用 firewalld 实现 SNAT 示例

网络拓扑如图 14-4 所示。利用 RHEL/CentOS 提供的 firewalld 配置 NAT 网关，其外网网卡为 ens37，IP 地址为 58.221.242.116/24，内网网卡为 ens33，IP 地址为 192.168.1.1/24，所有内网用户机器的 IP 地址全部配置为私有地址（192.168.1.0/24）。现假设内网主机需要正常访问外网，但为了安全起见，不允许外网主机主动访问内网主机。

在本示例中，由于内网全部采用私有 IP 地址，不能在公网路由器之间路由，所以必须在配置 NAT 网关把从内网来的数据包 IP 地址转变为 58.221.242.116。实现 SNAT 转换功能的方法与步骤如下：

（1）设置 NAT 网关计算机的内外网网卡的区域（zone）。

ens33 网络接口用于连接内网，IP 地址为 192.168.1.1，设置其区域为 internal；ens37 用于连接外部 Internet，IP 地址为 58.221.242.116，设置其区域为 external。

```
[root@rhel8 ~]# firewall-cmd --permanent --zone=external --change-interface=ens37
[root@rhel8 ~]# firewall-cmd --permanent --zone=internal --change-interface=ens33
```

（2）设置 IP 地址伪装，实现 SNAT。

使用 IP 地址伪装功能，将 Source IP 为从内部网段来的数据包伪装成 external（即 ens37）的地址转发出去，实现内部网的机器访问外部网。可使用如下命令：

```
[root@rhel8 ~]# firewall-cmd --permanent --zone=external --add-masquerade
```

该命令实现对 external 区域的网卡 ens37 启用 IP 地址伪装。这样从内网来的数据包源 IP 地址将会被映射到 IP 地址 58.221.242.116。

如要检查 IP 伪装是否已启用，可使用如下命令：

```
[root@rhel8 ~]# firewall-cmd --zone=external --query-masquerade
yes
```

如果已启用，该命令会输出 yes。否则，会输出 no。

如要关闭 IP 地址伪装，可使用以下命令：

```
[root@rhel8 ~]# firewall-cmd --zone=external --remove-masquerade
```

（3）重载 firewalld 使配置生效。

```
[root@rhel8 ~]# firewall-cmd --reload
```

（4）测试 SNAT 的功能。从内网主机 192.168.1.2 上访问外网主机 www.123cha.com 的主页，如图 14-5 所示。可以看到访问该主页的 IP 地址是 58.221.242.116，由此可证明成功实现了 SNAT 地址转换。

2. 利用 firewalld 实现 DNAT 示例

使用 DNAT 重写传入数据包的目标地址和端口，它经常用在开放内网中特定服务的情况。例如，如果网页服务器使用来自私有 IP 范围内的 IP 地址，因此无法直接从互联网访问，可以在路由器上设置 DNAT 规则来重定向进入该服务器的流量。

第 14 章 Linux 防火墙与 NAT 服务配置

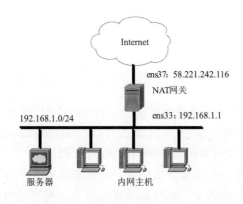

图 14-4 用 firewalld 配置 SNAT

图 14-5 通过上网查询本机地址

配置示例：如图 14-4 所示，NAT 网关上外网网卡为 ens37，其 IP 地址为 58.221.242.116，内网网卡为 ens33，其 IP 地址为 192.168.1.1。另外，内网中有一台服务器，其 IP 地址为 192.168.1.10，需要开放该服务器上的 WWW 服务，服务端口为 8080。为了安全起见，不允许外网主机直接访问内网网段。

配置方法与步骤如下：

（1）设置 NAT 网关计算机的内外网网卡的区域（zone），方法同上。

（2）启用 IP 伪装。

```
[root@rhel8 ~]# firewall-cmd --permanent --zone=external --add-masquerade
```

（3）设置 DNAT，实现外网的客户机访问内网服务器资源。

当外网主机访问 NAT 网关（58.221.242.116）上的特定端口时，访问流量被转发到内网服务器主机 192.168.1.10 上的相应端口，可使用如下格式的端口重定向命令：

```
[root@rhel8 ~]# firewall-cmd --permanent --zone=external --add-forward-port=port=<external_port>:proto=tcp|udp:toport=<internal_port>:toaddr=<internal_ip>
```

例如：

```
[root@rhel8 ~]# firewall-cmd --permanent --zone=external --add-forward-port=port=80:proto=tcp:toport=8080:toaddr=192.168.1.10
```

该命令将把访问 NAT 主机对外接口 80 端口的流量转发至内网 WWW 服务器 192.168.1.10 上的 8080 端口。

（4）重载 firewalld 使配置生效。

```
[root@rhel8 ~]# firewall-cmd --reload
```

（5）测试 DNAT 功能。

在外网客户端户访问 DNAT 网关 58.221.242.116 上的 WWW 服务，DNAT 会将请求的数据包映射到 192.168.1.10 的 8080 端口上，从而可以访问主机 192.168.1.10 上的 Web 页面。

14.5 SELinux 安全机制

本节介绍 SELinux 安全机制的概念、启用及其对网络服务进行安全防护的实现方法。

完成本节学习，将能够：
- 描述 SELinux 安全机制的概念。
- 利用 SELinux 对网络服务进行安全防护。

14.5.1 SELinux 概述

SELinux（Security-Enhanced Linux）是 2.6 以上版本的 Linux 内核中提供的强制访问控制（MAC）系统，可以将 Linux 的安全等级提升到 B1。它原是美国国家安全局 NSA（The National Security Agency）和 SCC（Secure Computing Corporation）在 Fluke 上开发的，2000 年以 GNU GPL 发布。

SELinux 是 Linux 内核级的防护措施，它可以针对某一具体服务提供保护，而不依赖于系统的用户账号权限。在传统的防护措施下，如果一个 Linux 系统的某个网络服务遭受攻击，有可能会使整个系统瘫痪；而在 SELinux 的保护下，通过对于用户、进程权限的最小化，即使某些网络服务受到攻击，进程或者用户权限被夺去，也仅仅可能造成这些服务的瘫痪，而系统的其他部分是相对隔离的，不会对整个系统造成重大影响。

14.5.2 SELinux 的启用

在 RHEL 安装过程中，系统会提示用户是否启用 SELinux 安全机制。SELinux 有三种工作模式：
- 禁用（Disabled）：禁用 SELinux 功能。
- 许可（Permissive）：显示警告信息。
- 强制（Enforcing）：启用 SELinux。

用户可以在系统安装完成后对 SELinux 进行配置。SELinux 的配置文件是 /etc/selinux/ config，该文件有两个选项：

```
SELINUX=enforcing
SELINUXTYPE=targeted
```

其中，SELINUX=enforcing 表示启用 SELinux，其余还有 permissive 和 disabled 分别对应许可和禁用；SELINUXTYPE=targeted 表示仅使用 SELinux 保护网络服务，此外 SELINUXTYPE 还有 strict 模式，这个模式不仅保护网络服务，还包含了对一般命令和应用的保护。

在 targeted 模式下，SELinux 保护用户常用的网络服务。对于这些服务，RHEL/CentOS 已经为用户设定好了对应的策略文件，其存放位置为 /etc/selinux/targeted/policy。也就是说，如果用户选择让 SELinux 保护 httpd 服务，那么 SELinux 将加载保护 httpd 的策略文件。

如果修改了 SELinux 的配置文件，需要重新启动 Linux，才能使更改生效。

14.5.3 查看 SELinux 的状态

用户可以使用 sestatus 命令来查看 SELinux 当前的状态。

```
[root@rhel8 ~]#sestatus
SELinux status:                 enabled
SELinuxfs mount:                /selinux
Current mode:                   enforcing
Mode from config file:          enforcing
Policy version:                 24
Policy from config file:        targeted
```

该命令显示了 SELinux 的状态、SELinuxfs 挂载点、模式、版本等信息。如要显示更详细的信息，可以使用 -v 选项。

```
[root@rhel8 ~]#sestatus -v
SELinux status:                 enabled
SELinuxfs mount:                /selinux
Current mode:                   enforcing
Mode from config file:          enforcing
Policy version:                 24
Policy from config file:        targeted
Process contexts:
Current context:                unconfined_u:unconfined_r:unconfined_t:s0-s0:c0.c1023
Init context:                   system_u:system_r:init_t:s0
/sbin/mingetty                  system_u:system_r:getty_t:s0
/usr/sbin/sshd                  system_u:system_r:sshd_t:s0-s0:c0.c1023
File contexts:
Controlling term:               unconfined_u:object_r:user_devpts_t:s0
/etc/passwd                     system_u:object_r:etc_t:s0
/etc/shadow                     system_u:object_r:shadow_t:s0
/bin/bash                       system_u:object_r:shell_exec_t:s0
...
```

14.5.4 查看和修改 SELinux 对网络服务的设定

在终端窗口中，用户可以使用 getsebool 命令查看 SELinux 对各种网络服务设置的布尔值。如果某网络服务的某一项功能在 SELinux 中是启用的，那么这个功能的布尔值为 1，反之为 0。如需获得所有服务的所有功能的布尔值情况，则可以用 -a 选项，同时结合 grep 命令，可以获得某一特定服务的 SELinux 设定。例如，要输出 FTP 服务的 SELinux 设定，可以使用以下命令：

```
[root@rhel8 ~]#getsebool -a|grep ftp
allow_ftpd_anon_write --> off
allow_ftpd_full_access --> off
allow_ftpd_use_cifs --> off
allow_ftpd_use_nfs --> off
ftp_home_dir --> off
ftpd_connect_db --> off
httpd_enable_ftp_server --> off
sftpd_anon_write --> off
sftpd_enable_homedirs --> off
sftpd_full_access --> off
sftpd_write_ssh_home --> off
tftp_anon_write --> off
```

这里，布尔值 1 对应 on，表示允许；0 对应 off，表示禁止。例如，ftp_home_dir --> off 表示 SELinux 不允许 FTP 服务访问用户的主目录，所以，如果系统中有一个用户 lenovo，那么在默认情况下，Vsftpd 是允许远程主机用户访问 /home/lenovo 的。但是由于 SELinux 设置不允许 FTP 服务访问用户主目录，所以如果尝试用 lenovo 用户登录 Vsftpd，会出现登录失败的信息，其原因就是 SELinux 阻止了 lenovo 用户对 /home/lenovo 目录的存取。如要允许用户访问其主目录，可以使用 setsebool 命令重新设定布尔值为 1：

```
[root@rhel8 ~]#setsebool  ftp_home_dir  1
[root@rhel8 ~]#getsebool  -a|grep ftp_home_dir
ftp_home_dir --> on
```

可见，这里 ftp_home_dir 的状态已经变成 on 了，也就是布尔值为 1。需要注意的是，上面的

setsebool 命令仅仅改变了内存中 ftp_home_dir 的设定，如果重新启动机器，ftp_home_dir 的设定仍然为 off。此时用户需要用 -p 参数将网络服务的布尔值存放于 /etc/selinux/targeted/ booleans 文件中，从而使更改永久生效：

```
[root@rhel8 ~]#setsebool  -p  ftp_home_dir  1
```

至此，完成了对 ftp_home_dir 的修改，SELinux 解除了用户对主目录的存取限制，lenovo 用户就可以远程访问该主机了。

本章小结

防火墙是位于不同网络（如可信的企业内部网和不可信的公共网）或网络安全域之间，对网络进行隔离并实现有条件通信的一系列软件硬件设备的集合。其基本功能是分析出入防火墙的数据包，根据 IP 包头结合防火墙的规则，来决定是否接受或允许数据包通过。根据动作方式的不同，通常把防火墙分为包过滤型和应用级网关两大类。

Linux 平台下的包过滤防火墙由 netfilter 内核模块、iptables 和 firewalld 等组件组成，其中 netfilter 运行在内核态，而 iptables/firewalld 运行在用户态，用户通过 iptables/firewalld 来调用 netfilter 来实现防火墙的功能。

firewalld 引入防火墙区域（zone）和预定义服务 (service) 的概念。"区域"是指安全域的范围，firewalld 提供了九个预定义的区域，分别代表九种不同的信任级别；"服务"是指区域内预定义的规则。利用 firewall-cmd 命令行工具或 firewall-config 图形化工具可以配置包过滤防火墙，还可以配置 NAT 服务。

SELinux 是 Linux 内核级的防护措施，它可以针对某一具体服务提供保护，而不依赖于系统的用户账号权限。SELinux 有三种工作模式：禁止（Disabled）、许可（Permissive）和强制（Enforcing）。可以用 sestatus 命令查看 SELinux 的状态，用 getsebool 命令查看 SELinux 对网络服务的设置，用 setsebool 命令修改 SELinux 对网络服务的设置。

项目实训 14　Linux 防火墙与 NAT 的配置

一、情境描述

某公司 Intranet 网全部使用私有地址，网络中心有一组服务器（包括 WWW、FTP 等），为了增强服务器群的安全性，同时又能满足公司员工访问外网的需要，拟用一台 RHEL/CentOS 8 服务器配置包过滤防火墙对服务器群进行保护，同时配置 NAT 服务以实现内部员工访问外网的要求。

视　频

Linux防火墙与NAT的配置

二、项目分解

分析上述情境描述，我们需要完成下列任务：
（1）配置 Linux 防火墙策略，对内网服务器进行保护。
（2）配置 NAT 服务，实现内网用户访问外网功能。

第 14 章 Linux 防火墙与 NAT 服务配置

三、学习目标

1. 技能目标
- 能使用 firewall-cmd 命令配置和管理 Linux 防火墙。
- 能使用 firewall-cmd 命令配置和管理 NAT 服务。

2. 素质目标
- 具备良好的沟通合作能力和维护网络与信息安全的社会责任感。

四、项目准备

三台虚拟机,其中一台作为防火墙,已安装 RHEL/CentOS 8 操作系统,并已安装了 firewalld 软件。配置两块网卡 ens33 和 ens37,ens33 与内网计算机连接,分配的 IP 地址为 192.168.1.5/24;ens37 连接外网,IP 地址为 192.168.10.10/24。第二台作为内网服务器主机,安装 Windows /Linux 系统,运行 WWW 服务、FTP、SSH 等服务,分配的 IP 地址为 192.168.1.10/24;第三台作为外网客户端,IP 地址为 192.168.10.15/24。三台虚拟机的网卡均为仅主机或自定义模式。

五、预估时间

120min。

六、项目实施

分别对三台虚拟机进行 firewalld 防火墙配置和测试,实现以下功能:

(1) 公司内网服务器主机可以通过网关服务器访问外网 www 网站。
(2) 外网用户可以访问内网服务器上的 WWW、FTP 服务。
(3) 不允许外网用户 ping 内网主机。
(4) 允许管理员从外网通过 SSH 对网关和内网服务器进行远程访问。为了安全,将 SSH 默认端口改为 12345。

具体步骤如下:

(1) 对照项目准备中所描述的拓扑结构逐一检查各虚拟机 IP 地址、启动的服务和相互连通情况。
(2) 配置内网服务器主机。
① 创建 WWW 服务的测试网站,并重启 httpd 服务。
② 配置可匿名登录的 FTP 服务器,并重启 vsftpd 服务。
③ 将 sshd 服务的商品修改成 12345,并重启 sshd 服务。
注意:在修改 sshd 服务端口前一定要先关闭 SElinux 功能。
④ 配置内网主机上的防火墙策略,并重启 firewalld 防火墙服务。
(3) 配置外网主机。
① 创建 WWW 服务的测试网站,并重启 httpd 服务。
② 关闭 firewalld 防火墙服务和 SElinux 功能。
(4) 配置网关服务器上的防火墙服务。
① 启用网关服务器上的路由转发功能。
② 将 sshd 服务的端口修改成 12345,并重启 sshd 服务。同样,在修改 sshd 服务端口前一定要先关闭 SElinux 功能。

③配置网关服务器的防火墙规则。根据任务要求，参照教材相关内容对 external 和 internal 区域添加规则。

（5）分别测试验证本项目要求的防火墙规则和功能。

七、项目考评

项目完成后，请对完成情况进行评价，在表格相应栏中打"√"，并在评分栏进行评分。

序号	考核点	评价标准	标准分	评价结果			评分
				操作熟练	能做出来	完全不会	
1	firewalld 的启动、重启、关闭	使用命令行启动、重启或关闭 firewalld 防火墙	15				
2	firewalld 包过滤防火墙的基本配置	按照指定的策略设置、保存和恢复防火墙的规则，完成防火墙脚本的编辑	15				
3	配置 SNAT 服务	用 firewall-cmd 配置 SNAT 网关，实现源网络地址转换	10				
4	配置 DNAT 服务	用 firewall-cmd 配置 DNAT 网关，实现目标网络地址转换	10				
5	防火墙的测试	根据防火墙脚本的内容，测试防火墙的规则和功能	15				
6	NAT 服务的测试	根据 NAT 网关脚本的内容，测试 NAT 网关的功能	15				
7	职业素养	实训过程：纪律、卫生、安全等	10				
		网络安全、严谨细致、团队协作等	10				
	总评分		100				

习题 14

一、选择题

1. 下面关于 netfilter、iptables、firewalld 组件，说法正确的是（   ）。
   A. 三者当中，真正实现防火墙功能的是内核模块 netfilter
   B. iptables 和 firewalld 均可实现包过滤防火墙功能
   C. RHEL/CentOS 8 中默认采用 iptables 作为防火墙配置管理工具
   D. iptables 支持定义网络区域（zone）及接口安全等级

2. 接口 ens33 当前所属的区域为 public，若要将接口 ens33 所属的区域修改为 internal，以下命令中，正确的是（   ）。
   A. firewall-cmd --zone=public --change-interface=ens33
   B. firewall-cmd --zone=internal --change-interface=ens33
   C. firewall-cmd --zone=internal --remove-interface=ens33
   D. firewall-cmd --zone=internal --get-zone-of-interface=ens33

3. 若要查看当前系统中默认区域，以下命令中正确的是（　　）。
   A. firewall-cmd --get-zones　　　　　B. firewall-cmd --get-default-zone
   C. firewall-cmd --get-active-zones　　D. firewall-cmd --get-default-zones
4. 以下可启动 firewalld 防火墙的命令有（　　）。
   A. service firewalld start　　　　　　B. service start firewalld
   C. systemctl start firewalld　　　　　D. systemctl firewalld start
5. 在 firewalld 预定义区域中不包括以下（　　）区域。
   A. internal　　　B. public　　　C. dmz　　　D. output
6. 在 firewalld 中，特殊目标规则 REJECT 表示（　　）。
   A. 让数据透明通过
   B. 简单地丢弃数据包
   C. 丢弃该数据，同时通知数据的发送者数据被拒绝通过
   D. 被伪装成是从本地主机发出的，回应的数据被自动地在转发时解伪装
7. NAT 的类型不包括（　　）。
   A. 源地址转换 SNAT　　　　　　　　B. 目标地址转换 DNAT
   C. 动态地址 NAT　　　　　　　　　D. 代理服务器 NAT
8. 以下（　　）命令可以修改 SELinux 对网络服务的设定。
   A. selinux　　　B. sestatus　　　C. getsebool　　　D. setsebool

二、简答题
1. 什么是防火墙？防火墙主要有哪些类型？
2. 如何理解 netfilter、iptables 和 firewalld 三个组件之间的关系？
3. 如何开启、关闭和重启 firewalld 服务？
4. 什么是 firewalld 防火墙的区域？包含哪几种不同的区域？
5. 什么是 NAT？简述其工作原理。
6. SELinux 有哪几种工作模式？

三、综合题
非标准端口 8080 上运行的 Web 服务器在提供网页内容时遇到问题。根据需要调试 SELinux 并解决问题，满足条件：
（1）系统上的 Web 服务器能够提供 /var/www/html 中所有现有的 HTML 文件。
（2）Web 服务器在端口 8080 上提供此网页内容。
（3）Web 服务器在系统启动时自动启动。

第 15 章
Squid 代理服务器的配置与管理

当用浏览器直接访问 Internet 站点时，实际上是直接与目的站点的 Web 服务器进行通信，目的站点的 Web 服务器会将需要的信息传送回来。代理服务器是介于浏览器和 Web 服务器之间的另一台服务器，使用代理服务器时，浏览器向代理服务器发出请求，请求信息会先送到代理服务器，由代理服务器来负责与目的站点的 Web 服务器进行通信，取回浏览器请求的信息并传送给本地的浏览器。本章介绍了代理服务器的基本概念和工作原理，Squid 代理服务器的安装配置方法，以及利用 Squid 代理服务器实现透明代理以及实现安全访问控制的方法。

完成本章学习，将能够：
- 描述代理服务器的基本概念和工作原理。
- 利用 Squid 代理服务器实现透明代理。
- 利用 Squid 代理服务器进行安全访问设置。
- 树立服务意识，培养团队协作和敬业奉献精神。

15.1 代理服务器概述

本节介绍代理服务器的基本概念、主要作用以及它的工作原理。
完成本节学习，将能够：
- 描述代理服务器的基本概念和主要用途。
- 理解代理服务器的工作原理。

15.1.1 代理服务器简介

包含私有网络地址的数据包会被 Internet 的路由器丢弃，无法被路由，因此使用私有地址的主机不能与 Internet 中的主机通信。为了解决企业内网中大量没有公网地址的用户能访问 Internet，通常的办法就是使用代理服务器。

所谓代理服务器，就是代表内部私有网络中的客户，去请求 Internet 中的资源，并将响应的数据返回给客户机的服务器。它能够让多台没有公有 IP 地址的主机使用其代理功能访问因特网资源。当代理服务器客户端发出一个对外的资源访问请求，该请求先被代理服务器识别，由代理服务器代为向外请求资源，并保存在本机缓存中，客户端通过访问代理服务器的缓存实现访问请求。代理服务器是内部网络和 ISP（Internet 服务商）之间的中介，它可以提供文件缓存、地址过滤、网络监控等功能，并且可以转发网络信息，对转发信息进行控制。

15.1.2 代理服务器的主要作用

代理服务器的作用主要有以下几方面：

1. 共享访问网络资源

如果一个企业网络没有足够的公有 IP 地址分配给所有主机，那么内网的主机可以配置私有 IP 地址，通过一台代理服务器共享访问外网资源。

2. 提高访问速度

通常情况下，代理服务器都具有缓冲功能，能够保存相当数量的缓存文件。如果当前所访问的数据在代理服务器的缓存文件中，则可直接读取，而无须再连接到远程的 Web 服务器，这样可以加快访问远程站点的速度。

3. 隐藏主机的真实 IP 地址，提高系统的安全性

当使用代理服务器访问外部站点时，外部网络只能获取到使用的理服务器的 IP 地址，而真实 IP 则被隐藏起来，外部的恶意攻击者也就无法对本地主机进行攻击，从而大大提高了系统的安全性。

4. 控制用户访问权限

因为所有使用代理服务器的用户都必须通过代理服务器来访问远程站点，因此可以根据实际的网络管理需求在代理服务器上进行设置，从而对用户的访问进行相应的限制，以过滤或屏蔽掉某些信息，例如，可以在代理服务器上禁止内部网络用户访问某些站点。

5. 通过代理服务器访问一些不能直接访问的站点

因特网上有许多开放的代理服务器，当本地主机无法访问某些站点，可以尝试使用这些代理服务器进行访问。如果这些代理服务器拥有访问权限，那么就可以通过代理服务器访问目标站点。例如，当主机没有权限访问国外站点时，就可以通过使用有访问权限的代理服务器来实现访问的需求。

15.1.3 代理服务器的工作原理

包含代理服务器的网络如图 15-1 所示。

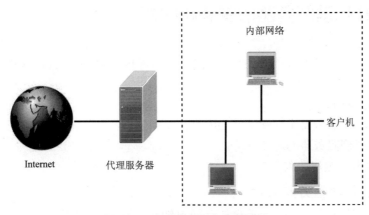

图 15-1　包含代理服务器的网络

由图 15-1 可见，代理服务器位于客户机与 Internet 之间，客户机向 Internet 服务器发起的请求，将被重定向到代理服务器，代理服务器分析用户的请求，先查看自己缓存中是否有所请求的数据，若有，则从缓存中直接取出数据，传送给客户端；若没有，就代替客户端向 Internet 服务器发出请求，服务器响应后，代理服务器将响应的数据再传送给客户端，同时在自己的缓存中保留一份该数据的备份，以后再有客户端请求相同的数据时，代理服务器就可以直接将数据传送给客户端，而不再需要向 Internet 服务器发起请求，从而加快了响应速度，这就是代理服务器的工作原理。

代理服务器位于内网与外网之间，是内网访问外网的一个网关，若没有单独的防火墙的安全保护，为了保护内网和代理服务器自身的安全，代理服务器通常兼有防火墙的功能。但是，一般的防火墙（如 Linux 中的 iptables）是不具备代理服务器的缓存功能的。

15.1.4 代理服务器的种类

代理服务器可分为三种：正向代理服务器、反向代理服务器和透明代理服务器。

1. 正向代理服务器

正向代理服务器位于用户与目标服务器之间，用户通过对代理服务器发送指向目标服务器的请求来获得资源。用户端需要作一些设置才可以使用正向代理服务器，而后两者不需要对用户端进行任何设置。

2. 反向代理服务器

反向代理服务器同样位于用户与目标服务器之间，但是对于用户而言，反向代理服务器就相当于目标服务器，即用户直接访问反向代理服务器就可以获得目标服务器的资源。同时，用户不需要知道目标服务器的地址，也无须在用户端作任何设置。反向代理服务器通常可用来作为 Web 加速，即使用反向代理作为 Web 服务器的前置机来降低网络和服务器的负载，提高访问效率。

3. 透明代理服务器

透明代理服务器位于用户与目标服务器之间。和前两种服务器不同的是，用户既不需要对客户端进行任何设置，也无须知道代理服务器的地址。用户只需要向目标服务器上的资源发起请求即可，然后透明代理系统会将用户的请求重新定向到代理服务器，再由代理服务器获得目标资源并返回给用户端。通常，透明代理服务器在局域网中应用。

15.2 Squid 代理服务器的安装和配置

本节主要介绍 Squid 代理服务器主配置文件的内容和一般配置方法，以及代理服务器客户端浏览器的配置方法。

完成本节学习，将能够：
- 理解 Squid 代理服务器主配置文件的内容。
- 配置 Squid 代理服务器的基本功能。
- 配置代理服务器客户端浏览器。

15.2.1 Squid 代理服务器简介

Squid 是 Linux 平台下一个高性能的具有网页缓存功能的代理服务器软件，它支持 HTTP、

FTP 和 Gopher 等协议，在缓存数据的同时，也缓存 DNS 查询结果，并支持 SSL 和访问控制。和一般的代理缓存软件不同，Squid 用一个单独的、非模块化的、I/O 驱动的进程来处理所有的客户端请求。Squid 可以工作在很多操作系统平台中，如 AIX、Digital、FreeBSD、HP-UX、Red Hat、Solaris、OS/2、Windows 等。

15.2.2　Squid 缓存代理服务器的配置与管理

1. 安装 Squid

在安装 RHEL/CentOS 8 操作系统时选择"全部安装"选项就会自动安装 Squid 服务器软件，可使用下面的命令检查系统是否已经安装 Squid 以及安装了何种版本。

```
[root@rhel8 ~]# rpm -qa | grep squid
squid-4.11-3.module_el8.3.0+558+7bf80f5f.x86_64
```

如果系统还未安装 Squid，可挂载 RHEL/CentOS 安装光盘并制作好 YUM 源文件或从其官方网站 http://www.squid-cache.org 上下载 Squid 服务器的 RPM 软件包，然后使用下面的命令进行安装：

```
[root@rhel8 ~]# yum install squid -y
```

或：

```
[root@rhel8 ~]#rpm -ivh squid-4.11-3.module_el8.3.0+558+7bf80f5f.x86_64
```

2. 启动与关闭 Squid 服务

命令方式下可以利用 systemctl 命令来启动 Squid 服务：

```
[root@rhel8 ~]# systemctl start squid
```

将上述命令中的 start 参数变换为 stop、restart、status，可以分别实现 Squid 服务的关闭、重启和状态的查看。

可以使用 systemctl 命令将 Squid 服务设置为开机自启动：

```
[root@rhel8 ~]# systemctl enable start
```

3. Squid 主配置文件

Squid 服务器的主配置文件 squid.conf 位于 /etc/squid 目录下，用户可以通过修改该配置文件来实现所需的功能。

squid.conf 配置文件分为 "acl 和 http_access 访问控制" "sqiud 服务器基本配置" "squid 缓存配置" 三部分，每个部分又包含若干配置项，主要配置参数及说明如下：

```
acl localnet src 0.0.0.1-0.255.255.255
acl localnet src 10.0.0.0/8
…
acl localnet src fe80::/10
# 定义 localnet 为所有允许使用代理的本地 IP 地址范围（即局域网用户）
acl SSL_ports port 443
# 定义 SSL_ports 为 443，即将 443 定义为使用 HTTPS 协议的端口
acl Safe_ports port 80
acl Safe_ports port 21
…
acl Safe_ports port 777
# 定义了 Safe_ports 所代表的端口（通常为安全端口）
acl CONNECT method CONNECT
# 定义 CONNECT 代表 http 里的 CONNECT 请求方法
```

```
http_access deny !Safe_ports
# 拒绝不安全端口请求
http_access deny CONNECT !SSL_ports
# 不允许连接非安全 ssl_port 端口
http_access allow localhost manager
# 允许本机管理缓存
http_access deny manager
# 拒绝其他地址管理缓存
http_access allow localnet
# 允许局域网用户的请求
http_access allow localhost
# 允许本机用户的请求
# And finally deny all other access to this proxy
http_access deny all
# 拒绝其他所有请求
http_port 3128
# 设置 Squid 的监听端口
cache_dir ufs /var/spool/squid 100 16 256
# 设置磁盘缓存目录
coredump_dir /var/spool/squid
# 如果 Squid 当机后的相关信息保存位置
refresh_pattern ^ftp:              1440    20%    10080
refresh_pattern ^gopher:           1440    0%     1440
refresh_pattern -i (/cgi-bin/|\?)  0       0%     0
refresh_pattern .                  0       20%    4320
# 设置刷新缓存规则
```

上述配置文件中常用的配置项说明如下：

1）http_port

http_port 选项定义了 Squid 服务器监听客户端请求的 IP 地址和端口号，默认情况下端口号为 3128。用户可以修改该 IP 地址或 / 和端口号，例如：

```
http_port 192.168.1.10: 8080
```

2）cache_dir

cache_dir 选项定义了 Squid 服务器硬盘缓冲区的大小及其目录结构，其语法结构为：

```
cache_dir Type Directory-Name Mbytes level-1 level-2
```

其中，Type 定义了缓存的存储类型，默认为 ufs；Directory-Name 定义了交换空间的顶级目录，默认值为 /var/spool/squid；Mbytes 定义了指定交换空间的大小，单位为 MB，默认为 100 MB；level-1 定义了可以在该顶级目录下建立的第一级子目录的数目，默认值为 16；level-2 定义了可以建立的第二级子目录的数目，默认值为 256。

如果子目录太少，则存储在一个子目录下的文件数目将会大大增加，这会导致系统在寻找某一个特定文件时所用的时间大大增加，从而使系统的整体性能受到很大的影响。所以，为了减少每个目录下的文件数量，就必须增加所使用的目录的数量，定义二级子目录。如果仅仅使用一级子目录，则顶级目录下的子目录数目太大，所以使用两级子目录结构。下面是某 Squid 服务器的一个设置实例：

```
cache_dir ufs /var/spool/squid 4096 16 256
```

第 15 章　Squid 代理服务器的配置与管理

3）acl 和 http_access

acl 用于定义访问控制列表，而 http_access 则用于设置访问规则，两者需配合使用，才能实现对用户进行访问控制的设置。有关访问控制部分的选项将在 17.3 节详细介绍。

4. 初始化 Squid 建立置换目录

在第一次启动 Squid 服务前，应该先建立高速缓存的置换目录，然后再启动 Squid 服务。命令如下：

```
[root@rhel8 ~]# squid -z
[root@rhel8 ~]# systemctl start squid
```

上述第一条命令执行后，将在 cache 目录 /var/spool/squid 中创建出 16 个一级目录（00~0F）和 256 个二级目录（00~FF）。

```
[root@rhel8 ~]# ls -l /var/spool/squid
drwxr-x---. 258 squid squid 8192 Jul 19 10:40 00
drwxr-x---. 258 squid squid 8192 Jul 19 10:40 01
drwxr-x---. 258 squid squid 8192 Jul 19 10:40 02
drwxr-x---. 258 squid squid 8192 Jul 19 10:40 03
drwxr-x---. 258 squid squid 8192 Jul 19 10:40 04
drwxr-x---. 258 squid squid 8192 Jul 19 10:40 05
drwxr-x---. 258 squid squid 8192 Jul 19 10:40 06
drwxr-x---. 258 squid squid 8192 Jul 19 10:40 07
drwxr-x---. 258 squid squid 8192 Jul 19 10:40 08
drwxr-x---. 258 squid squid 8192 Jul 19 10:40 09
drwxr-x---. 258 squid squid 8192 Jul 19 10:40 0A
drwxr-x---. 258 squid squid 8192 Jul 19 10:40 0B
drwxr-x---. 258 squid squid 8192 Jul 19 10:40 0C
drwxr-x---. 258 squid squid 8192 Jul 19 10:40 0D
drwxr-x---. 258 squid squid 8192 Jul 19 10:40 0E
drwxr-x---. 258 squid squid 8192 Jul 19 10:40 0F
```

5. 配置代理服务器客户端

在正(反)向代理服务器服务器端配置完成后，客户端需要在浏览器中进行相应设置才能通过代理服务器连入网络。下面介绍在 Windows 环境中客户端浏览器的设置方法。

在 IE 浏览器的菜单中选择"工具"|"Internet 选项"命令，打开"连接"选项卡，在该选项卡中单击"局域网设置"按钮，在打开的对话框中输入代理服务器内网卡的 IP 地址和端口号，如图 15-2 所示。

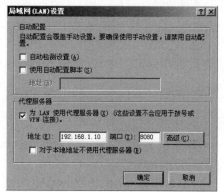

图 15-2　IE 中代理服务器设置

15.2.3　Squid 透明代理的实现

透明代理是指客户端不需要设置浏览器的代理配置就可以直接通过 Squid 代理服务器访问因特网。这样内部网络中的普通用户在访问因特网时就像直接上网而不是通过代理服务器上网，对于系统管理员来说对其进行管理将更加方便。

假设本地网段为 192.168.1.0/24，代理服务器有两块网卡，其中 eth1 是外网网卡，IP 地址为 211.29.86.65；eth0 是内网网卡，IP 地址为 192.168.1.10/24。网络拓扑结构如图 15-3 所示。

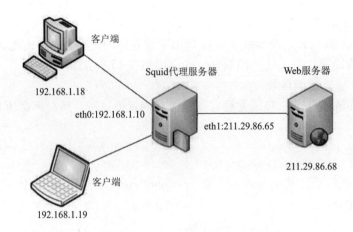

图 15-3　Squid 代理器网络拓扑结构

为了使 Squid 支持透明代理，具体配置如下：
1. 编辑 /etc/squid/squid.conf 文件
（1）修改 localnet 访问控制列表（ACL）以匹配允许使用代理的 IP 范围。

```
acl  localnet src 192.168.1.0/24
```

默认情况下，/etc/squid/squid.conf 文件包含 http_access allow localnet 规则，允许使用 localnetACL 中指定的所有 IP 范围内的代理。请注意，必须在 http_access allow localnet 规则前指定所有 localnetACL，同时删除所有与使用环境不匹配的现有 acl localnet 条目。

（2）定义 ssl_ports 端口。

以下 ACL 存在于默认配置中，将 443 定义为使用 HTTPS 协议的端口：

```
acl SSL_ports  port 443
```

（3）更新 acl safe_ports 规则列表，以配置 Squid 可以建立连接的端口。

要配置使用代理的客户端只能访问端口 21（FTP）、80（HTTP）和 443（HTTPS）上的资源，可在配置中保留以下 acl Safe_ports 语句：

```
acl Safe_ports port 80
acl Safe_ports port 21
acl Safe_ports port 443
```

默认情况下，配置包含 http_access deny !Safe_ports 规则，它定义了对 Safe_ports ACL 中没有定义的端口的访问拒绝。

（4）在 cache_dir 参数中配置缓存类型、缓存目录的路径、缓存大小以及其他缓存类型设置：

```
cache_dir ufs /var/spool/squid 10000 16 256
```

上述配置表示 Squid 使用 ufs 缓存类型，将缓存存储在 /var/spool/squid/ 目录中，缓存增长到 10 000 MB。在 /var/spool/squid/ 目录中创建 16 个一级子目录，在每个一级子目录中创建 256 个二级子目录。如果没有设置 cache_dir 指令，Squid 会将缓存保存在内存中。

2. 创建缓存目录

```
[root@rhel8 ~]#squid -z
```

也可以用 mkdir 创建各级子目录，但需用 chown 命令将各子目录的拥有者和所属组设置为 Squid。

3. 重新启动 Squid 服务

```
[root@rhel8 ~]# systemctl start squid
```

4. 验证代理服务器

要验证代理服务是否正常工作，使用 curl 工具下载网页：

```
[root@rhel8 ~]#curl -O -L "https://www.redhat.com/index.html" -x "localhost:3128"
```

如果 curl 没有显示任何错误，并且将 index.html 文件下载到当前目录中，说明代理可以正常工作了。

也可查看进程信息和端口信息：

```
[root@rhel8 ~]#ps -ax|grep squid
[root@rhel8 ~]#netstat -ln
```

在进程查看命令的显示信息中应该有如下进程：

```
6035     tty1    S    0:01    [squid]
6108     ?       S    0:00    (unlink)
```

在端口查看命令的显示信息中应该有如下端口被监听：

```
Proto   Recv-Q Send-Q   Local Address       Foreign Address      State
tcp     0      0        0.0.0.0:3128        0.0.0.0:*            LISTEN
udp     0      0        0.0.0.0:3130        0.0.0.0:*
```

Squid 默认监听客户代理请求的 TCP 端口是 3128，相关的 UDP 端口为 3130。只要 3128 端口处于 LISTEN 状态，则说明 Squid 进程启动成功，代理服务器可以接受代理请求了。

5. 配置 IP 伪装和端口转发功能

Squid 进程启动后，监听客户端 HTTP 请求的端口是 3128，而客户发起的 HTTP 请求的端口是 80，因此需要利用端口重定向功能将所有对 80 端口的请求重定向到 3128 端口。如不考虑安全，对于 Squid 代理器，只需在内、外网卡上分别进行以下操作即可：

```
[root@rhel8 ~]#firewall-cmd --permanent --zone=external --change-interface=eth1
[root@rhel8 ~]#firewall-cmd --permanent --zone=internal --change-interface=eth0
//分别将 eth0 和 eth1 接口加入 internal 区域和 external 区域
[root@rhel8 ~]#firewall-cmd --permanent --zone=external --add-masquerade
//设置 IP 伪装
[root@rhel8 ~]#firewall-cmd --permanent --zone=internal --add-port=80/tcp
[root@rhel8 ~]#firewall-cmd --permanent --zone=internal --add-forward-port=port=80:proto=tcp:toport=3128:toaddr=192.168.1.10
//设置端口转发
[root@rhel8 ~]#firewall-cmd --reload
[root@rhel8 ~]#setenforce 0
```

执行完上述命令后，客户端只要再配置正确的网关和 DNS 就可以通过 Squid 代理服务器直接访问外网，从而实现透明代理功能。

15.3 Squid 代理服务器的访问控制设置

本节介绍了 Squid 代理服务器访问控制的基本概念以及访问控制列表的配置和使用方法。
完成本节学习，将能够：
- 描述 Squid 代理服务器访问控制列表的格式。
- 根据实际需要配置 Squid 代理服务器安全访问控制列表。

1. Squid 的访问控制列表

Squid 代理服务器可以实现访问控制功能。它位于客户端和服务器之间，当它接收到客户端发出的访问请求后，会通过检查自己的访问控制列表（ACL）来判断是否允许客户端访问服务器以及如何访问。Squid 代理服务器的访问控制功能非常强大，默认情况下，Squid 代理服务器会拒绝所有客户端的请求，可以定义一个针对特定用户的 ACL 访问控制列表来对用户的访问进行控制。

配置 Squid 代理服务器的访问控制功能的第一步是使用 acl 命令创建访问控制列表，其格式为：

```
acl  列表名称  控制方式  控制目标
```

例如，可以定义这样一个 acl：

```
acl  all  dst  0.0.0.0/0.0.0.0
```

"列表名称"用于区分不同的访问控制列表。用户可以根据实际需要对配置的访问控制列表进行命名，最好使用具有实际意义的名称为访问控制列表命名，例如 baduser、badwebsite 等。

Squid 代理服务器通过 IP 地址、MAC 地址、端口号、域名、URL 匹配、时间区间等方式对用户的访问进行控制，这就是所谓的"控制方式"。"控制目标"是指针对不同控制方式的相应目标参数。常见的控制方式和控制目标如表 15-1 所示。

表 15-1 Squid 代理服务器 ACL 类型选项

控制方式与控制目标	说 明
src IP 地址或地址范围 / 子网掩码	指定客户机源地址或地址范围
dst IP 地址 / 子网掩码	指定目标服务器 IP 地址及掩码
arp MAC 地址	指定目标 MAC 地址
srcdomain 域名	指定客户所属的域
dstdomain 域名	指定目标服务器所属的域
url 规则表达式	与整个 URL 匹配的规则表达式
port 端口	指定访问的端口或端口的范围
proto 协议	指定 URL 访问 / 传输协议。如：http、https、ftp、gopher、urn、whois、cache_object
method 方法	指定 http 的请求方法。包括 GET、POST、PUT、HEAD、CONNECT 等
time 访问时间	指定访问时间，语法为：[星期][时间段] [星期]：使用关键字 M、T、W、H、F、A、S 代表周一到周日 [时间段]：可表示为 9:30~21:00

理解了 acl 格式的具体含义，可以看出上面的例子中列表的名称为 all，列表类型是 dst，即目标 IP 地址，控制目标是 0.0.0.0/0.0.0.0 即所有 IP 地址。

第15章　Squid 代理服务器的配置与管理

利用 acl 命令在控制项中创建好访问控制列表后，管理员再根据所创建的访问控制列表使用 http_access 命令来允许或禁止某一类用户访问代理服务器。其用法为：

```
http_access  deny | allow   列表名称
```

deny 和 allow 分别表示拒绝和允许列表名称指定的用户访问代理。

Squid 代理服务器是按照顺序读取访问控制列表的内容的，访问控制列表有一个很重要的规则是"凡是没有被允许的，就被拒绝"。所以，在配置访问控制列表的时候一定要在 Squid 代理服务器的主配置文件末尾加入下面的配置语句：

```
acl  all  src  0.0.0.0/0.0.0.0
http_access  allow  all
```

每次当所有配置完成后还要使用命令 systemctl 重新加载 Squid 代理服务器主配置文件使配置生效。

```
[root@rhel8 ~]#systemctl reload squid
```

2．Squid 访问控制设置示例

下面通过一些应用实例来介绍 Squid 访问控制功能的实现。

（1）禁止内网部分 IP 使用代理服务器。

```
acl  badnet  src  192.168.1.0/24
http_access  deny  badip
```

上面的配置语句定义了一条名为 badnet 的 ACL，它的类型为 src 即源 IP 地址，控制目标为 192.168.1.0 这个网段，使用 http_access 选项对该列表执行拒绝操作。

配置的最终结果是 IP 地址为 192.168.1.0 这个网段的主机都无法通过该代理服务器上网。

（2）禁止内网部分 MAC 地址使用代理服务器。

```
acl  badmac  arp  00:d0:f8:d9:0e:05
http_access  deny  badmac
```

相对于可以随意修改的 IP 地址，烧录在主机网卡上的 MAC 地址能更好地识别用户。要在 Squid 代理服务器中使用 MAC 地址识别，必须在编译的时候加上 --enable-arp-acl 选项。

配置的最终结果是 MAC 地址为 00:d0:f8:d9:0e:05 的主机无法通过该代理服务器上网。

（3）禁止内网用户访问某些网站。

```
acl  badwebsite  dstdomain www.test.com.cn
http_access  deny  badwebsite
```

上面的配置语句的最终结果是内部用户无法访问 www.test.com.cn，但是这样的配置并不能限制访问该区域的其他主机，例如 mail.test.com.cn、ftp.test.com.cn 等。如果要禁止用户访问属于该网站域中的所有主机，则可以使用下面的配置语句：

```
acl  badwebsite  dstdomain    .test.com.cn
http_access  deny  badwebsite
```

（4）禁止内网用户访问某些格式文件。

```
acl  badfile  urlpath_regex     \.mp3$\.avi$\.exe$\.rmvb$
http_access  deny  badfile
```

配置语句的最终结果是内部网络用户无法通过代理服务器在网络上下载 MP3、AVI 等格式的文件。

（5）禁止内网用户浏览网页。

```
acl    badnet    src     192.168.1.10
acl    badnet    proto   HTTP
http_access   deny   badnet
```

配置语句的最终结果是 IP 地址为 192.168.1.10 的用户无法通过代理服务器访问 Web 服务器，但可以访问其他类型服务器如 FTP 服务器。

（6）限制客户端主机上网的时间。

```
acl    worktime    time    MTWHF  9:00-17:00
http_access   deny   worktime
```

配置语句的最终结果是网络中所有的用户在周一至周五的早晨 9 点到下午 5 点这段时间不允许通过代理服务器上网。

如果需要限制特定的用户，可以采用下面的配置方法：

```
acl    badclient    src     192.168.1.10
acl    worktime     M       12:00~17:00
http_access   deny   badclient   worktime
```

配置语句的最终结果是 IP 地址为 192.168.1.10 的主机在每周一的中午 12 点到下午 5 点这段时间无法通过代理服务器访问外网。

15.4 Squid 代理服务器日志管理

本节介绍了 Squid 代理服务器日志文件的种类和内容，以及日志文件的轮换功能。

完成本节学习，将能够：
- 描述 Squid 代理服务器日志的基本功能。
- 描述 Squid 代理服务器日志文件的路径、名称及日志内容的格式。
- 设定日志文件的轮换功能。

Squid 代理服务器中包含许多日志文件。默认情况下这些日志文件位于 /var/log/squid 目录下，其中，access.log 文件负责记录客户端使用代理服务器的情况，cache.log 文件记录代理服务器启动及各种状态信息，store.log 文件则负责记录缓存对象的状态。系统管理员需要定期查看 Squid 代理服务器的日志文件，以便了解 Squid 代理服务器的运行状态，例如，哪些用户在哪些时间段里访问了什么站点、用户的 IP 地址是多少、哪个时间段代理服务器比较空闲等。

例如，用文本编辑器打开 /var/log/squid/access.log 文件，其部分内容如下：

```
time dlaspsed remotehost code/status bytes method URL rfc931 peerstatus/
peerhost type
   1066037222.011  126389  9.121.105.207  TCP_MISS/503  1055  GET  http://match. 2019.
sina.com.cn/bj2014/all_medal.php -DIRECT/203.187.1.180 html
…
```

其中：
- time 表示客户端主机通过代理服务器访问的时间，单位为毫秒。
- dlapsed 表示代理服务器处理缓存耗费的时间。
- remotehost 表示客户端主机的 IP 地址。
- bytes 表示缓冲的字节数。
- method 表示 HTTP 请求的方法。
- URL 表示客户机所访问的 URL。
- type 表示缓存对象的类型。

Squid 代理服务器日志文件的增长十分惊人，如果 /var/log/squid 目录不够大，很容易占满磁盘空间，导致系统不能正常工作。为了解决日志文件增长太快的问题，Squid 采用了"轮换"的方法。在 squid.conf 中可以通过 logfile_rotate 来设置文件轮换的个数，例如：

```
logfile_rotate  10
```

该语句的功能是设置参与日志文件轮换的有 10 个文件。以 access.log 为例，第一次被轮换出来的文件名为 access.log → access.log.0；第二次被轮换出来的文件名为 access.log.0 → access.log.1，access.log → access.log.0；第三次被轮换出来的文件名为 access.log.1 → access.log.2，access.log.0 → access.log.1，access.log → access.log.0；依此类推，每次都先将已有的文件依次轮换，然后将最新被换出的文件存入 access.log.0 文件中。但 access.log.9 文件中的内容会在下一次轮换时被覆盖掉。

需要说明的是，日志的轮换需要管理员手工执行如下命令：

```
[root@rhel8 ~]# squid  -k  rotate
```

也可以利用 crontab 调度功能来完成周期性的日志轮换。例如，可以将下列语句加入到 crontab 文件中：

```
0 6 * * 6 squid  -k  rotate
```

这样，系统将在每周六凌晨 6 点进行日志轮换，而不用人工干预。

本章小结

代理服务器能够让多台没有公有 IP 地址的主机使用其代理功能高速、安全地访问因特网资源。在 Llinux 平台下可以使用 Squid 软件建立代理服务器。Squid 代理服务器功能强大，可以实现代理上网、透明代理、访问控制等功能，使系统管理功能方便地监控和管理内部网络。Squid 服务器的主配置文件为 /etc/squid/squid.conf，用户可以通过修改该配置文件来实现所需的功能。

Squid 代理服务器中包含许多日志文件。默认情况下这些日志文件位于 /var/log/squid 目录下，系统管理员需要定期查看 Squid 代理服务器的日志文件，以便了解 Squid 代理服务器的运行状态。为了解决日志文件增长太快的问题，Squid 采用了"轮换"的方法。

项目实训 15　Squid 代理服务器的配置与管理

一、情境描述

某公司内部网络系统全部采用私有地址，公司员工因业务需要访问外网服务，但公司只申请到少量的公有地址，为了满足员工上网开展正常业务的需求，提高网络访问速度，同时又要确保员工不做与公司业务无关的事情，拟在 Linux 平台上采用 Squid 软件架设一台代理服务器，以实现用户透明代理上网，同时对员工的访问行为进行控制。

二、任务分解

分析上述情境描述，我们需要完成下列任务：
（1）配置 Squid 代理服务器，实现透明代理上网功能。
（2）配置 Squid 代理服务器访问控制功能，对员工的访问行为进行控制和管理。

三、学习目标

1. 技能目标
- 能够配置和使用 Squid 服务器。
- 能够配置 ACL 对 Squid 客户端进行访问控制。

2. 素质目标
- 具备良好的团队互助精神和敬业奉献意识。

四、项目准备

两台虚拟机，其中一台已安装 RHEL/CentOS 8 操作系统以及 Squid 和防火墙软件，并安装两块网卡 ens33 和 ens37，ens37 连接因特网，分配的 IP 地址为公网地址（具体地址由网络管理员提供）；ens33 与另一台安装 Windows 7/10 的计算机连接，分配的 IP 地址为 192.168.1.1/24。

视　频

配置Squid服务器实现透明代理上网

五、预估时间

60min。

六、项目实施

【任务 1】配置 Squid 服务器实现透明代理上网。
（1）查看当前系统 Squid 软件的安装情况。
（2）使用 vi 编辑器对 Squid 主配置文件进行修改，其中代理服务器监听端口为 8000，硬盘缓存为 3 000MB，第一级子目录数为 10，第二级子目录数为 100。
（3）重启 Squid 服务。
（4）配置防火墙，开放 8000 端口，实现 IP 地址伪装和端口重定向。
（5）在 Windows 7/10 机器上验证可以通过 IE 浏览器访问因特网。
（6）查看 Squid 的日志文件，了解 Squid 代理服务器的运行状态，设定文件轮换的个数为 10。

视　频

配置Squid服务器实现访问控制

【任务 2】配置 Squid 服务器实现访问控制。
（1）打开 Squid 服务器主配置文件 /etc/squid/squid.conf，进行如下编辑：

第 15 章 Squid 代理服务器的配置与管理

① 设置访问控制列表为允许所有客户端访问。
② 禁止 IP 地址为 192.168.1.1 的主机通过 Squid 服务器访问外部网络。
③ 禁止所有客户端主机访问 www.qq.com。
④ 禁止所有客户端主机下载格式为 avi 的视频文件。
⑤ 限制客户端主机在每周一至周五的 9 点到 19 点不能上网。
(2) 重启 Squid 服务。
(3) 在客户端测试 Squid 服务的访问控制功能。

七、项目考评

项目完成后，请对完成情况进行评价，在表格相应栏中打"√"，并在评分栏进行评分。

序号	考核点	评价标准	标准分	评价结果			评分
				操作熟练	能做出来	完全不会	
1	Squid 的启动、重启、关闭	使用命令行启动、重启或关闭 Squid 代理服务器	10				
2	Squid 代理服务器的基本配置	编辑 /etc/squid/squid.conf 配置文件，实现 Squid 缓存代理服务	20				
3	Squid 代理服务器的访问控制设置	编辑 /etc/squid/squid.conf 配置文件，运用访问控制列表实现用户的访问控制功能	20				
4	测试 Squid 代理服务器	配置代理服务器客户端，测试代理上网功能和访问控制功能	15				
5	Squid 代理服务器的日志管理	查看 Squid 代理服务器的日志，设定日志文件的轮换功能	15				
6	职业素养	实训过程：纪律、卫生、安全等	10				
		敬业奉献、网络安全、团队合作等	10				
		总评分	100				

习题 15

一、选择题

1. 在 Squid 代理服务器上建立置换目录的命令是（　　）。
   A. squid　　　　B. squid -Z　　　　C. squid -z　　　　D. ifconfig
2. 在 Squid 代理服务器的主配置文件中，通过源 IP 地址对客户端进行限制的 acl 选项是（　　）。
   A. src　　　　B. dst　　　　C. arp　　　　D. port
3. Squid 可以代理的协议不包括（　　）。
   A. HTTP　　　　B. FTP　　　　C. SSL　　　　D. GOPHER
4. squid.conf 主配置文件中与日志"轮换"有关的配置选项是（　　）。
   A. cache_access_log　　　　　　　　B. cache_store_log

C. logfile_rotate D. visible_hostname

5. Squid 代理服务器配置文件中 http_port 选项定义的默认监控端口号为（   ）。
   A. 8080　　　　　B. 21　　　　　C. 3128　　　　　D. 22

6. 某公司规定所有的计算机只能在周一至周五的 10：00 至 16：00 通过代理服务器访问互联网。为了实现这一管理需求，应该在 /etc/squid/squid.conf 中添加访问控制列表（   ）。
   A. acl regular_days time 10:00-16:00
   B. acl regular_times time MTWHF 10:00-16:00
   C. acl allowed_clients src 10:00-16:00
   D. http_access allow MTWHF 10:00-16:00

二、简答题

1. 什么是代理服务器？
2. 简述代理服务器的工作原理。
3. 如何配置开启和关闭 Squid 服务？
4. 什么是透明代理？
5. 什么是日志的"轮换"？

第 16 章

远程管理工具

为了保证服务器正常工作，网络管理员必须经常对服务器进行一些维护操作。由于服务器通常不在本地，因此网络管理员常常要借助一些远程管理工具对服务器进行远程管理。在 Windows 平台下，通常采用终端服务实现远程控制。本章介绍 Linux 平台下应用广泛的 Webmin、VNC 和 SSH 服务的安装、配置和使用方法。

完成本章学习，将能够：
- 描述 Webmin、VNC 和 SSH 服务的功能与特点。
- 安装、配置 Webmin、VNC 和 SSH 服务。
- 应用 Webmin、VNC 和 SSH 客户端工具进行远程管理。
- 增强国家安全和遵纪守法意识。

16.1 系统配置工具 Webmin

本节首先介绍 Webmin 的基本概念及安装与配置，然后重点介绍运用 Webmin 进行 Linux 系统和网络服务配置与管理的方法。

完成本节学习，将能够：
- 描述 Webmin 的基本概念。
- 安装和配置 Webmin。
- 运用 Webmin 远程管理 Linux 系统与网络服务。

16.1.1 Webmin 简介

Linux 的初学者在配置 Linux 的各种服务时都会感觉十分困难，因为他们只对 Windows Server 2008 或 Windows Server 2012 等环境中各种网络服务的图形化配置比较熟悉，而 Linux 平台下的服务众多，并且都需要通过编辑配置文件对其进行配置，操作起来不是非常习惯。在 RHEL/CentOS 8 环境中，可以通过 Webmin 使用浏览器对 Linux 服务器上的各项服务进行配置，这无疑给初学者提供了一个很好的工具。

Webmin 是 Linux 和 UNIX 下基于 Web 的集系统管理和网络管理于一体的强大的图形化管理工具，管理员使用浏览器通过 Webmin 友好的用户界面即可轻松地管理本地或远程的服务器。目前 Webmin 支持绝大多数的 Linux、UNIX 系统。包括 AIX、HPUX、Solaris、Unixware 和 FreeBSD 等，用户可以在它的网站（http://www.webmin.com）上得到其完整的资料。

相对于其他图形界面管理工具而言，Webmin 具有以下特点：

(1) Webmin 具有本地和远程管理的能力，同时访问控制和 SSL 支持为远程管理提供了很高的安全性。

(2) 插件式结构使得 Webmin 具有很强的扩展性和伸缩性，它的管理模块几乎涵盖了常见的 Linux 系统与网络管理功能。而且还不断推出第三方的管理模块，使各种常见的第三方服务程序也能利用它进行方便的设置和管理。

(3) 提供多语种版本，对中文也有相当好的支持。

16.1.2　Webmin 的安装与配置

1. 安装 Perl 语言解释器

由于 Webmin 是用 Perl 语言写成的管理工具，所以在安装 Webmin 之前，先要在系统中安装 Perl 解释器。RHEL/CentOS 8 默认已经安装了 Perl 语言解释器，可使用下面的命令检查系统是否已经安装 Perl 以及安装了何种版本。

```
[root@rhel8 ~]# rpm -q perl
perl-5.26.3-416.el8.x86_64
```

命令执行结果表明系统已安装 Perl 语言解释器，其版本为 5.26.3-416。

如果系统还未安装 Perl，可从 RHEL/CentOS 8 安装盘中找到 Perl 的 RPM 安装包文件 perl-5.26.3-416.el8.x86_64.rpm，然后使用下面的命令进行安装：

```
[root@rhel8 ~]# rpm -ivh perl-5.26.3-416.el8.x86_64.rpm
```

或：

```
[root@rhel8 ~]# yum -y install perl
```

2. 安装 Webmin

Webmin 属于共享软件，可以从因特网上下载获得。Webmin 的官方网站是 http://www.webmin.com，访问该网站，下载 RHEL 版本适用的 RPM 软件包（本书使用 webmin-1.979-1.noarch.rpm）。下载完成后使用下列命令安装：

```
[root@rhel8 ~]# rpm -ivh webmin-1.979-1.noarch.rpm
```

或：

```
[root@rhel8 ~]# yum -y install webmin
```

3. 启动与关闭 Webmin 服务

当 Webmin 软件安装完成后，系统会自动启动 Webmin 服务。可以使用以下命令查看 Webmin 是否已启动：

```
[root@rhel8 ~]# ps aux | grep webmin
```

如果系统未启动 Web 服务，可以通过图形界面或终端命令方式来启动。图形界面下启动的方法与前述几种网络服务相似，在此不再赘述。命令方式下可以利用 /etc/rc.d/init.d/webmin 脚本来启动 Webmin 服务：

```
[root@rhel8 ~]# /etc/rc.d/init.d/webmin start
```

将上述命令中的 start 参数变换为 stop、restart、status，可以分别实现 Webmin 服务的关闭、重启和状态的查看。

4. 配置防火墙

为了能够从网络访问 Webmin Web 界面，需要在防火墙中允许 TCP 端口 10 000：

```
[root@rhel8 ~]# firewall-cmd --add-port=10000/tcp --permanent
[root@rhel8 ~]# firewall-cmd -reload
```

5. 启动 Webmin 客户端

Webmin 服务启动后，默认会在本机所有可用 IP 地址上的 TCP 10 000 端口监听客户端的请求。在本机或者网络上其他支持 Webmin 系统的浏览器中输入"https://Webmin 服务器 IP 地址:10000"，就可以打开 Webmin 的登录界面，如图 16-1 所示。第一次访问时可输入 Linux 服务器管理员账号和口令进行登录。登录完成后进入图 16-2 所示的 Webmin 主界面。

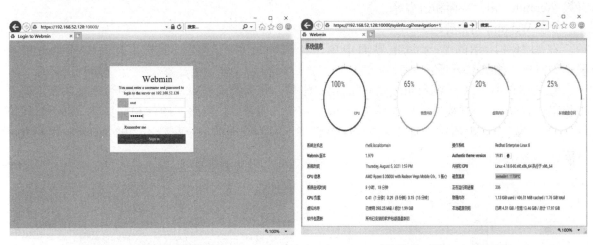

图 16-1　Webmin 登录界面　　　　　图 16-2　Webmin 主界面

6. Webmin 的基本设置

（1）Webmin 的语言和主题设置。

Webmin 支持包括简体中文在内的多种语言，但默认全局语言为英语。单击主界面上方的 Webmin 选项，然后单击其下方的 Change Language and Theme 超链接，在出现的页面（见图 16-3）中修改 Webmin UI language 选项为 Personal choice，然后在下拉列表框中选择中文（简体）；为了使用原始 Webmin 界面风格，可修改 Webmin UI theme 选项为 Personal choice，然后在下拉列表框中选择 Legacy Theme，最后单击 Make Changes 按钮确定即可。修改后的 Webmin 中文主界面如图 16-4 所示。

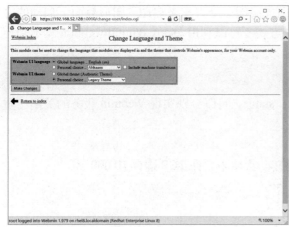

图 16-3　设置 Webmin 的语言和主题

图 16-4　Webmin 中文主界面

（2）Webmin 服务的配置。

在图 16-4 中单击"Webmin 配置"图标将打开"Webmin 配置"窗口，如图 16-5 所示。在"Webmin 配置"窗口中可以对 Webmin 服务进行很多配置，包括 IP 访问控制、端口与地址、Webmin 模块、升级 Webmin、用户界面和语言等。

（3）Webmin 用户管理。

在图 16-4 所示的 Webmin 主界面中单击"Webmin 用户管理"图标，打开"Webmin 用户管理"窗口，如图 16-6 所示。

在此窗口中可以为 Webmin 添加新的用户账号，并为不同的用户按不同的管理模块设定其管理权限，Webmin 管理模块主要包括 Webmin、系统、服务器、网络、硬件和群集等，每个管理模块又划分为若干管理项目。超级用户 root 可以将不同的管理项目分配给不同的 Webmin 用户进行管理。

图 16-5　Webmin 配置窗口

图 16-6　Webmin 用户管理

16.1.3 Webmin 常用功能

1. 系统管理

在图 16-4 中所示的 Webmin 主界面上方单击"系统"图标，打开"系统"窗口，如图 16-7 所示。在"系统"窗口中授权用户可以对系统的用户和群组、系统日志、进程、软件包和 Cron 任务调度等进行管理。

2. 服务器配置

在服务器配置中用户可以配置包括 Apache、FTP、DHCP、DNS、Samba、MySQL 等各种服务，如图 16-8 所示。

图 16-7 "系统"配置窗口　　　　　　图 16-8 "服务器"配置窗口

3. 网络配置

单击 Webmin 主界面中的"网络"图标将打开"网络"配置窗口，如图 16-9 所示。在"网络"配置窗口中，可以配置 ADSL 客户、Linux 防火墙、NFS 服务和网络配置等与网络相关的服务。

4. 硬件配置

单击 Webmin 主界面中的"硬件"图标将打开"硬件"配置窗口，如图 16-10 所示。在"硬件"配置窗口中，用户可以对系统启动、Linux 磁盘阵列、本地磁盘分区、打印机和系统时间等进行管理和配置。

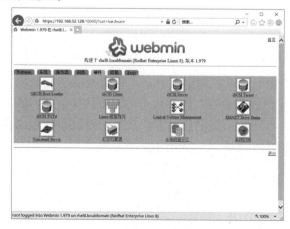

图 16-9 "网络"配置窗口　　　　　　图 16-10 "硬件"配置窗口

5. 群集配置

单击 Webmin 主界面中的"群集"图标将打开"群集"配置窗口，如图 16-11 所示。在"群集"配置窗口中用户可以对群集密码、群集调度任务、群集用户和组、群集服务等进行管理和配置。

6. 工具配置

单击 Webmin 主界面中的 Tools 图标将打开"工具"配置窗口，如图 16-12 所示。在"工具"配置窗口中用户可以命令行 Shell、SSH 登录、系统和服务器的状态等进行管理和配置。

图 16-11 "群集"配置窗口　　　　　　图 16-12 "工具"配置窗口

16.2 远程控制工具 VNC

本节介绍了 VNC 服务的工作原理、安装和配置以及使用 VNC 客户端软件远程访问主机的方法。

完成本节学习，将能够：
- 描述 VNC 的工作原理。
- 安装和配置 VNC。
- 使用 VNC 客户端软件访问远程主机。

16.2.1 VNC 简介

VNC 的全称是 Virtual Network Computing，即虚拟计算机网络。它是由美国 AT&T 实验室开发的用于控制远程计算机的软件。使用 VNC 软件可以让用户在一台主机上与因特网任何地方的另一台主机进行桌面的交互操作，两台主机可以使用不同的系统平台，客户端甚至可以只使用浏览器就能远程控制服务器端的桌面而不需要安装其他软件，如图 16-13 所示。

图 16-13　VNC 使用示例

VNC 采用了 GPL 授权条款，用户可以在 https://www.realvnc.com/en/connect/download/vnc 上免费下载 Free 版本。VNC 软件主要由两个部分组成：VNC Server 及 VNC Viewer。用户需先将 VNC Server 安装在被控端的计算机上后，才能在主控端执行 VNC viewer 控制被控端。类似于 Windows 的终端服务，它可以远程控制 X Window 桌面。VNC 还可以实现基于 Java 的客户端访问远程的 VNC 服务，换言之，只要通过支持 Java 的浏览器即可进行远程控制，而无须安装任何客户端软件。

VNC 的工作流程如下：

（1）VNC 客户端通过浏览器或 VNC Viewer 连接至 VNC Server。

（2）VNC Server 传送一个对话框至客户端，要求输入连接口令和存取的 VNC Server 显示装置。

（3）在客户端输入口令后，VNC Server 验证客户端是否具有存取权限。

（4）若客户端通过 VNC Server 的验证，客户端即要求 VNC Server 显示桌面环境。

（5）VNC Server 通过 X Protocol 要求 X Server 将画面显示控制权交由 VNC Server 负责。

（6）VNC Server 将来自 X Server 的桌面环境利用 VNC 通信协议送至客户端，并且允许客户端控制 VNC Server 的桌面环境及输入装置。

16.2.2　VNC 服务的安装与启动

1. VNC 服务的安装

RHEL/CentOS 8 系统默认情况下已经安装 TigerVNC 软件（包括服务器端和客户端），可以通过以下命令查看系统中 VNC 服务的安装情况：

```
[root@rhel8 ~]# rpm -q tigervnc-server
tigervnc-server-1.9.0-9.el8.x86_64
```

如果系统还未安装 VNC 服务，可以从 RHEL/CentOS 8 安装盘上找到 VNC 服务的 RPM 安装包文件 tigervnc-1.9.0-9.el8.x86_64.rpm，然后在终端命令行上使用如下命令安装 VNC 服务：

```
[root@rhel8 ~]# rpm -ivh tigervnc-server-1.9.0-9.el8.x86_64
```

或：

```
[root@rhel8 ~]# yum -y install tigervnc-server
```

2. VNC 服务的启动配置和关闭

VNC Server 的启动和关闭也可通过终端命令和"服务配置"两种方式来完成，其操作方法与 Linux 的其他服务类似。

1）VNC 服务的启动配置

VNC 服务的启动非常简单，直接在终端命令窗口中输入命令 vncserver 启动 VNC Server：

```
[root@rhel8 ~]# vncserver
You will require a password to access your desktops.
Password:                                       //输入访问 VNC Server 的用户口令
Verify:                                         //确认口令
Would you like to enter a view-only password (y/n)?
//是否需要输入一个仅供查看的密码，这里选择输入 n
A view-only password is not used
New 'rhel8:1 (root)' desktop is rhel8:1
//返回 VNC 服务器的地址为 rhel8:1，1 表示桌面号
Starting applications specified in /root/.vnc/xstartup
Log file is /root/.vnc/rhel8:1.log8
Creating default startup script /root/.vnc/xstartup
```

第一次运行该命令时，系统会提示用户输入访问口令，口令会被加密保存在用户主目录下 .vnc 子目录中的 passwd 文件（如 /root/.vnc/passwd）里。同时系统还会在用户主目录下的 .vnc 子目录中为用户自动建立 xstartup 配置文件，以后每次启动 VNC 服务时，都会读取该文件中的配置选项。

重复执行 vncserver 命令就可以为 VNC 服务配置多个启动桌面，这样就能以多个用户同时连接到 VNC 服务器，并且它们之间互不干扰。注意：VNC 服务使用的端口号与桌面号相关，VNC 服务使用的 TCP 端口从 5 900 开始，例如桌面号是 1，则使用的端口号是 5901；桌面号是 2，则使用的端口号是 5 902，依此类推。基于 Java 的 VNC 客户程序 Web 服务 TCP 端口从 5 800 开始，它也与桌面号相关。

如果 Linux 服务器开启了防火墙功能，就需设置允许 TCP 协议相应的端口通过或关闭防火墙功能。如可以使用以下命令允许桌面号为 1 的连接通过：

```
[root@rhel8 ~]# firewall-cmd --add-port=5901/tcp --permanent
[root@rhel8 ~]# firewall-cmd --reload
```

2）测试 VNC 服务

可以在 Linux 或 Windows 客户机上使用专门的 VNC 客户端程序或浏览器来访问 VNC 服务，这里以 Linux 客户机为例介绍 VNC 服务的测试。

首先，需要在 Linux 客户端下载并安装 VNC-Viewer 客户端软件：

```
[root@rhel8 ~]#wget https://www.realvnc.com/download/file/viewer.files/
VNC-Viewer-6.21.406-Linux-x64.rpm
[root@rhel8 ~]#rpm -ivh VNC-Viewer-6.21.406-Linux-x64.rpm
```

安装完成后在 Linux 客户端终端中输入命令"vncviewer VNC 服务器 IP: 端口号"，例如：

```
[root@rhel8  ~]#vncviewer 192.168.52.128:5901
```

进入图 16-14 所示的登录对话框，输入访问口令进行登录。在这个登录对话框中不能输入用户名，只能输入访问口令，这是因为 VNC 服务只允许启动该桌面号的用户登录。连接成功后默认会出现 X Window 的 GNOME 图形桌面环，如图 16-15 所示。

图 16-14　VNC 登录对话框

图 16-15　测试 VNC 服务成功

16.3　SSH 远程登录管理

本节介绍 SSH 服务的安装、配置和启动，以及使用 SSH 客户端工具登录远程主机的方法。
完成本节学习，将能够：
- 描述 SSH 服务的基本概念。
- 安装、配置和启动 SSH 服务。
- 使用 SSH 客户端工具进行远程登录。

16.3.1　SSH 服务概述

传统的 Internet 远程登录服务的标准协议是 Telnet。Telnet 是 TCP/IP 协议簇中的一员，应用 Telnet 协议能够把本地用户所使用的计算机变成远程主机系统的一个仿真终端，几乎所有的网络设备（如交换机、路由器和防火墙）都可以通过 Telnet 方式进行远程管理。但 Telnet 在执行远程登录、传输数据的工作时是以"明文"方式传送相应指令的，数据包很有可能被恶意窃取，所以 Telnet 不是一种安全的远程管理和数据传输工具。目前通常使用 SSH 代替 Telnet 进行远程管理。

SSH 是一种在不安全网络上提供安全远程登录及其他安全网络服务的协议。它最初是由芬兰的一家公司开发的基于 UNIX 系统上的一个程序，后来迅速扩展到其他操作平台。SSH 客户端适用于多种平台，几乎所有 UNIX 平台以及 Windows 平台都可以运行 SSH。

通过 SSH 可以安全地访问服务器，因为 SSH 基于成熟的公钥加密体系，把所有传输的数据进行加密，保证数据在传输时不被恶意破坏、泄露和篡改。SSH 还使用了多种加密和认证方式，解决了传输中数据加密和身份认证的问题，能有效防止网络嗅探和 IP 欺骗等攻击。

目前，SSH 协议已经经历了 SSH1 和 SSH2 两个版本，它们使用了不同的协议来实现，二者互不兼容。SSH2 不管在安全、功能上还是在性能上都比 SSH1 有优势，所以目前被广泛使用。Linux 下广泛使用免费的 openssh 程序来实现 SSH 协议，它同时支持 SH1 和 SSH2 协议。

16.3.2　openssh 的安装、启动与关闭

1. openshh 的安装

openssh 由 OpenBSD 工作组维护，其官方网站（http://www.openssh.org）包含最新的错误修复和更新。目前几乎所有的 Linux 发行版都捆绑了 openssh，RHEL/CentOS 8 也不例外。默认情况下

RHEL/CentOS 8 安装程序会将 openssh 服务和客户端程序安装在系统上。可使用下面的命令检查系统是否已经安装 openssh 服务或查看安装的是何种版本。

```
[root@rhel8 ~]# rpm -qa |grep openssh
openssh-clients-7.8p1-4.el8.x86_64
openssh-server-7.8p1-4.el8.x86_64
openssh-7.8p1-4.el8.x86_64
```

如果系统还未安装 openssh 服务，可从 RHEL/CentOS 8 的安装光盘中找到 openssh 服务的 RPM 安装包文件 openssh-askpass-7.8p1-4.el8.x86_64.rpm 文件，然后使用下面的命令安装 openssh 服务：

```
[root@rhel8 ~]# rpm -ivh openssh-askpass-7.8p1-4.el8.x86_64.rpm
```

或：

```
[root@rhel8 ~]# yum -y install openssh-server
```

2. 启动和关闭 SSH 服务

在终端命令行方式下可以使用 systemctl 命令来启动、关闭和重启 SSH 服务：

```
[root@rhel8 ~]# systemctl start sshd        // 启动 SSH 服务
[root@rhel8 ~]# systemctl stop sshd         // 关闭 SSH 服务
[root@rhel8 ~]# systemctl restart sshd      // 重启 SSH 服务
```

也可以使用 /etc/init.d/sshd 脚本来实现相同的功能，这与前面的几个服务相同，在此不再赘述。

启动 openssh 后，可以使用命令查看监听端口中是否有 22：

```
[root@rhel8 ~]#netstat -tnlp | grep :22
tcp    0    0    0.0.0.0:22    0.0.0.0:*              LISTEN      11434/sshd
```

注意：SSH 服务使用 TCP 协议的 22 号端口，如果 Linux 服务器开启了防火墙功能，就需关闭防火墙功能或设置允许 TCP 协议的 22 号端口通过。

可以使用以下命令开放 TCP 协议的 22 号端口：

```
[root@rhel8 ~]# firewall-cmd --add-service=ssh --permanent
[root@rhel8 ~]# firewall-cmd --reload
```

16.3.3 SSH 服务的配置

SSH 服务的主要配置文件是 /etc/ssh/sshd_config，通过编辑该文件可以配置 SSH 服务的运行参数。/etc/ssh/sshd_config 文件的配置选项很多，但该文件中大部分的配置选项都使用"#"符号注释掉了，所以这里只介绍一些常用的选项。

1. 设置 SSH 服务监听的端口号

Port 选项定义了 SSH 服务监听的端口号。SSH 服务默认使用的端口号是 22：

```
#Port 22
```

2. 设置 SSH 服务器绑定的 IP 地址

ListenAddress 选项定义了 SSH 服务器绑定的 IP 地址，默认绑定服务器所有可用的 IP 地址。

```
#ListenAddress 0.0.0.0
```

3. 设置是否允许 root 管理员登录

PermitRootLogin 选项定义了是否允许 root 管理员登录。默认允许管理员登录。

```
#PermitRootLogin   yes
```

4. 设置是否允许空口令用户登录

PermitEmptyPasswords 选项定义了是否允许空口令的用户登录。为了保证服务器的安全，应该禁止这些用户登录，默认是禁止空口令用户登录的。

```
#PermitEmptyPasswords no
```

5. 设置是否使用口令认证方式

PasswordAuthentication 选项定义了是否使用口令认证方式。如果准备使用公钥认证方式，可以将其设置为 no。

```
#PassworfAuthentication   yes
```

以上是 /etc/ssh/sshd_config 配置文件中的一些常用选项。对此文件进行修改后，需要重启 SSH 服务才能使新的配置生效。

16.3.4 客户端远程登录 Linux 服务器

1. 在 Linux 平台上使用 openssh 客户端

1）使用基于传统口令认证

SSH 在默认情况下采用传统的口令进行验证，用户在使用自己的账号和口令登录到远程服务器的时候，通信的数据是加密的，即使数据被恶意第三方截获，想要破解也是非常困难的。

这里假设用户有一个远程主机的账号 root，远程主机的 IP 地址为 192.168.52.128，主机名为 rhel8；用户本地操作系统同样为 RHEL 8，主机名 client，那么可以通过下面的方法来登录到远程主机：

```
[root@client ~]# ssh 192.168.52.128          // 使用 ssh 命令远程登录主机
The authenticity of host '192.168.52.128 (192.168.52.128)' can't be
established.
ECDSA key fingerprint is SHA256:6C6x9KDB3rAeEU+evvjZZuU4CdsWBOyHaWJabJXJeus.
Are you sure you want to continue connecting (yes/no)? yes
// 输入 yes 回车
Warning: Permanently added '192.168.52.128' (ECDSA) to the list of known hosts.
root@192.168.52.128's password:
// 输入口令
Web console: https://rhel8:9090/ or https://192.168.52.128:9090/

Last login: Sat Aug  7 04:58:52 2021
```

出现上一行的提示信息，说明已经顺利登录到远程主机，登录后可以对远程主机进行操作和管理。操作结束后，使用 exit 命令断开与远程主机的连接。

在用户第一次使用 ssh 登录远程主机的时候，openssh 不知道用户的主机信息，所以会有相应的提示信息。当用户以后再登录的时候就会直接提示用户输入口令登录远程主机。

2）使用基于公钥认证的 openssh

若需要使用公钥认证的方式连接至 SSH 服务器，首先应将 SSH 服务器的认证方式设置为公钥认证方式。编辑 /etc/ssh/sshd_config 文件，将其中的语句 PasswordAuthentication yes 修改为

PasswordAuthentication no，禁止使用口令认证，然后保存文件退出。

（1）在客户端生成密钥文件。可以使用 openssh 软件包自带的 ssh-keygen 程序产生密钥，执行以下命令：

```
[root@client ~]#ssh-keygen                    // 创建用于进行身份验证的私钥和匹配的公钥
Generating public/private rsa key pair.
Enter file in which to save the key (/root/.ssh/id_rsa):
// 可在这里输入密钥文件的保存路径和名称，也可不指定，采用系统默认设置
Enter passphrase (empty for no passphrase):    // 输入密钥保护口令
Enter same passphrase again:                   // 再次输入密钥保护口令
Your identification has been saved in /root/.ssh/id_rsa.
// 私钥文件的路径和名称
Your public key has been saved in /root/.ssh/id_rsa.pub.
// 公钥文件的路径和名称
The key fingerprint is:
SHA256:AaX8WVOUEFo2edPgMw4tv0zsKLWJ/6cPgvMg/LWEBBY root@rhel8
The key's randomart image is:
+---[RSA 2048]----+
|      E.. *=++   |
|     . + +.=+ .  |
|      = o =.=.   |
|      .o + B o   |
|       S . =     |
|      .. = B .   |
|       o B B =   |
|        o O o .. |
|         . +.o+. |
+----[SHA256]-----+
[root@client ~]#
```

（2）发布公钥。为了让 SSH 服务器能读取公钥文件 /root/.ssh/id_rsa.pub，还需将公钥文件上传到 SSH 服务器，可以通过以下命令实现：

```
[root@client ~]# ssh-copy-id root@192.168.52.128
/usr/bin/ssh-copy-id: INFO: Source of key(s) to be installed: "/root/.ssh/id_rsa.pub"
/usr/bin/ssh-copy-id: INFO: attempting to log in with the new key(s), to filter out any that are already installed
/usr/bin/ssh-copy-id: INFO: 1 key(s) remain to be installed -- if you are prompted now it is to install the new keys
root@192.168.52.128's password:
// 输入密码
Number of key(s) added: 1

Now try logging into the machine, with:   "ssh 'root@192.168.52.128'"
and check to make sure that only the key(s) you wanted were added.
```

（3）连接远程服务器。当密钥文件生成后，就可直接使用 ssh 命令登录到 SSH 服务器，其连接方法如下所示：

```
[root@client ~]# ssh  192.168.52.128
Enter passphrase for key '/root/.ssh/id_rsa':
// 输入密钥保护口令
Web console: https://rhel8:9090/ or https://192.168.52.128:9090/
```

```
Last login: Sat Aug  7 11:37:23 2021 from 192.168.52.100
[root@rhel8 ~]#
// 主机名已经变为远程主机的 rhel8，表明远程登录成功
```

至此，登录 SSH 服务器成功，现在所做的任何操作将是针对该 SSH 服务器的。

2. 在 Windows 平台上使用 SecureCRT 客户端远程登录 Linux 服务器

1) SecureCRT 简介及其安装

SecureCRT 是 Windows 平台上的一个高度可定制的终端仿真软件，它具有优秀的会话管理、多种协议支持、支持 VBScript 和 JScript 脚本语言等优点，对于连接到运行 Windows、UNIX 和 VMS 的远程系统来说，SecureCRT 是理想的选择。该软件可以在下面的地址进行下载：

- http://www.vandyke.com/download/securecrt/index.html （官方网站提供的版本）。
- http://www.downxia.com/downinfo/289831.html （汉化版）。

安装该软件的过程与一般的 Windows 应用程序相似，比较简单，在此不作详述。

2) SecureCRT 的使用

完成 SecureCRT 软件的安装后，就可启动该软件了。图 16-16 所示为 SecureCRT 汉化版 5.1.3 的主窗口。在 SecureCRT 主窗口中选择"文件"|"快速连接"命令，打开"快速连接"对话，图 16-17 所示。

图 16-16 SecureCRT 主窗口

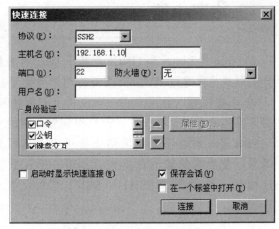

图 16-17 "快速连接"对话框

在"快速连接"对话框中，选择连接远程主机的协议（一般情况下选择 SSH2），输入远程主机主机名或者 IP 地址、端口号和用户名，然后单击"连接"按钮打开输入 SSH 口令对话框，如图 16-18 所示。

在此对话框中输入登录远程主机的口令，单击"确定"按钮打开连接到远程主机（192.168.1.10）的窗口，如图 16-19 所示。

除了 SecureCRT 软件以外，在 Windows 客户端下还可以使用 PuTTY、SecureFX、NetOp Remote Control 等软件对远程主机进行管理，限于篇幅这里不再深入介绍。

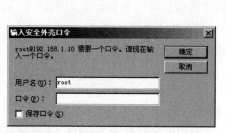
图 16-18 输入 SSH 口令对话框

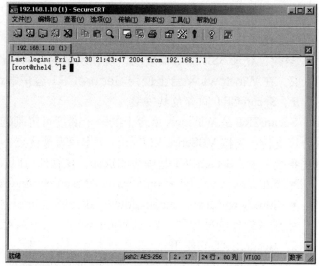
图 16-19 连接到远程主机 192.168.1.10 的窗口

本章小结

Webmin 是 Linux 和 UNIX 下基于 Web 的集系统管理和网络管理于一体的图形化管理工具,管理员使用浏览器通过 Webmin 友好的用户界面可轻松地管理本地或远程的服务器。

VNC 软件可以让用户在一台主机上与因特网任何地方的另一台主机进行桌面的交互操作,客户端可以只使用浏览器就可以远程控制服务端的桌面。

SSH 是一种在不安全网络上提供安全远程登录及其他安全网络服务的协议,它基于公钥加密体系,把所有传输的数据进行加密,保证数据在传输时不被恶意破坏、泄露和篡改。目前,SSH 协议已经经历了 SSH1 和 SSH2 两个版本。RHEL/CentOS 8 系统中使用 openssh 软件提供 SSH 服务。

项目实训 16 远程管理工具

一、情境描述

某公司网络服务器采用 RHEL/CentOS 8 操作系统,网络管理员必须经常对服务器进行维护。由于管理员经常出差,就必须借助一些远程管理工具对服务器进行远程管理。在服务器上安装 Webmin、VNC 和 SSH 等服务可以满足对服务器进行远程管理的需要。

二、项目分解

分析上述工作情境,我们需要完成下列任务:

第 16 章 远程管理工具

（1）配置 Webmin，并测试配置是否正确生效；
（2）配置 VNC，并测试配置是否正确生效；
（3）配置 openssh，并测试配置是否正确生效。

三、学习目标

1. 技能目标
- 会配置 Webmin，并使用 Webmin 进行服务器配置。
- 会配置和使用 VNC。
- 能熟练配置和使用 openssh。

2. 素质目标
- 具备维护网络与信息安全的社会责任感。

四、项目准备

两台计算机，其中一台安装 RHEL/CentOS 8 系统，并已安装了 Webmin、VNC 和 openssh 服务器软件，另一台安装 Windows 7/10 或 RHEL/CentOS 8 系统，两者通过交换机连接。

五、预估时间

90 min。

六、项目实施

【任务 1】Webmin 的配置与管理。
通过 Windows 客户端登录到 RHEL/CentOS 8 服务器（Webmin 服务器）上，完成下列操作：

（1）将 Webmin 的显示语言设置为简体中文。
（2）使用 Webmin 创建一个新用户 webmin_test。
（3）使用 Webmin 配置一个基本功能的 Apache 服务器，并进行服务测试。

Webmin的配置与管理

【任务 2】配置 VNC。
（1）在 RHEL/CentOS 8 机器上启动 VNC 服务。
（2）配置 VNC 服务器使用 GNOME 图形桌面环境。
（3）通过 Windows 的 IE 浏览器连接到 VNC Server（假设 IP 为 192.168.0.1）。

配置VNC

【任务 3】配置 openssh。
（1）在 RHEL/CentOS 8 机器上启动 SSH 服务。
（2）配置 SSH 服务器绑定的 IP 地址为 192.168.10.10。
（3）在 SSH 服务器启用公钥认证。
（4）在 Windows 客户端使用 SecureCRT 软件登录到 SSH 服务器。

配置openssh

七、项目考评

项目完成后，请对完成情况进行评价，在表格相应栏中打"√"，并在评分栏进行评分。

序号	考核点	评价标准	标准分	评价结果			评分
				操作熟练	能做出来	完全不会	
1	Webmin 服务的启动、重启、关闭	使用命令行或图形工具启动、重启或关闭 Webmin 服务	10				
2	Webmin 服务的应用	从客户端登录远程主机的 Webmin 服务，实现对远程主机的管理	10				
3	VNC 服务的启动、重启、关闭	使用命令行或图形工具启动、重启或关闭 VNC 服务	15				
4	VNC 服务的应用	从客户端登录远程主机的 VNC 服务，实现对远程主机的管理	15				
5	SSH 服务的启动、重启、关闭	使用命令行或图形工具启动、重启或关闭 openssh 服务，实现远程登录服务	15				
6	SSH 服务的应用	从客户端用 openssh 工具登录远程主机，实现对远程主机的管理	15				
7	职业素养	实训过程：纪律、卫生、安全等	10				
		网络安全、诚实守信、团队合作等	10				
总评分			100				

习题 16

一、选择题

1. Webmin 服务的默认端口为（　　）。
   A. 10000　　　　B. 80000　　　　C. 10001　　　　D. 9999
2. 安装配置好 Webmin 后，默认配置下，在本机输入（　　）可以打开 Webmin 的登录界面。
   A. http://127.0.0.1:10000　　　　　　B. http:// 用户名 :10000
   C. http:// 主机名 :10000　　　　　　D. http://IP 地址
3. SSH 是一种协议，它有（　　）和（　　）两种版本。
   A. SSH-Server　　B. SSH-Client　　C. SSH1　　D. SSH2
4. openssh 默认使用端口号（　　）。
   A. 80　　　　B. 21　　　　C. 23　　　　D. 22
5. 若要更改 SSH 服务器所使用的端口，应在（　　）配置文件中进行设置或修改。
   A. /etc/ssh/ssh_config　　　　　　　B. /etc/ssh/sshd_config
   C. /etc/ssh/host_key　　　　　　　　D. /etc/ssh.conf

二、简答题

1. Webmin 主要包含哪些管理功能模块？
2. VNC 的主要工作流程是什么？
3. 如何配置开启和关闭 Telnet 服务？
4. 为什么说 SSH 可以代替 Telnet？
5. 如何在 windows 平台下使用 SecureCRT 远程登录 Linux 服务器？

参 考 文 献

[1] 夏栋梁，宁菲菲 .Red Hat Enterprise Linux 8 系统管理实战 [M]. 北京：清华大学出版社，2020.
[2] 沈平，潘志安，唐娟 .Linux 操作系统应用 [M]. 3 版 . 北京：高等教育出版社，2021.
[3] 杨云，林哲 .Linux 网络操作系统项目教程：RHEL7.4/CentOS7.4[M]. 3 版 . 北京：人民邮电出版社，2019.
[4] 颜晨阳 .Linux 网络操作系统任务教程 [M]. 北京：高等教育出版社，2019.